电子信息科学与工程类专业系列教材

Vivado 入门与FPGA 设计实例

廉玉欣　侯博雅　王　猛　侯云鹏　编著

电子工业出版社

Publishing House of Electronics Industry

北京·BEIJING

内 容 简 介

本书以 Xilinx 公司的 Vivado FPGA 设计套件为软件平台，以依元素科技有限公司的 EGO1 Aritix-7 实验板卡为硬件平台，将硬件描述语言 Verilog HDL 与 FPGA 设计实例相结合，系统介绍了利用 Vivado 和 Verilog HDL 进行数字电路设计和 FPGA 开发的方法与流程。

本书主要内容包括硬件平台介绍、Vivado 软件平台介绍、FPGA 设计实例、组合逻辑电路设计实例、时序逻辑电路设计实例、数字逻辑电路设计及接口实例和数字逻辑综合实验。本书将 Verilog HDL 的语法讲解融入大量的 FPGA 设计实例中，内容由浅入深、循序渐进、系统全面，易于读者掌握 Verilog HDL 和 FPGA 设计方法。

本书不仅可作为高等学校电子信息类、电气信息类、自动化类等专业的本科生教材，也可以作为数字电路设计工程师和技术人员的参考用书。

图书在版编目（CIP）数据

Vivado 入门与 FPGA 设计实例 / 廉玉欣等编著. —北京：电子工业出版社，2018.9

ISBN 978-7-121-34768-9

Ⅰ. ①V… Ⅱ. ①廉… Ⅲ. ①可编程序逻辑器件－系统设计 Ⅳ. ①TP332.1

中国版本图书馆 CIP 数据核字（2018）第 161519 号

责任编辑：冉　哲

印　　刷：北京盛通数码印刷有限公司

装　　订：北京盛通数码印刷有限公司

出版发行：电子工业出版社

　　　　　北京市海淀区万寿路 173 信箱　邮编 100036

开　　本：787×1 092　1/16　印张：18　字数：530 千字

版　　次：2018 年 9 月第 1 版

印　　次：2025 年 1 月第 11 次印刷

定　　价：65.00 元

凡所购买电子工业出版社图书有缺损问题，请向购买书店调换。若书店售缺，请与本社发行部联系，联系及邮购电话：（010）88254888，88258888。

质量投诉请发邮件至 zlts@phei.com.cn，盗版侵权举报请发邮件至 dbqq@phei.com.cn。

本书咨询联系方式：ran@phei.com.cn。

前　　言

近年来，随着半导体工艺和处理器技术的高速发展，可编程逻辑器件已经成为业界大多数逻辑系统设计的核心。美国的 Xilinx 公司是全球领先的可编程逻辑器件及完整解决方案的供应商，Xilinx 新一代 FPGA 设计套件 Vivado 与上一代 ISE 设计套件相比，在设计环境和设计方法上发生了重大变化。Vivado 侧重基于知识产权（Intellectual Property，IP）核的设计，允许用户根据需要选择不同的设计策略，大大提高了 FPGA 的设计效率。

随着全开放、自主学习式实验教学模式的改革以及 FPGA "口袋实验室" 在国内高校的日益普及，传统的数字逻辑实验课程面临巨大挑战。例如，传统实验教学中常用的 74 系列或 4000 系列中规模集成电路芯片价格较高且采购困难，数字逻辑综合实验需要使用大量的中规模集成电路芯片，硬件电路连线繁多，不易于安装与调试。通过 FPGA "口袋实验室" 可以很容易地解决上述问题。每个学生都可以利用 FPGA 板卡，随时随地验证理论课程的教学内容，并将自己的设计或创意在板卡上运行，有利于培养学生的自主学习能力、实践能力和创新能力。

本书以 Vivado FPGA 设计套件为软件平台，以依元素科技有限公司的 EGO1 Aritix-7 实验板卡为硬件平台，将硬件描述语言 Verilog HDL 与 FPGA 设计实例相互结合，系统介绍了利用 Vivado 和 Verilog HDL 进行数字逻辑电路设计和 FPGA 开发的方法与流程。书中的 83 个例程都可以用 EGO1 实验板卡实现，FPGA 实例所用的 Vivado 为 2017.2 版本。

本书内容的安排由浅入深、循序渐进、系统全面，不仅有利于读者对理论知识的消化吸收，而且对实践操作具有直接指导意义。

本书内容分为 4 部分，安排具体如下：

第 1 部分介绍硬件平台，包括 Xilinx 公司的 FPGA 器件系列，以及 EGO1 实验板卡的主电路和外围接口电路。

第 2 部分介绍 Vivado 软件平台，使读者对 Vivado 有一个初步的全面认识。

第 3 部分结合硬件平台和 Vivado 软件平台，通过设计实例介绍基于 Vivado 进行 FPGA 设计的三种基本方法，使读者快速入门 Vivado。

第 4 部分按照数字逻辑实验教学的主线，分别介绍基于 Vivado 的组合逻辑电路设计实例、时序逻辑电路设计实例、数字逻辑电路设计及接口实例和数字逻辑综合实验。

本书由依元素科技有限公司陈俊彦经理提议和发起，在写作过程中吸取了哈尔滨工业大学国家级电工电子实验教学中心教师的实践教学经验，由廉玉欣负责全书的统筹规划和文字润饰。第 1 章、第 2 章、第 3 章由廉玉欣完成，第 4 章、第 5 章、第 6 章由侯博雅完成，第 7 章的 7.1 节、7.2 节由王猛完成，第 7 章的 7.3 节、7.4 节由侯云鹏完成。

本书的撰写得到了 Xilinx 公司陆佳华先生和依元素科技有限公司工程师团队的大力支持和帮助，他们为本书的编写提供了大量的资料和硬件平台，在此向各位致以衷心的谢意！

FPGA 技术发展迅速，软件版本每年会有几次更新。编者水平有限，书中难免有错误和不妥之处，敬请读者批评指正，以便于本书的修订和完善。

作者

2018 年 6 月于哈尔滨工业大学

目　录

第1章　硬件平台介绍

1.1　Xilinx FPGA 器件

1.1.1　Xilinx 公司简介

Xilinx（赛灵思）公司成立于 1984 年，总部设在美国加利福尼亚州圣何塞市，是全球领先的现场可编程逻辑阵列（FPGA）、片上系统（SoC）和 3D IC 供应商。这些行业领先的器件与新一代设计环境及 IP 核完美地整合在一起，可满足客户对可编程逻辑器件乃至可编程系统集成的广泛需求。

Xilinx 首创了 FPGA 技术，并于 1985 年首次推出商业化产品。凭借 3500 项专利和 60 项行业第一，Xilinx 取得了一系列历史性成就，包括开启无工厂代工模式（Fabless）等。Xilinx 产品线还包括复杂可编程逻辑器件（CPLD）。Xilinx 可编程逻辑解决方案缩短了电子设备制造商开发产品的时间并加快了产品面市的速度，从而减小了制造商的风险。传统设计方法使用的是固定逻辑门阵列，而利用 Xilinx 可编程器件，用户可以更快速地设计和验证电路。而且，由于 Xilinx 器件是只需要进行编程的标准部件，用户不需要像采用固定逻辑芯片那样等待样品或者付出巨额成本。

Xilinx 最近的创新，让其产品转型为 All Programmable，把各种形式的硬件、软件、数字和模拟可编程技术创建并整合到其 All Programmable FPGA、SoC 和 3D IC 中。这些器件将可编程系统的高集成度、嵌入式智能和灵活性集为一身，支持高度可编程智能系统的快速开发。此外，Xilinx 器件还能大幅提高系统级性能，降低功耗，节约材料成本，相对于其他解决方案而言，可提供领先一代的价值。通过结合全球最佳制造工艺、突破性架构、高级电路、出色的设计软件，以及无与伦比的执行力而实现了更高的质量，从而创造出更高的价值。

Vivado 设计套件经过彻底全新设计，可面向今后 10 年的设计要求，满足软硬件 All Programmable 产品要求。Vivado 设计套件包括基于 C 语言和 IP 核的高级设计抽象以及最先进的实现算法，工作效率可提高 15 倍。

Xilinx 产品广泛应用于火星探测器、机器人外科手术系统、有线和无线网络基础架构、高清视频摄像头和显示器，以及工业制造和自动化设备等众多领域。未来，Xilinx All Programmable 器件可以打造出具有实时数据和图形分析功能、智能连接控制功能，促进稀缺资源的更优化利用，以及更高安全性的新一代智能系统。Xilinx All Programmable 器件未来还可应用于有线电信运营商和数据中心的软件定义网络（SDN）、无线基础设施的自组织网络（SON）、可再生能源的智能电网和风力涡轮、结合 M2M 通信推动智能工厂发展的机器视觉与控制技术、超高清（4K/2K）视频基础设施，以及新一代智能汽车的驾驶员辅助和增强现实平台等。

1.1.2　Xilinx 的 FPGA 器件系列

Xilinx 公司在推出 7 系列 FPGA 之前，它的 FPGA 器件系列主要包括高性能的 Virtex 系列和大批量的 Spartan 系列。在 20 世纪 90 年代后期推出这两个器件系列的时候，Virtex 和 Spartan 两者采用的是完全不同的架构。从用户的角度来看，这两个系列的器件之间存在着显著的差别，包括每种器件对应的 IP 核和使用时的设计体验都存在差异。如果想把终端产品的设计从 Spartan 设计扩展到 Virtex 设计，架构、IP 核和引脚数量的差异就会非常明显，反之亦然。

1. Spartan 系列

Spartan 系列适用于普通的工业、商业等领域，目前主流的芯片包括 Spartan-2、Spartan-2E、Spartan-3、Spartan-3A、Spartan-3E 等种类。其中，Spartan-2 的系统门数最多可达 20 万门，Spartan-2E 的系统门数最多可达 60 万门，Spartan-3 的系统门数最多可达 500 万门，Spartan-3A 和 Spartan-3E

不仅系统门数更多，还增强了大量的内嵌专用乘法器和专用块 RAM 资源，具备实现复杂数字信号处理和片上可编程系统的能力。

Spartan-3E 是在 Spartan-3 成功的基础上进一步改进的产品，提供了比 Spartan-3 更多的 I/O 接口和更低的单位成本，是 Xilinx 公司性价比较高的 FPGA 芯片，具有系统门数从 10 万到 160 万的多款芯片。由于更好地利用了 90nm 技术，因此在单位成本上实现了更多的功能和处理带宽，是 Xilinx 公司新的低成本产品代表，主要面向消费电子应用，如宽带无线接入、家庭网络接入、数字电视设备等。其主要特点如下：

- 采用 90nm 工艺；
- 大量用户 I/O 接口，最多可支持 376 个 I/O 接口或 156 对差分 I/O 接口；
- 接口电压为 3.3V、2.5V、1.8V、1.5V、1.2V；
- 单个接口的数据传输速率可以达到 622Mbit/s，支持 DDR 接口；
- 最多可达 36 个专用乘法器，最大 648Kbit 块 RAM、231Kbit 分布式 RAM；
- 具有较宽的时钟频率，以及多个专用片上数字时钟管理器（Digital Clock Manager，DCM）。

Spartan-3E 系列产品的主要技术特征见表 1.1。

表 1.1 Spartan-3E 系列产品的主要技术特征

型　号	系统门数	Slice 数	分布式 RAM 容量	块 RAM 容量	专用乘法器数	DCM 数	最大可用 I/O 接口数	最大差分 I/O 接口对数
XC3S100E	100k 门	960 个	15Kbit	72Kbit	4 个	2 个	108 个	40 对
XC3S250E	250k 门	2448 个	38Kbit	216Kbit	12 个	4 个	172 个	68 对
XC3S500E	500k 门	4656 个	73Kbit	360Kbit	20 个	4 个	232 个	92 对
XC3S1200E	1200k 门	8672 个	136Kbit	504Kbit	28 个	8 个	304 个	124 对
XC3S1600E	1500k 门	14752 个	231Kbit	648Kbit	36 个	8 个	376 个	156 对

2. Virtex 系列

Virtex 系列是 Xilinx 公司的高端产品，也是业界的顶级产品，主要面向电信基础设施、汽车工业、高端消费电子等应用。目前主流芯片包括 Virtex-2、Virtex-2 Pro、Virtex-4 和 Virtex-5 等系列。

Virtex-5 系列提供 4 种新型平台，每种平台都在高性能逻辑、串行连接功能、信号处理和嵌入式处理性能方面实现了最佳平衡。现有的三款平台为 LX、LXT 和 SXT。LX 针对高性能逻辑进行了优化，LXT 针对具有低功耗串行连接功能的高性能逻辑进行了优化，SXT 针对具有低功耗串行连接功能的 DSP 和存储器密集型应用进行了优化。其主要特点如下：

- 采用 65nm 工艺，结合低功耗 IP 核将动态功耗降低了 35%，此外，还利用 65nm 三栅极氧化层技术保持低静态功耗；
- 利用 65nm Express Fabric 技术，实现了真正的六输入 LUT，并将性能提高了两个速度级别；
- 内置用于构建更大型阵列的 FIFO 逻辑和 ECC 的增强型 36Kbit 块 RAM，并带有低功耗电路，可以关闭未使用的存储器；
- 逻辑单元多达 330000 个，可以实现更高的性能；
- I/O 接口多达 1200 个，可以实现高带宽存储器/网络接口，1.25Gbit/s LVDS；
- 低功耗收发器多达 24 个，可以实现 100Mbit/s～3.75Gbit/s 高速串行接口；
- 核电压为 1V，采用 550MHz 系统时钟；
- 550MHz DSP48E Slice 内置有 25×18 位乘法器，提供 352G MACs（硬件累加乘法操作，衡量 DSP 运算能力的指标）的性能，能够在将资源利用率降低 50% 的情况下，实现单精度浮点运算；

- 内置式 PCI-Express 端点和以太网 MAC（Media Access Control）模块提高面积效率；
- 更加灵活的时钟管理管道（Clock Management Tile），结合了用于进行精确时钟相位控制与抖动滤除的新型锁相环（Phase Locked Loop，PLL）和用于各种时钟综合的数字时钟管理器；
- 采用了第二代 Sparse Chevron 封装，改善了信号完整性，并降低了系统成本；
- 增强了器件配置，支持商用 Flash 存储器，从而降低了成本。

Virtex-5 系列产品的主要技术特征见表 1.2。

表 1.2 Virtex-5 系列产品的主要技术特征

型　号	Slice 数	分布式 RAM 容量	块 RAM 容量	以太网 MAC	DSP48E Slice 数	Rocket I/O 接口数	I/O bank 数	最大可用 I/O 接口数
XC5VLX30	4800 个	320Kbit	1152Kbit	0 个	32 个	0 个	13 个	400
XC5VLX50	7200 个	480Kbit	1728Kbit	0 个	48 个	0 个	17 个	560
XC5VLX85	12950 个	840Kbit	3456Kbit	0 个	48 个	0 个	17 个	560
XC5VLX110	17280 个	1120Kbit	4608Kbit	0 个	64 个	0 个	23 个	800
XC5VLX220	34560 个	2280Kbit	6912Kbit	0 个	128 个	0 个	23 个	800
XC5VLX330	51840 个	3520Kbit	10368Kbit	0 个	192 个	0 个	23 个	1200
XC5VLX30T	4800 个	320Kbit	1296Kbit	4 个	32 个	8 个	12 个	360
XC5VLX50T	7200 个	480Kbit	2160Kbit	4 个	48 个	12 个	15 个	450
XC5VLX85T	12960 个	840Kbit	3888Kbit	4 个	48 个	12 个	15 个	450
XC5VLX110T	17280 个	1120Kbit	5328Kbit	4 个	64 个	16 个	20 个	680
XC5VLX220T	34560 个	2280Kbit	7632Kbit	4 个	128 个	16 个	20 个	680
XC5VLX330T	51840 个	3420Kbit	11664Kbit	4 个	192 个	24 个	27 个	980
XC5VSX35T	5440 个	520Kbit	3024Kbit	4 个	192 个	8 个	12 个	360
XC5VSX50T	8160 个	760Kbit	4750Kbit	4 个	288 个	12 个	15 个	480
XC5VSX95T	14720 个	1520Kbit	8784Kbit	4 个	640 个	16 个	18 个	640

3. 7 系列 FPGA

2010 年 2 月，Xilinx 公司宣布采用高 K 金属栅（HKMG）高性能、低功耗工艺（HPL）生产下一代 28nm 的 FPGA，而且新的器件应用一个全新的、统一的高级硅模组块（Advanced Silicon Modular Block，ASMBL）架构。HKMG 和 Xilinx ASMBL 架构的结合，使 Xilinx 能够迅速而低成本地打造具有更多功能组合的多个领域优化的平台。7 系列产品包含几个新的 FPGA 系列，在功耗、性能和设计可移植性方面都取得了更大进展。28nm 工艺和设计将功耗降低了 50%，统一的架构使得客户能够更加方便地在系列间移植设计，让其 IP 核投资发挥出更大的成效。这些 FPGA 系列是 Xilinx 新一代、领域优化和特定市场专用目标设计平台的基础。

Artix-7 FPGA 系列针对最低功耗和最低成本进行优化，特征如下：

- 利用基于 Virtex 架构的 FPGA 满足成本敏感型、大批量市场的要求；
- 与上一代 FPGA 相比，其功耗降低了 50%，成本消减了 35%；
- 利用内置式 Gen 1×4 PCI-Express 技术实现了 3.75Gbit/s 串行连接功能；
- 丝焊芯片级 BGA 封装，实现了小型化和低成本；
- 尺寸、重量和功耗特性都特别符合手持式应用的要求，如便携式超声波、数字照相机控制和软件定义无线电。

Kintex-7 FPGA 系列针对更低功耗的经济型信号处理进行优化，特征如下：

- 提供了 Virtex FPGA 级别的性能，并且将性价比提高了 2 倍；
- 与上一代 FPGA 相比，其功耗降低了 50%；
- 1.3125Gbit/s 串行连接功能和内置式 Gen 2×8 PCI-Express 技术；
- 丰富的块存储器和 DSP 资源，是无线通信基础设施设备、LED 背光和 3D 数字视频显示器、医学成像与航空电子成像系统的理想之选。

Virtex-7 FPGA 系列针对低功耗和最高系统性能进行优化，特征如下：

- 多达 2 百万个逻辑单元实现了突破性容量；
- 利用高达 2.4Tbit/s 的 I/O 带宽和 4.7T MACs 的 DSP 性能实现了 2 倍以上的系统性能；
- 实现了新一代 100GE 线卡、300Gbit/s 桥接器、太比特级交换机结构、100Gbit OTN 波长转换器、雷达和 ASIC 仿真；
- 与 EasyPath_7 FPGA 一起提供灵活的、无风险的成本削减方法，专门针对 Virtex-7 FPGA 设计。

1.2 EGO1 实验板卡

1.2.1 概述

EGO1 实验板卡是依元素科技公司基于 Xilinx Artix-7 FPGA 研发的便携式数模混合基础教学平台。EGO1 实验板卡配备的 FPGA（XC7A35T-1CSG324C）具有大容量、高性能等特点，能实现较复杂的数字逻辑设计；在 FPGA 内可以构建 MicroBlaze 处理器系统，可进行 SoC 设计。该平台拥有丰富的外设，以及灵活的通用扩展接口。EGO1 实验板卡的实物图如图 1.1 所示。

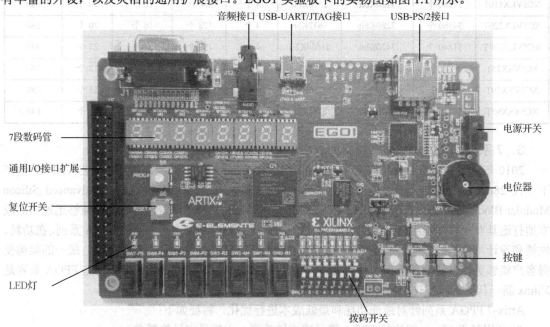

图 1.1 EGO1 实验板卡实物图

1.2.2 使用注意事项

每次使用 EGO1 实验板卡之前，人体应短暂接地，例如，用手触摸一下接地的金属导体，以泄放身上的静电荷，也可以使用专门的防静电工具，如防静电手环。

使用 EGO1 实验板卡时，将板卡附带的 USB 连接线一端插入 EGO1 实验板卡的 USB-UART/JTAG 接口，另一端插入计算机的 USB 接口。然后打开板卡上的电源开关，此时，板卡上的电源指示灯点亮。注意：操作时一定要轻插轻拔，一定不能垂直于板卡方向扭动，否则 USB 接口容易松动甚至脱落，损坏实验板卡。

利用 Vivado 开发工具，即可在 EGO1 实验板卡上进行实验和开发工作。

1.2.3 用户手册

1. FPGA

EGO1 实验板卡采用 Xilinx Artix-7 系列 XC7A35T-1CSG324C FPGA，其搭载的资源如图 1.2 所示。

	Part Number	XC7A12T	XC7A15T	XC7A25T	XC7A35T
Logic Resources	Logic Cells	12 800	16 640	23 360	33 280
	Slices	2 000	2 600	3 650	5 200
	CLB Flip-Flops	16 000	20 800	29 200	41 600
Memory Resources	Maximum Distributed RAM (Kb)	171	200	313	400
	Block RAM/FIFO w/ ECC (36 Kb each)	20	25	45	50
	Total Block RAM (Kb)	720	900	1 620	1 800
Clock Resources	CMTs (1 MMCM + 1 PLL)	3	5	3	5
I/O Resources	Maximum Single-Ended I/O	150	250	150	250
	Maximum Differential I/O Pairs	72	120	72	120
	DSP Slices	40	45	80	90
Embedded Hard IP Resources	PCIe® Gen2[1]	1	1	1	1
	Analog Mixed Signal (AMS) / XADC	1	1	1	1
	Configuration AES / HMAC Blocks	1	1	1	1
	GTP Transceivers (6.6 Gb/s Max Rate)[2]	2	4	4	4
Speed Grades	Commercial	-1, -2	-1, -2	-1, -2	-1, -2
	Extended	-2L, -3	-2L, -3	-2L, -3	-2L, -3
	Industrial	-1, -2, -1L	-1, -2, -1L	-1, -2, -1L	-1, -2, -1L

图 1.2 EGO1 实验板卡搭载的 FPGA 资源

2. 板卡供电

EGO1 提供两种供电方式：Type-C 和外接直流电源。Type-C 接口支持 UART 和 JTAG，该接口用于为板卡供电。板卡上提供电压转换电路，将 Type-C 接口输入的 5V 电压转换为板卡上各类芯片需要的工作电压。上电成功后，板卡上的 LED 灯 D18 和 D30 点亮。

3. 时钟

EGO1 实验板卡搭载一个 100MHz 时钟芯片，输出的时钟信号直接与 FPGA 全局时钟输入引脚（P17）相连。若设计中还需要其他频率的时钟，可以采用 FPGA 内部的 MMCM（Mixed-Mode Clock Manager，混合模式时钟管理器）生成。EGO1 实验板卡的时钟引脚分配见表 1.3。

表 1.3 时钟引脚分配表

名　　称	原理图标号	FPGA 引脚
时钟引脚	SYS_CLK	P17

4. FPGA 配置

EGO1 实验板卡在开始工作前必须先配置 FPGA，配置 FPGA 的电路图如图 1.3 所示。板卡提供以下三种方式配置 FPGA：

① USB 转 JTAG 接口 J6；

② 6-pin 的 JTAG 连接器接口 J3；

③ SPI Flash 上电自启动。

FPGA 的配置文件的后缀名为.bit。用户可以通过上述的三种方式将该.bit 文件烧写到 FPGA 中，该文件可以通过 Vivado 工具生成，其具体功能由用户的原始设计文件决定。

在使用 SPI Flash 配置 FPGA 时，需要提前将配置文件写入 Flash 中。Xilinx 开发工具 Vivado 提供了写入 Flash 的功能。板上 SPI Flash 型号为 N25Q32，支持 3.3V 电压配置。FPGA 配置成功后，指示灯 D24 将点亮。

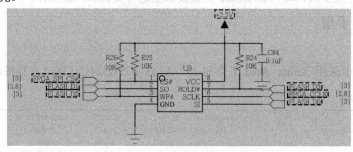

图 1.3　配置 FPGA

5．通用 I/O 接口

通用 I/O 接口外设包括按键、开关电路、LED 灯电路、7 段数码管电路。

（1）按键

按键包括 2 个专用按键和 5 个通用按键。2 个专用按键分别用于逻辑复位 RESET（S6）和擦除 FPGA 配置 PROG（S5）。当设计中不需要外部触发复位时，RESET 按键可以用作其他逻辑触发功能。专用按键电路如图 1.4 所示。5 个通用按键，默认为低电平，当按键按下时，表示 FPGA 的相应输入引脚为高电平，其电路如图 1.5 所示。按键信号引脚分配见表 1.4。

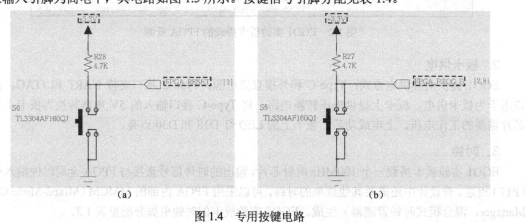

(a)　　　　　　　　　　　　　(b)

图 1.4　专用按键电路

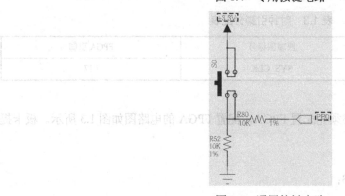

图 1.5　通用按键电路

表 1.4　按键信号引脚分配表

名　称	原理图标号	FPGA 引脚	名　称	原理图标号	FPGA 引脚
复位引脚	FPGA_RESET	P15	S2	PB2	R15
S0	PB0	R11	S3	PB3	V1
S1	PB1	R17	S4	PB4	U4

（2）开关电路

开关包括 8 个拨码开关和 1 个 8 位 DIP 开关。开关的电路如图 1.6 所示。当开关向下拨动时，表示 FPGA 的输入为低电平。开关信号引脚分配见表 1.5。

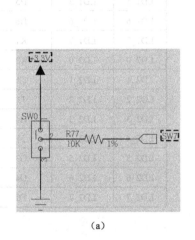

（a）

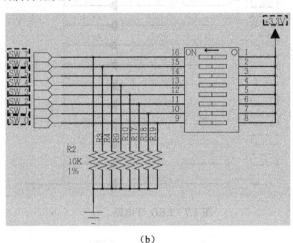

（b）

图 1.6　开关电路

表 1.5　开关信号引脚分配表

名　称	原理图标号	FPGA 引脚	名　称	原理图标号	FPGA 引脚
SW0	SW0-R1	R1		SW_0	T5
SW1	SW1-N4	N4		SW_1	T3
SW2	SW2-M4	M4		SW_2	R3
SW3	SW3-R2	R2		SW_3	V4
SW4	SW4-P2	P2	SW	SW_4	V5
SW5	SW5-P3	P3		SW_5	V2
SW6	SW6-P4	P4		SW_6	U2
SW7	SW7-P5	P5		SW_7	U3

（3）LED 灯电路

LED 灯电路如图 1.7 所示。当 FPGA 输出为高电平时，相应的 LED 灯点亮；否则，LED 灯熄灭。板上配有 16 个 LED 灯，在实验中可用作标志显示或代码调试的结果显示，既直观明了又简单方便。LED 灯信号引脚分配见表 1.6。

（4）7 段数码管电路

7 段数码管为共阴极数码管，即公共极输入低电平。共阴极数码管由三极管驱动，FPGA 需要提供正向信号。同时，段选端连接高电平，数码管上的对应位置才可以被点亮。因此，FPGA 输出有效的片选信号和段选信号都应该是高电平。数码管显示部分的电路如图 1.8 和图 1.9 所示，其引脚分配见表 1.7。

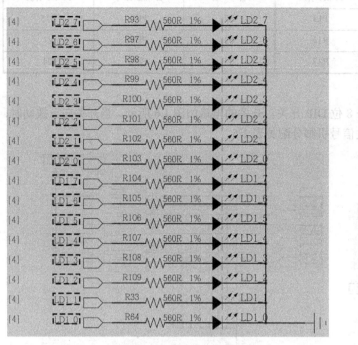

图 1.7　LED 灯电路

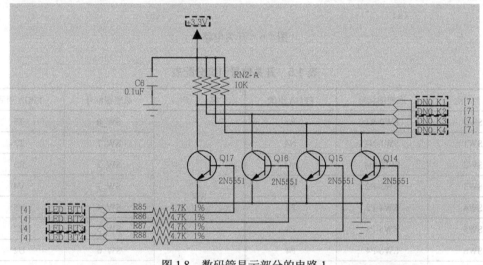

图 1.8　数码管显示部分的电路 1

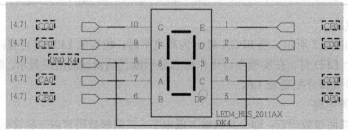

图 1.9　数码管显示部分的电路 2

表 1.7 数码管引脚分配表

名　　称	原理图标号	FPGA 引脚	名　　称	原理图标号	FPGA 引脚
CA0	CA0(B4)	B4	CA1	CA1(D4)	D4
CB0	CB0(A4)	A4	CB1	CB1(E3)	E3
CC0	CC0(A3)	A3	CC1	CC1(D3)	D3
CD0	CD0(B1)	B1	CD1	CD1(F4)	F4
CE0	CE0(A1)	A1	CE1	CE1(F3)	F3
CF0	CF0(B3)	B3	CF1	CF1(E2)	E2
CG0	CG0(B2)	B2	CG1	CG1(D2)	D2
DP0	DP0(D5)	D5	DP1	DP1(H2)	H2
DN0_K1	DK1_BIT1	G2	DN1_K1	DK5_BIT5	G1
DN0_K2	DK2_BIT2	C2	DN1_K2	DK6_BIT6	F1
DN0_K3	DK3_BIT3	C1	DN1_K3	DK7_BIT7	E1
DN0_K4	DK4_BIT4	H1	DN1_K4	DK8_BIT8	G6

在实际应用中，经常需要多个数码管显示，一般采取动态扫描显示方式。这种方式利用了人眼的滞留现象，即多个发光管轮流交替点亮。板卡上的 4 个数码管，只要在刷新周期 1～16ms（对应刷新频率为 1kHz～60Hz）期间使 4 个数码管轮流点亮一次（每个数码管的点亮时间就是刷新周期的 1/4），人眼就不会感觉到闪烁，宏观上仍可看到 4 位 LED 同时显示的效果。例如，刷新频率为 62.5Hz，4 个数码管的刷新周期为 16ms，每个数码管应该点亮 1/4 刷新周期，即 4ms。

6. VGA 显示电路

VGA 显示电路如图 1.10 所示。EGO1 实验板卡利用 14 路 FPGA 信号驱动 VGA 接口，包括红、绿、蓝三基色各 4 位和两个标准行同步、场同步信号。色彩信号由电阻分压电路产生，支持 12 位的 VGA 彩色显示，具有 4096 种不同的颜色。对于每种红、绿、蓝三基色的 VGA 信号，都有 16 级信号电平。由于没有采用视频专用 DAC 芯片，因此色彩过渡表现不是十分完美。VGA 信号引脚分配见表 1.8。

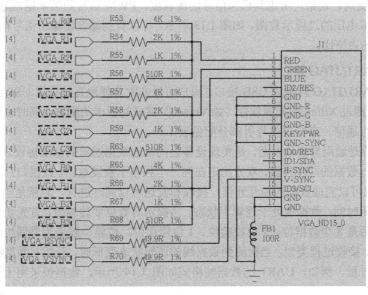

图 1.10 VGA 显示电路

表 1.8　VGA 信号引脚分配表

名　称	原理图标号	FPGA 引脚	名　称	原理图标号	FPGA 引脚
RED	VGA_R0	F5	BLUE	VGA_B0	C7
	VGA_R1	C6		VGA_B1	E6
	VGA_R2	C5		VGA_B2	E5
	VGA_R3	B7		VGA_B3	E7
GREEN	VGA_G0	B6	H-SYNC	VGA_HSYNC	D7
	VGA_G1	A6	V-SYNC	VGA_VSYNC	C4
	VGA_G2	A5			
	VGA_G3	D8			

在实际应用中，利用 FPGA 设计视频控制器电路驱动同步信号和色彩信号时，一定确保正确的时序，否则 VGA 显示电路不能正常工作。

7. 音频接口电路

EGO1 实验板卡上的单声道音频输出接口（J12）由低通滤波器电路驱动，如图 1.11 所示。滤波器的输入信号（AUDIO_PWM）是由 FPGA 产生的脉冲宽度调制信号（PWM）或脉冲密度调制信号（PDM）。低通滤波器将输入的数字信号转化为模拟电压信号输出到音频插孔上。音频信号引脚分配见表 1.9。

脉冲宽度调制信号是一连串频率固定的脉冲信号，每个脉冲的宽度都可能不同。这种数字信号在通过一个简单的低通滤波器后，被转化为模拟电压信号，电压的大小与一定区间内的平均脉冲宽度成正比。这个区间由低通滤波器的 3dB 截止频率和脉冲频率共同决定。例如，如果脉冲为高电平的时间占有效脉冲周期的 10%，滤波电路产生的模拟电压值就是 V_{dd} 电压的十分之一。图 1.12 是一个简单的 PWM 信号波形。

低通滤波器 3dB 频率要比 PWM 信号频率低一个数量级，这样 PWM 频率上的信号能量才能从输入信号中过滤出来。例如，要得到一个最高频率为 5kHz 的音频信号，那么 PWM 信号的频率至少为 50kHz 或者更高。通常，考虑到模拟信号的保真度，PWM 信号的频率越高越好。PWM 信号整合之后输出模拟电压的过程示意图，如图 1.13 所示，可以看到滤波器输出信号幅度与 V_{dd} 的比值等于 PWM 信号的占空比。

8. USB-UART/JTAG 接口

该模块将 UART/JTAG 转换成 USB 接口。用户可以非常方便地直接采用 USB 线连接板卡与计算机 USB 接口，通过 Xilinx 的配置软件（如 Vivado）完成对板卡的配置。同时也可以通过串行口功能与上位机进行通信。串行口信号引脚分配见表 1.10。

UATR 的全称是通用异步收发器，是实现设备之间低速数据通信的标准协议。异步是指不需要额外的时钟线进行数据的同步传输，双方约定在同一个频率下收发数据。此接口只需要两条信号线（RXD、TXD）就可以完成数据的相互通信，接收和发送可以同时进行，也就是全双工。

在发送器空闲时间，数据线处于逻辑 1 状态。当提示有数据要传输时，首先使数据线的逻辑状态为低（0），之后是 8 个数据位、1 位校验位、1 位停止位。校验一般采用奇偶校验，停止位用于表示一帧的结束。接收过程类似，当检测到数据线的逻辑状态变低时，开始对数据线以约定的频率抽样，完成接收过程。例如，UART 的数据帧格式如图 1.14 所示，数据帧采用无校验位，停止位为 1 位。

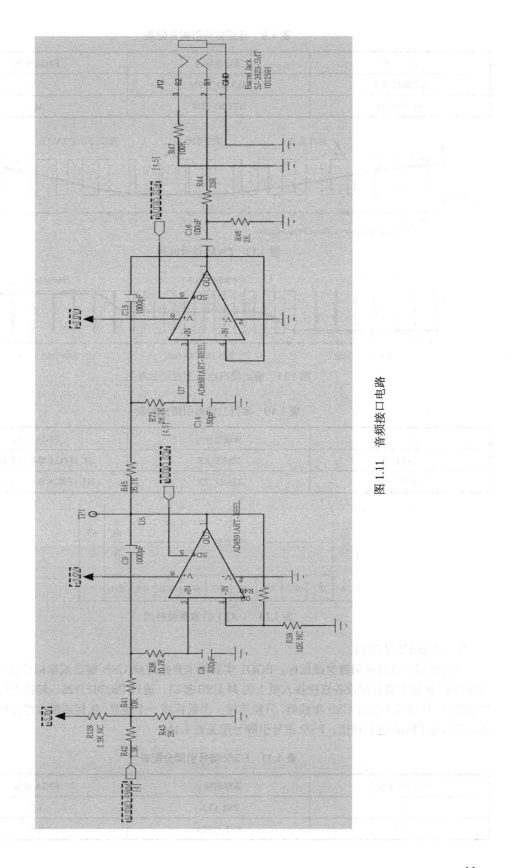

图 1.11 音频接口电路

表 1.9　音频信号引脚分配表

名　　称	原理图标号	FPGA 引脚
AUDIO PWM	AUDIO_PWM	T1
AUDIO SD	SUDIO_SD#	M6

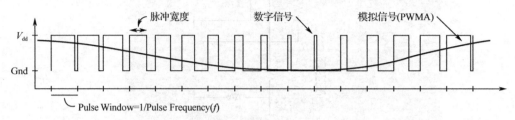

图 1.12　PWM 信号波形

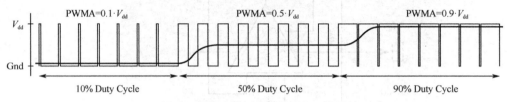

图 1.13　输出模拟电压的过程示意图

表 1.10　串行口信号引脚分配表

名　　称	原理图标号	FPGA 引脚
UART RX	UART_RX	T4（FPGA 串行口发送端）
UART TX	UART_TX	N5（FPGA 串行口接收端）

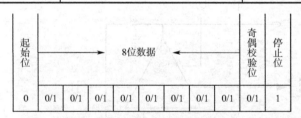

图 1.14　UART 的数据帧格式

9．USB-PS/2 接口

为方便用户直接使用键盘或鼠标，EGO1 实验板卡直接支持 USB 键盘或鼠标设备。用户可将标准的 USB 键盘或鼠标设备直接接入板上的 J4 USB 接口，通过 PIC24FJ128，转换为标准的 PS/2 协议接口。该接口不支持 USB 集线器，只能连接一个鼠标或一个键盘。鼠标或键盘通过标准的 PS/2 接口信号与 FPGA 进行通信。PS/2 信号引脚分配见表 1.11。

表 1.11　PS/2 信号引脚分配表

PIC24J128 标号	原理图标号	FPGA 引脚
15	PS2_CLK	K5
12	PS2_DATA	L4

10. SRAM 接口

EGO1 实验板卡搭载的 IS61WV12816BLL SRAM 芯片,总容量 2Mbit,如图 1.15 所示。该 SRAM 为异步式 SRAM,最快存取时间可达 8ns;操控简单,易于读写。SRAM 信号引脚分配见表 1.12。

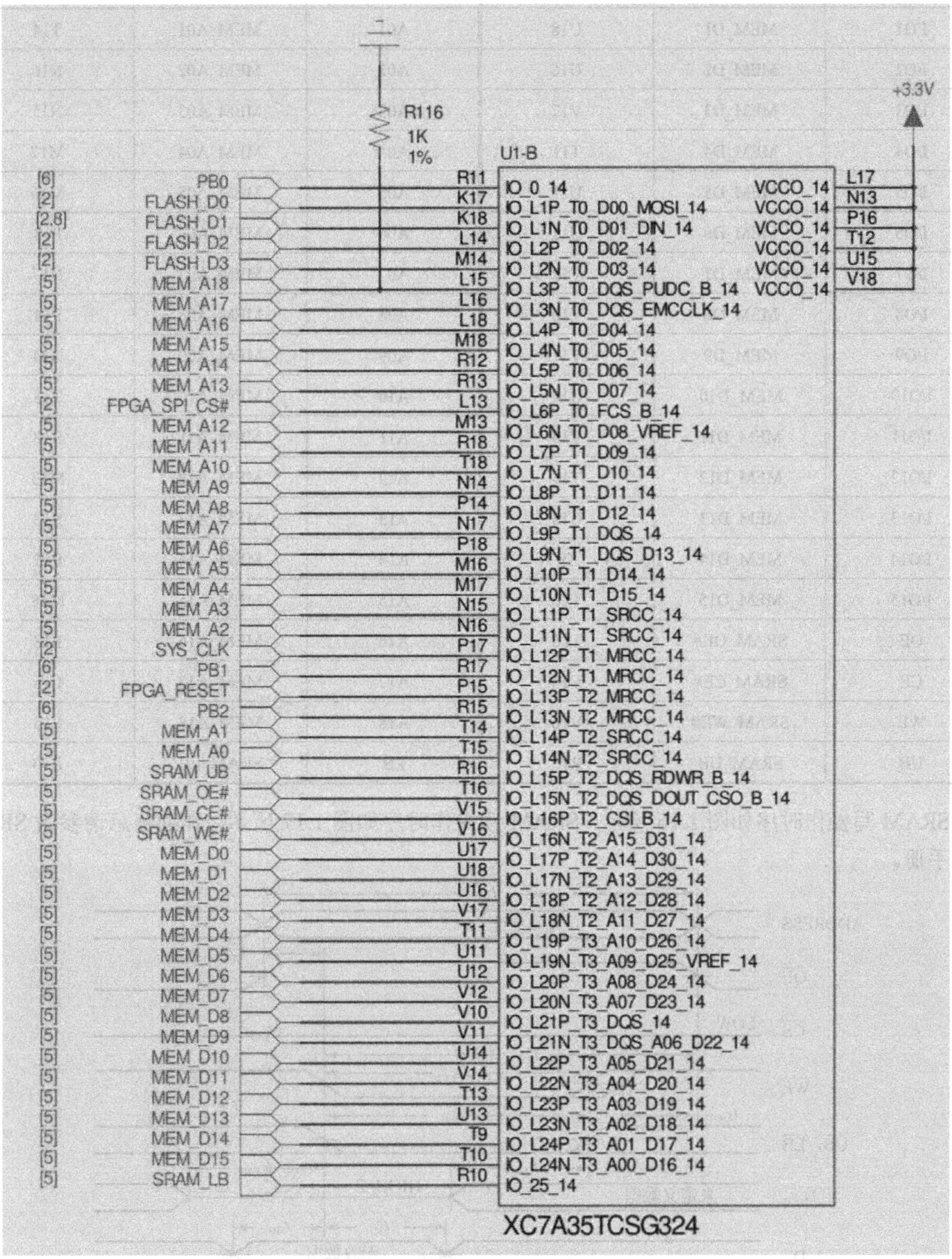

图 1.15 SRAM 电路

表 1.12　SRAM 信号引脚分配表

SRAM 标号	原理图标号	FPGA 引脚	SRAM 标号	原理图标号	FPGA 引脚
I/O0	MEM_D0	U17	A00	MEM_A00	T15
I/O1	MEM_D1	U18	A01	MEM_A01	T14
I/O2	MEM_D2	U16	A02	MEM_A02	N16
I/O3	MEM_D3	V17	A03	MEM_A03	N15
I/O4	MEM_D4	T11	A04	MEM_A04	M17
I/O5	MEM_D5	U11	A05	MEM_A05	M16
I/O6	MEM_D6	U12	A06	MEM_A06	P18
I/O7	MEM_D7	V12	A07	MEM_A07	N17
I/O8	MEM_D8	V10	A08	MEM_A08	P14
I/O9	MEM_D9	V11	A09	MEM_A09	N14
I/O10	MEM_D10	U14	A10	MEM_A10	T18
I/O11	MEM_D11	V14	A11	MEM_A11	R18
I/O12	MEM_D12	T13	A12	MEM_A12	M13
I/O13	MEM_D13	U13	A13	MEM_A13	R13
I/O14	MEM_D14	T9	A14	MEM_A14	R12
I/O15	MEM_D15	T10	A15	MEM_A15	M18
OE	SRAM_OE#	T16	A16	MEM_A16	L18
CE	SRAM_CE#	V15	A17	MEM_A17	L16
WE	SRAM_WE#	V16	A18	MEM_A18	L15
UB	SRAM_UB	R16	LB	SRAM_LB	R10

　　SRAM 写操作时序如图 1.16 所示，SRAM 读操作时序如图 1.17 所示，详细信息请参考 SRAM 用户手册。

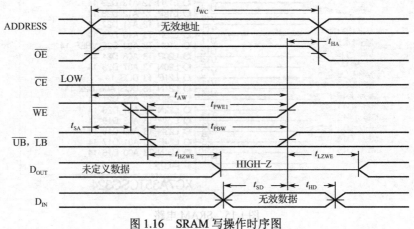

图 1.16　SRAM 写操作时序图

11.　模拟电压输入电路

　　Xilinx 7 系列的 FPGA 芯片内部集成了两个位宽为 12bit、采样率为 1MSPS 的 ADC，拥有多达 17 个外部模拟信号的输入通道，为用户的设计提供了通用的、高精度的模拟输入接口。XADC 模块的框图如图 1.18 所示。

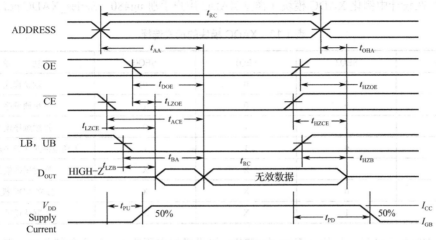

图 1.17 SRAM 读操作时序图

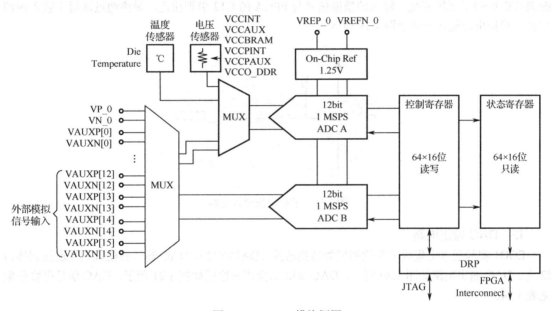

图 1.18 XADC 模块框图

XADC 模块有一个专用的支持差分输入的模拟通道输入引脚（VP/VN），另外还有 16 个辅助的模拟通道输入引脚（ADxP 和 ADxN，x 为 0～15）。

XADC 模块还包括一定数量的片上传感器用来测量片上的供电电压和芯片温度，这些测量转换数据存储在状态寄存器（Status Registers）的专用寄存器内，可由 FPGA 内部称为动态配置端口（Dynamic Reconfiguration Port，DRP）的 16 位的同步读写端口访问。ADC 转换数据也可以由 JTAG TAP 访问，在这种情况下并不需要去直接例化 XADC 模块，因为这是一个已经存在于 FPGA JTAG 结构中的专用接口。由于没有在设计中直接例化 XADC 模块，因此 XADC 模块工作在预先定义好的默认模式下。在默认模式下，XADC 模块专用于监视芯片上的供电电压和芯片温度。

XADC 模块的操作模式是由用户通过 DRP 或 JTAG 接口写控制寄存器来选择的，控制寄存器的初始值有可能在设计中例化 XADC 模块时的块属性（Block Attributes）中指定。模式选择由控制寄存器 41H 的 SEQ3～SEQ0 位决定，如表 1.13 所示。

XADC 模块的使用方法：① 直接用 FPGA JTAG 专用接口访问，这时 XADC 模块工作在默认模式下；② 在设计中例化 XADC 模块（详见 XADC 用户手册 ug480_7Series_XADC.pdf）。

表 1.13　XADC 模块的模式选择

SEQ3	SEQ2	SEQ1	SEQ0	功　能
0	0	0	0	默认模式
0	0	0	1	单通顺序
0	0	1	0	连续顺序模式
0	0	1	1	单通道模式（顺序器关闭）
0	1	X	X	同时采样模式
1	0	X	X	独立 ADC 模式
1	1	X	X	默认模式

EGO1 实验板卡通过电位器（W1）向 FPGA 提供模拟电压输入，输入的模拟电压随着电位器的旋转在 0～1V 之间变化。输入的模拟信号与 FPGA 的 C12 引脚相连，最终通过通道 1 输入内部 ADC。模拟电压输入电路如图 1.19 所示。

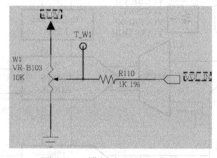

图 1.19　模拟电压输入电路

12．DAC 输出电路

EGO1 实验板卡上集成了 8 位的模数转换芯片（DAC0832），DAC 输出的模拟信号连接到接口 J2 上。DAC 输出电路如图 1.20 所示。DAC0832 的操作时序图如图 1.21 所示。DAC 信号引脚分配见表 1.14。

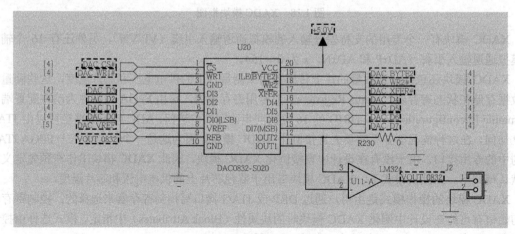

图 1.20　DAC 输出电路

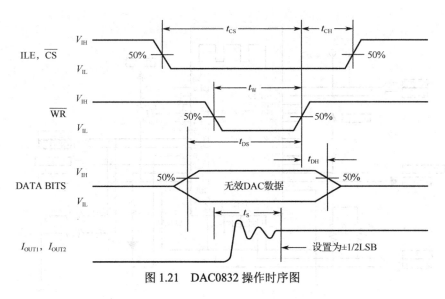

图 1.21　DAC0832 操作时序图

表 1.14　DAC 信号引脚分配表

DAC0832 引脚标号	原理图标号	FPGA 引脚
DI0	DAC_D0	T8
DI1	DAC_D1	R8
DI2	DAC_D2	T6
DI3	DAC_D3	R7
DI4	DAC_D4	U6
DI5	DAC_D5	U7
DI6	DAC_D6	V9
DI7	DAC_D7	U9
ILE(BYTE2)	DAC_BYTE2	R5
CS	DAC_CS#	N6
WR1	DAC_WR1#	V6
WR2	DAC_WR2#	R6
XFER	DAC_XFER#	V7

13. 蓝牙模块电路

EGO1 实验板卡上集成了蓝牙模块（BLE-CC41-A）。FPGA 通过串行口和蓝牙模块进行通信。其支持的波特率为 1200，2400，4800，9600，14400，19200，38400，57600，115200 和 230400bps。串行口默认波特率为 9600bps。该模块支持 AT 命令操作方法。蓝牙模块电路图如图 1.22 所示。蓝牙信号引脚分配见表 1.15。

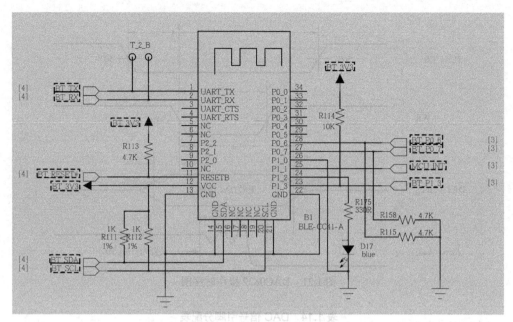

图 1.22　蓝牙模块电路

表 1.15　蓝牙信号引脚分配表

BLE-CC41-A 标号	原理图标号	FPGA 引脚
UART_RX	BT_RX	N2
UART_TX	BT_TX	L3

14. 通用 I/O 接口扩展

　　EGO1 实验板卡上为用户提供了灵活的通用接口（J5）用来进行 I/O 接口扩展，共提供 32 个双向 I/O 接口，每个 I/O 接口均支持过流过压保护。通用 I/O 接口扩展电路如图 1.23 所示，引脚分配见表 1.16。

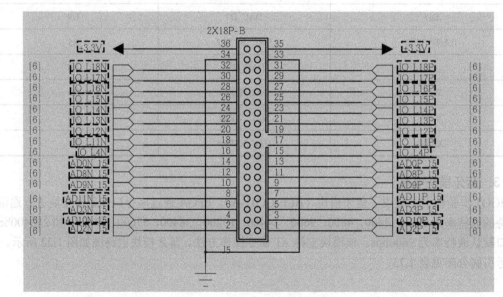

图 1.23　通用 I/O 接口扩展电路

表 1.16　通用 I/O 接口扩展电路引脚分配表

2×18 标号	原理图标号	FPGA 引脚	2×18 标号	原理图标号	FPGA 引脚
1	AD2P_15	B16	7	IO_L11P	E15
2	AD2N_15	B17	18	IO_L11N	E16
3	AD10P_15	A15	19	IO_L12P	D15
4	AD10N_15	A16	20	IO_L12N	C15
5	AD3P_15	A13	21	IO_L13P	H16
6	AD3N_15	A14	22	IO_L13N	G16
7	AD11P_15	B18	23	IO_L14P	F15
8	AD11N_15	A18	24	IO_L14N	F16
9	AD9P_15	F13	25	IO_L15P	H14
10	AD9N_15	F14	26	IO_L15N	G14
11	AD8P_15	B13	27	IO_L16P	E17
12	AD8N_15	B14	28	IO_L16N	D17
13	AD0P_15	D14	29	IO_L17P	K13
14	AD0N_15	C14	30	IO_L17N	J13
15	IO_L4P	B11	31	IO_L18P	H17
16	IO_L4N	A11	32	IO_L18N	G17

1.3　EGO1 实验板卡测试流程

1．测试使用的工具

1）USB-Type C 数据线。

2）VGA 显示器、耳机、示波器、USB 键盘。

3）16 个跳帽或 2×16 短接器。

4）计算机一台，预装串行口终端工具（如 Putty、Tera Term）、Vivado 软件。

5）Android 手机，预装 BLE 蓝牙串行口应用。

2．测试流程

板卡测试 BIN 文件下载地址为 https://pan.baidu.com/s/1n8wa8zFTRdLifM6wvngWvQ。

1）操作前确保实验板卡电源开关拨至 OFF 处。

2）使用 USB 线连接板卡至计算机，确认连接无误，打开板卡电源开关。

3）等待板卡上 D18 和 D30 两个 LED 灯常亮后，此时会在设备管理器中识别到板卡串行口（在后面会需要此端口号），如图 1.24 所示。

4）烧写 Flash（注：新出厂的 EGO1 实验板卡已经预先烧好测试文件，可以省略此步骤）。

① 选择 Vivado→Open Hardware Manager→Open Target→

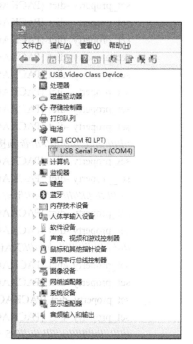

图 1.24　计算机识别到 EGO1 实验
板卡的串行口号

Auto Connect，连接板卡。

② 选中芯片型号后右击，从快捷菜单中选择 Add Configuration Memory Device 命令，在打开的对话框中选择 Flash 型号为 N25Q64-3.3V，单击"OK"按钮，然后弹出对话框，再次单击 OK 按钮。

③ 在 Program Configuration Memory Device 选项卡中，将 BIN 文件添加到 Configuration File 中，BIN 文件目录为..EGO1_testbinEGO1_BIST_35T.bin，然后单击 OK 按钮，等待烧写完成。

5）从 Flash 启动

① 给板卡断电，确认将 JP2 跳线设置为 QSPI 启动。

② 给板卡上电，等待配置完成，配置完成后 LED 灯 D24 点亮。

6）双击打开串行口终端，波特率设为 9600bps，数据位 8bit，无奇偶校验，停止位 1bit，无流控。（注：此处设备端口号以设备管理器中显示的端口号为准。）

7）按下 S5_PROG#按键，重新配置 FPGA，根据串口终端输出提示进行外设测试。

1.4　EGO1 实验板卡的引脚约束

在实际应用中，利用 EGO1 实验板卡进行 FPGA 实验验证，必须输入相应的 FPGA 引脚约束和电平标准。EGO1 实验板卡的引脚约束文件如下：

```
//////////////////////////系统时钟和复位//////////////////////////
set_property -dict {PACKAGE_PIN P17 IOSTANDARD LVCMOS33} [get_ports sys_clk_in ]
set_property -dict {PACKAGE_PIN P15 IOSTANDARD LVCMOS33} [get_ports sys_rst_n ]
//////////////////////////串行口//////////////////////////
set_property -dict {PACKAGE_PIN T4 IOSTANDARD LVCMOS33} [get_ports PC_Uart_rxd]
set_property -dict {PACKAGE_PIN N5 IOSTANDARD LVCMOS33} [get_ports PC_Uart_txd]
//////////////////////////蓝牙//////////////////////////
set_property -dict {PACKAGE_PIN N2 IOSTANDARD LVCMOS33} [get_ports BT_Uart_rxd]
set_property -dict {PACKAGE_PIN L3 IOSTANDARD LVCMOS33} [get_ports BT_Uart_txd]
set_property -dict {PACKAGE_PIN D18 IOSTANDARD LVCMOS33} [get_ports {bt_ctrl_o[0]}]
set_property -dict {PACKAGE_PIN M2   IOSTANDARD LVCMOS33} [get_ports {bt_ctrl_o[1]}]
set_property -dict {PACKAGE_PIN H15 IOSTANDARD LVCMOS33} [get_ports {bt_ctrl_o[2]}]
set_property -dict {PACKAGE_PIN C16 IOSTANDARD LVCMOS33} [get_ports {bt_ctrl_o[3]}]
set_property -dict {PACKAGE_PIN E18 IOSTANDARD LVCMOS33} [get_ports {bt_ctrl_o[4]}]
set_property -dict {PACKAGE_PIN C17 IOSTANDARD LVCMOS33} [get_ports bt_mcu_int_i]
//////////////////////////音频接口//////////////////////////
set_property -dict {PACKAGE_PIN T1 IOSTANDARD LVCMOS33} [get_ports audio_pwm_o]
set_property -dict {PACKAGE_PIN M6 IOSTANDARD LVCMOS33} [get_ports audio_sd_o ]
//////////////////////////iic//////////////////////////
set_property -dict {PACKAGE_PIN F18 IOSTANDARD LVCMOS33} [get_ports pw_iic_scl_io]
set_property -dict {PACKAGE_PIN G18 IOSTANDARD LVCMOS33} [get_ports pw_iic_sda_io]
//////////////////////////XADC 模数转换//////////////////////////
set_property -dict {PACKAGE_PIN B12 IOSTANDARD LVCMOS33} [get_ports XADC_AUX_v_n ]
set_property -dict {PACKAGE_PIN C12 IOSTANDARD LVCMOS33} [get_ports XADC_AUX_v_p ]
set_property -dict {PACKAGE_PIN K9   IOSTANDARD LVCMOS33} [get_ports XADC_VP_VN_v_n]
set_property -dict {PACKAGE_PIN J10 IOSTANDARD LVCMOS33} [get_ports XADC_VP_VN_v_p]
//////////////////////////5 个按键//////////////////////////
set_property -dict {PACKAGE_PIN R11 IOSTANDARD LVCMOS33} [get_ports {btn_pin[0]}]
set_property -dict {PACKAGE_PIN R17 IOSTANDARD LVCMOS33} [get_ports {btn_pin[1]}]
```

set_property -dict {PACKAGE_PIN R15 IOSTANDARD LVCMOS33} [get_ports {btn_pin[2]}]
set_property -dict {PACKAGE_PIN V1 IOSTANDARD LVCMOS33} [get_ports {btn_pin[3]}]
set_property -dict {PACKAGE_PIN U4 IOSTANDARD LVCMOS33} [get_ports {btn_pin[4]}]
///////////////////////////////拨码开关 SW0~SW7///////////////////////////////
set_property -dict {PACKAGE_PIN R1 IOSTANDARD LVCMOS33} [get_ports {sw_pin[0]}]
set_property -dict {PACKAGE_PIN N4 IOSTANDARD LVCMOS33} [get_ports {sw_pin[1]}]
set_property -dict {PACKAGE_PIN M4 IOSTANDARD LVCMOS33} [get_ports {sw_pin[2]}]
set_property -dict {PACKAGE_PIN R2 IOSTANDARD LVCMOS33} [get_ports {sw_pin[3]}]
set_property -dict {PACKAGE_PIN P2 IOSTANDARD LVCMOS33} [get_ports {sw_pin[4]}]
set_property -dict {PACKAGE_PIN P3 IOSTANDARD LVCMOS33} [get_ports {sw_pin[5]}]
set_property -dict {PACKAGE_PIN P4 IOSTANDARD LVCMOS33} [get_ports {sw_pin[6]}]
set_property -dict {PACKAGE_PIN P5 IOSTANDARD LVCMOS33} [get_ports {sw_pin[7]}]
///////////////////////////////拨码开关 SW8~SW15///////////////////////////////
set_property -dict {PACKAGE_PIN T5 IOSTANDARD LVCMOS33} [get_ports {dip_pin[0]}]
set_property -dict {PACKAGE_PIN T3 IOSTANDARD LVCMOS33} [get_ports {dip_pin[1]}]
set_property -dict {PACKAGE_PIN R3 IOSTANDARD LVCMOS33} [get_ports {dip_pin[2]}]
set_property -dict {PACKAGE_PIN V4 IOSTANDARD LVCMOS33} [get_ports {dip_pin[3]}]
set_property -dict {PACKAGE_PIN V5 IOSTANDARD LVCMOS33} [get_ports {dip_pin[4]}]
set_property -dict {PACKAGE_PIN V2 IOSTANDARD LVCMOS33} [get_ports {dip_pin[5]}]
set_property -dict {PACKAGE_PIN U2 IOSTANDARD LVCMOS33} [get_ports {dip_pin[6]}]
set_property -dict {PACKAGE_PIN U3 IOSTANDARD LVCMOS33} [get_ports {dip_pin[7]}]
///////////////////////////////LED0~LED15///////////////////////////////
set_property -dict {PACKAGE_PIN K2 IOSTANDARD LVCMOS33} [get_ports {led_pin[0]}]
set_property -dict {PACKAGE_PIN J2 IOSTANDARD LVCMOS33} [get_ports {led_pin[1]}]
set_property -dict {PACKAGE_PIN J3 IOSTANDARD LVCMOS33} [get_ports {led_pin[2]}]
set_property -dict {PACKAGE_PIN H4 IOSTANDARD LVCMOS33} [get_ports {led_pin[3]}]
set_property -dict {PACKAGE_PIN J4 IOSTANDARD LVCMOS33} [get_ports {led_pin[4]}]
set_property -dict {PACKAGE_PIN G3 IOSTANDARD LVCMOS33} [get_ports {led_pin[5]}]
set_property -dict {PACKAGE_PIN G4 IOSTANDARD LVCMOS33} [get_ports {led_pin[6]}]
set_property -dict {PACKAGE_PIN F6 IOSTANDARD LVCMOS33} [get_ports {led_pin[7]}]
set_property -dict {PACKAGE_PIN K3 IOSTANDARD LVCMOS33} [get_ports {led_pin[8]}]
set_property -dict {PACKAGE_PIN M1 IOSTANDARD LVCMOS33} [get_ports {led_pin[9]}]
set_property -dict {PACKAGE_PIN L1 IOSTANDARD LVCMOS33} [get_ports {led_pin[10]}]
set_property -dict {PACKAGE_PIN K6 IOSTANDARD LVCMOS33} [get_ports {led_pin[11]}]
set_property -dict {PACKAGE_PIN J5 IOSTANDARD LVCMOS33} [get_ports {led_pin[12]}]
set_property -dict {PACKAGE_PIN H5 IOSTANDARD LVCMOS33} [get_ports {led_pin[13]}]
set_property -dict {PACKAGE_PIN H6 IOSTANDARD LVCMOS33} [get_ports {led_pin[14]}]
set_property -dict {PACKAGE_PIN K1 IOSTANDARD LVCMOS33} [get_ports {led_pin[15]}]
///////////////////////////////8 个数码管位选信号///////////////////////////////
set_property -dict {PACKAGE_PIN G2 IOSTANDARD LVCMOS33} [get_ports {seg_cs_pin[0]}]
set_property -dict {PACKAGE_PIN C2 IOSTANDARD LVCMOS33} [get_ports {seg_cs_pin[1]}]
set_property -dict {PACKAGE_PIN C1 IOSTANDARD LVCMOS33} [get_ports {seg_cs_pin[2]}]
set_property -dict {PACKAGE_PIN H1 IOSTANDARD LVCMOS33} [get_ports {seg_cs_pin[3]}]
set_property -dict {PACKAGE_PIN G1 IOSTANDARD LVCMOS33} [get_ports {seg_cs_pin[4]}]
set_property -dict {PACKAGE_PIN F1 IOSTANDARD LVCMOS33} [get_ports {seg_cs_pin[5]}]
set_property -dict {PACKAGE_PIN E1 IOSTANDARD LVCMOS33} [get_ports {seg_cs_pin[6]}]
set_property -dict {PACKAGE_PIN G6 IOSTANDARD LVCMOS33} [get_ports {seg_cs_pin[7]}]
///////////////////////////////数码管段选信号///////////////////////////////

```
set_property -dict {PACKAGE_PIN B4 IOSTANDARD LVCMOS33} [get_ports {seg_data_0_pin[0]}]
set_property -dict {PACKAGE_PIN A4 IOSTANDARD LVCMOS33} [get_ports {seg_data_0_pin[1]}]
set_property -dict {PACKAGE_PIN A3 IOSTANDARD LVCMOS33} [get_ports {seg_data_0_pin[2]}]
set_property -dict {PACKAGE_PIN B1 IOSTANDARD LVCMOS33} [get_ports {seg_data_0_pin[3]}]
set_property -dict {PACKAGE_PIN A1 IOSTANDARD LVCMOS33} [get_ports {seg_data_0_pin[4]}]
set_property -dict {PACKAGE_PIN B3 IOSTANDARD LVCMOS33} [get_ports {seg_data_0_pin[5]}]
set_property -dict {PACKAGE_PIN B2 IOSTANDARD LVCMOS33} [get_ports {seg_data_0_pin[6]}]
set_property -dict {PACKAGE_PIN D5 IOSTANDARD LVCMOS33} [get_ports {seg_data_0_pin[7]}]
set_property -dict {PACKAGE_PIN D4 IOSTANDARD LVCMOS33} [get_ports {seg_data_1_pin[0]}]
set_property -dict {PACKAGE_PIN E3 IOSTANDARD LVCMOS33} [get_ports {seg_data_1_pin[1]}]
set_property -dict {PACKAGE_PIN D3 IOSTANDARD LVCMOS33} [get_ports {seg_data_1_pin[2]}]
set_property -dict {PACKAGE_PIN F4 IOSTANDARD LVCMOS33} [get_ports {seg_data_1_pin[3]}]
set_property -dict {PACKAGE_PIN F3 IOSTANDARD LVCMOS33} [get_ports {seg_data_1_pin[4]}]
set_property -dict {PACKAGE_PIN E2 IOSTANDARD LVCMOS33} [get_ports {seg_data_1_pin[5]}]
set_property -dict {PACKAGE_PIN D2 IOSTANDARD LVCMOS33} [get_ports {seg_data_1_pin[6]}]
set_property -dict {PACKAGE_PIN H2 IOSTANDARD LVCMOS33} [get_ports {seg_data_1_pin[7]}]
////////////////////////////////VGA 行同步场同步信号////////////////////////////////
set_property -dict {PACKAGE_PIN D7 IOSTANDARD LVCMOS33} [get_ports vga_hs_pin]
set_property -dict {PACKAGE_PIN C4 IOSTANDARD LVCMOS33} [get_ports vga_vs_pin]
////////////////////////////////VGA 红绿蓝信号////////////////////////////////
set_property -dict {PACKAGE_PIN F5 IOSTANDARD LVCMOS33} [get_ports {vga_data_pin[0]}]
set_property -dict {PACKAGE_PIN C6 IOSTANDARD LVCMOS33} [get_ports {vga_data_pin[1]}]
set_property -dict {PACKAGE_PIN C5 IOSTANDARD LVCMOS33} [get_ports {vga_data_pin[2]}]
set_property -dict {PACKAGE_PIN B7 IOSTANDARD LVCMOS33} [get_ports {vga_data_pin[3]}]
set_property -dict {PACKAGE_PIN B6 IOSTANDARD LVCMOS33} [get_ports {vga_data_pin[4]}]
set_property -dict {PACKAGE_PIN A6 IOSTANDARD LVCMOS33} [get_ports {vga_data_pin[5]}]
set_property -dict {PACKAGE_PIN A5 IOSTANDARD LVCMOS33} [get_ports {vga_data_pin[6]}]
set_property -dict {PACKAGE_PIN D8 IOSTANDARD LVCMOS33} [get_ports {vga_data_pin[7]}]
set_property -dict {PACKAGE_PIN C7 IOSTANDARD LVCMOS33} [get_ports {vga_data_pin[8]}]
set_property -dict {PACKAGE_PIN E6 IOSTANDARD LVCMOS33} [get_ports {vga_data_pin[9]}]
set_property -dict {PACKAGE_PIN E5 IOSTANDARD LVCMOS33} [get_ports {vga_data_pin[10]}]
set_property -dict {PACKAGE_PIN E7 IOSTANDARD LVCMOS33} [get_ports {vga_data_pin[11]}]
////////////////////////////////DAC////////////////////////////////
set_property -dict {PACKAGE_PIN R5 IOSTANDARD LVCMOS33} [get_ports dac_ile]
set_property -dict {PACKAGE_PIN N6 IOSTANDARD LVCMOS33} [get_ports dac_cs_n]
set_property -dict {PACKAGE_PIN V6 IOSTANDARD LVCMOS33} [get_ports dac_wr1_n]
set_property -dict {PACKAGE_PIN R6 IOSTANDARD LVCMOS33} [get_ports dac_wr2_n]
set_property -dict {PACKAGE_PIN V7 IOSTANDARD LVCMOS33} [get_ports dac_xfer_n]
set_property -dict {PACKAGE_PIN T8 IOSTANDARD LVCMOS33} [get_ports {dac_data[0]}]
set_property -dict {PACKAGE_PIN R8 IOSTANDARD LVCMOS33} [get_ports {dac_data[1]}]
set_property -dict {PACKAGE_PIN T6 IOSTANDARD LVCMOS33} [get_ports {dac_data[2]}]
set_property -dict {PACKAGE_PIN R7 IOSTANDARD LVCMOS33} [get_ports {dac_data[3]}]
set_property -dict {PACKAGE_PIN U6 IOSTANDARD LVCMOS33} [get_ports {dac_data[4]}]
set_property -dict {PACKAGE_PIN U7 IOSTANDARD LVCMOS33} [get_ports {dac_data[5]}]
set_property -dict {PACKAGE_PIN V9 IOSTANDARD LVCMOS33} [get_ports {dac_data[6]}]
set_property -dict {PACKAGE_PIN U9 IOSTANDARD LVCMOS33} [get_ports {dac_data[7]}]
////////////////////////////////PS/2////////////////////////////////
set_property -dict {PACKAGE_PIN K5 IOSTANDARD LVCMOS33} [get_ports   ps2_clk   ]
```

set_property -dict {PACKAGE_PIN L4 IOSTANDARD LVCMOS33} [get_ports   ps2_data]
//SDRAM//
set_property -dict {PACKAGE_PIN L15 IOSTANDARD LVCMOS33} [get_ports {sram_addr[18]}]
set_property -dict {PACKAGE_PIN L16 IOSTANDARD LVCMOS33} [get_ports {sram_addr[17]}]
set_property -dict {PACKAGE_PIN L18 IOSTANDARD LVCMOS33} [get_ports {sram_addr[16]}]
set_property -dict {PACKAGE_PIN M18 IOSTANDARD LVCMOS33} [get_ports {sram_addr[15]}]
set_property -dict {PACKAGE_PIN R12 IOSTANDARD LVCMOS33} [get_ports {sram_addr[14]}]
set_property -dict {PACKAGE_PIN R13 IOSTANDARD LVCMOS33} [get_ports {sram_addr[13]}]
set_property -dict {PACKAGE_PIN M13 IOSTANDARD LVCMOS33} [get_ports {sram_addr[12]}]
set_property -dict {PACKAGE_PIN R18 IOSTANDARD LVCMOS33} [get_ports {sram_addr[11]}]
set_property -dict {PACKAGE_PIN T18 IOSTANDARD LVCMOS33} [get_ports {sram_addr[10]}]
set_property -dict {PACKAGE_PIN N14 IOSTANDARD LVCMOS33} [get_ports {sram_addr[9]}]
set_property -dict {PACKAGE_PIN P14 IOSTANDARD LVCMOS33} [get_ports {sram_addr[8]}]
set_property -dict {PACKAGE_PIN N17 IOSTANDARD LVCMOS33} [get_ports {sram_addr[7]}]
set_property -dict {PACKAGE_PIN P18 IOSTANDARD LVCMOS33} [get_ports {sram_addr[6]}]
set_property -dict {PACKAGE_PIN M16 IOSTANDARD LVCMOS33} [get_ports {sram_addr[5]}]
set_property -dict {PACKAGE_PIN M17 IOSTANDARD LVCMOS33} [get_ports {sram_addr[4]}]
set_property -dict {PACKAGE_PIN N15 IOSTANDARD LVCMOS33} [get_ports {sram_addr[3]}]
set_property -dict {PACKAGE_PIN N16 IOSTANDARD LVCMOS33} [get_ports {sram_addr[2]}]
set_property -dict {PACKAGE_PIN T14 IOSTANDARD LVCMOS33} [get_ports {sram_addr[1]}]
set_property -dict {PACKAGE_PIN T15 IOSTANDARD LVCMOS33} [get_ports {sram_addr[0]}]
set_property -dict {PACKAGE_PIN V15 IOSTANDARD LVCMOS33} [get_ports sram_ce_n]
set_property -dict {PACKAGE_PIN R10 IOSTANDARD LVCMOS33} [get_ports sram_lb_n]
set_property -dict {PACKAGE_PIN T16 IOSTANDARD LVCMOS33} [get_ports sram_oe_n]
set_property -dict {PACKAGE_PIN R16 IOSTANDARD LVCMOS33} [get_ports sram_ub_n]
set_property -dict {PACKAGE_PIN V16 IOSTANDARD LVCMOS33} [get_ports sram_we_n]
set_property -dict {PACKAGE_PIN T10 IOSTANDARD LVCMOS33} [get_ports {sram_data[15]}]
set_property -dict {PACKAGE_PIN T9   IOSTANDARD LVCMOS33} [get_ports {sram_data[14]}]
set_property -dict {PACKAGE_PIN U13 IOSTANDARD LVCMOS33} [get_ports {sram_data[13]}]
set_property -dict {PACKAGE_PIN T13 IOSTANDARD LVCMOS33} [get_ports {sram_data[12]}]
set_property -dict {PACKAGE_PIN V14 IOSTANDARD LVCMOS33} [get_ports {sram_data[11]}]
set_property -dict {PACKAGE_PIN U14 IOSTANDARD LVCMOS33} [get_ports {sram_data[10]}]
set_property -dict {PACKAGE_PIN V11 IOSTANDARD LVCMOS33} [get_ports {sram_data[9]}]
set_property -dict {PACKAGE_PIN V10 IOSTANDARD LVCMOS33} [get_ports {sram_data[8]}]
set_property -dict {PACKAGE_PIN V12 IOSTANDARD LVCMOS33} [get_ports {sram_data[7]}]
set_property -dict {PACKAGE_PIN U12 IOSTANDARD LVCMOS33} [get_ports {sram_data[6]}]
set_property -dict {PACKAGE_PIN U11 IOSTANDARD LVCMOS33} [get_ports {sram_data[5]}]
set_property -dict {PACKAGE_PIN T11 IOSTANDARD LVCMOS33} [get_ports {sram_data[4]}]
set_property -dict {PACKAGE_PIN V17 IOSTANDARD LVCMOS33} [get_ports {sram_data[3]}]
set_property -dict {PACKAGE_PIN U16 IOSTANDARD LVCMOS33} [get_ports {sram_data[2]}]
set_property -dict {PACKAGE_PIN U18 IOSTANDARD LVCMOS33} [get_ports {sram_data[1]}]
set_property -dict {PACKAGE_PIN U17 IOSTANDARD LVCMOS33} [get_ports {sram_data[0]}]
////////////////////////////////////通用 I/O 接口扩展////////////////////////////////////
set_property -dict {PACKAGE_PIN B16 IOSTANDARD LVCMOS33} [get_ports {exp_io[0]}]
set_property -dict {PACKAGE_PIN A15 IOSTANDARD LVCMOS33} [get_ports {exp_io[1]}]
set_property -dict {PACKAGE_PIN A13 IOSTANDARD LVCMOS33} [get_ports {exp_io[2]}]
set_property -dict {PACKAGE_PIN B18 IOSTANDARD LVCMOS33} [get_ports {exp_io[3]}]
set_property -dict {PACKAGE_PIN F13 IOSTANDARD LVCMOS33} [get_ports {exp_io[4]}]

```
set_property -dict {PACKAGE_PIN B13 IOSTANDARD LVCMOS33} [get_ports {exp_io[5]} ]
set_property -dict {PACKAGE_PIN D14 IOSTANDARD LVCMOS33} [get_ports {exp_io[6]} ]
set_property -dict {PACKAGE_PIN B11 IOSTANDARD LVCMOS33} [get_ports {exp_io[7]} ]
set_property -dict {PACKAGE_PIN E15 IOSTANDARD LVCMOS33} [get_ports {exp_io[8]} ]
set_property -dict {PACKAGE_PIN D15 IOSTANDARD LVCMOS33} [get_ports {exp_io[9]} ]
set_property -dict {PACKAGE_PIN H16 IOSTANDARD LVCMOS33} [get_ports {exp_io[10]}]
set_property -dict {PACKAGE_PIN F15 IOSTANDARD LVCMOS33} [get_ports {exp_io[11]}]
set_property -dict {PACKAGE_PIN H14 IOSTANDARD LVCMOS33} [get_ports {exp_io[12]}]
set_property -dict {PACKAGE_PIN E17 IOSTANDARD LVCMOS33} [get_ports {exp_io[13]}]
set_property -dict {PACKAGE_PIN K13 IOSTANDARD LVCMOS33} [get_ports {exp_io[14]}]
set_property -dict {PACKAGE_PIN H17 IOSTANDARD LVCMOS33} [get_ports {exp_io[15]}]
set_property -dict {PACKAGE_PIN B17 IOSTANDARD LVCMOS33} [get_ports {exp_io[16]}]
set_property -dict {PACKAGE_PIN A16 IOSTANDARD LVCMOS33} [get_ports {exp_io[17]}]
set_property -dict {PACKAGE_PIN A14 IOSTANDARD LVCMOS33} [get_ports {exp_io[18]}]
set_property -dict {PACKAGE_PIN A18 IOSTANDARD LVCMOS33} [get_ports {exp_io[19]}]
set_property -dict {PACKAGE_PIN F14 IOSTANDARD LVCMOS33} [get_ports {exp_io[20]}]
set_property -dict {PACKAGE_PIN B14 IOSTANDARD LVCMOS33} [get_ports {exp_io[21]}]
set_property -dict {PACKAGE_PIN C14 IOSTANDARD LVCMOS33} [get_ports {exp_io[22]}]
set_property -dict {PACKAGE_PIN A11 IOSTANDARD LVCMOS33} [get_ports {exp_io[23]}]
set_property -dict {PACKAGE_PIN E16 IOSTANDARD LVCMOS33} [get_ports {exp_io[24]}]
set_property -dict {PACKAGE_PIN C15 IOSTANDARD LVCMOS33} [get_ports {exp_io[25]}]
set_property -dict {PACKAGE_PIN G16 IOSTANDARD LVCMOS33} [get_ports {exp_io[26]}]
set_property -dict {PACKAGE_PIN F16 IOSTANDARD LVCMOS33} [get_ports {exp_io[27]}]
set_property -dict {PACKAGE_PIN G14 IOSTANDARD LVCMOS33} [get_ports {exp_io[28]}]
set_property -dict {PACKAGE_PIN D17 IOSTANDARD LVCMOS33} [get_ports {exp_io[29]}]
set_property -dict {PACKAGE_PIN J13 IOSTANDARD LVCMOS33} [get_ports {exp_io[30]}]
set_property -dict {PACKAGE_PIN G17 IOSTANDARD LVCMOS33} [get_ports {exp_io[31]}]
```

第 2 章　Vivado 软件平台介绍

2.1　Vivado 设计套件

Xilinx 公司前一代的软件平台基于 ISE 集成开发环境，如 Xilinx ISE Design Suite 13.x，其在早期的 Foundation 系列基础上发展起来并不断升级换代，是包含设计输入、仿真、逻辑综合、布局布线与实现、时序分析、功率分析、下载与配置等几乎所有 FPGA 开发工具的集成化环境。

Xilinx 公司于 2012 年发布了新一代的 Vivado 设计套件，改变了传统的设计环境和设计方法，打造了一个最先进的设计实现流程，可以让用户更快地实现设计。Vivado 设计套件不仅包含传统的寄存器传输级（RTL）到比特流的 FPGA 设计流程，而且提供了系统级的设计流程，全新的系统级设计的中心思想是基于知识产权（Intellectual Property，IP）核的设计。与前一代的 ISE 设计平台相比，Vivado 设计套件在各方面的性能都有了明显的提升，见表 2.1。

表 2.1　Vivado 与 ISE 对比

Vivado	ISE
流程是一系列 Tcl 命令，运行在单个存储器中的数据库上，灵活性和交互性更大	流程由一系列程序组成，利用多个文件运行和通信
在存储器中的单个公用数据模型可以贯穿整个流程运行，允许完成交互诊断、修正时序等许多事情： （1）模型改善速度； （2）减少存储容量； （3）交互的 IP 核即插即用环境 AXI4，IP-XACT	流程的每个步骤要求不同的数据模型（NGC、NGD、NCD、NGM）： （1）固定的约束和数据交换； （2）运行时间和存储容量恶化； （3）影响使用的方便性
公用的约束语言（XDC）贯穿整个流程： （1）约束适用于流程任何级别； （2）实时诊断	实现后的时序不能改变，对于交互诊断没有反向兼容性
在流程各个级别产生报告——Robust Tcl API	RTL 通过位文件控制，具有专门的命令行选项
在流程的任何级别保存 checkpoint 设计： （1）网表文件； （2）约束文件； （3）布局和布线结果	在流程的各个级别只能利用独立的工具： （1）系统设计：Platform Studio，System Generator （2）RTL：CORE Generator，ISim，PlanAhead （3）NGC/EDIF：PlanAhead Tool （4）NCD：FPGA Editor，Power Analyzer，ISim，PlanAhead （5）Bit File：ChipScope，iMPACT

2.1.1　Vivado 设计套件安装流程

1. 安装

进入 Xilinx 中国官方网站，网址为 http://china.xilinx.com，单击网站主页中的"技术支持"选项，选择"下载和许可"，即可找到 Vivado 软件进行下载。本书例程基于 Vivado 2017.2 版本，如图 2.1 所示。Xilinx 的官方网站上不仅提供软件下载，还提供一些软件说明、硬件更新、参考设计、经常遇到的问题及解决方法、丰富的视频教程等参考资料供读者学习。

图 2.1　Vivado 软件下载页面

根据 Xilinx 官方网站发布的 Vivado 支持的操作系统，安装环境要求必须是 64 位的机器，建议安装内存大于 4GB，硬盘空间大于 20GB。操作系统支持说明如下。

Microsoft Windows 系统：
- Windows 7 SP1 Professional(64bit)，英文版/日文版。
- Windows 10 Professional Anniversary Edition(64bit)，英文版/日文版。

Linux 系统：
- Red Hat Enterprise Workstation/Server 7.2 和 7.3(64bit)。
- Red Hat Enterprise Workstation 6.6, 6.7 和 6.8(64bit)。
- SUSE Linux Enterprise 11.4 和 12.2(64bit)。
- Cent OS 7.2 和 7.3(64bit)。
- Cent OS 6.7 和 6.8(64bit)。
- Ubuntu Linux 16.04.1 LTS(64bit)。

Vivado WebPACK 版本虽然是免费版本，但是除 System Generator for DSP 与 PR 之外，所有 Vivado 的功能都可以使用，也可以支持除 Virtex 以外的大部分主流器件。而且在 Vivado 2016 以后，WebPACK 版本的安装不再需要 License（许可证），所以特别适合 Xilinx FPGA 初学者及学生使用。

注意：下载 Vivado 2017.2 后，文件大小约为 22GB。安装软件时，由于临时解压文件比较多，因此 C 盘需要有足够的空间。Vivado 2017.2 WebPACK 安装后占用约 14GB 的空间。

解压缩后，运行 xsetup.exe，进入安装程序。如果系统弹出可用的 Vivado 新版本提示对话框，如图 2.2 所示，则直接单击 Continue 按钮进入下一步。

图 2.2　可用的 Vivado 新版本提示对话框

软件会显示 Vivado 2017.2 支持的操作系统等信息。为减少安装软件的时间，建议关闭杀毒软件，如图 2.3 所示，单击 Next 按钮，进入下一步。

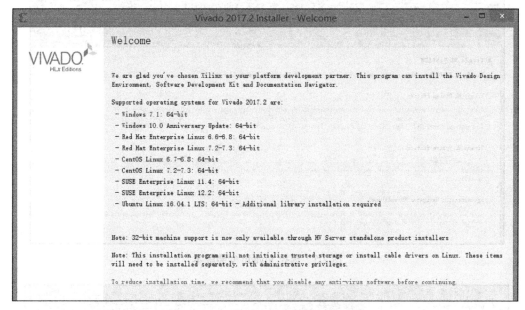

图 2.3　Vivado 2017.2 支持的操作系统

软件提示是否接受许可证管理，如图 2.4 所示，勾选所有的 I Agree 选项，单击 Next 按钮，进入下一步。

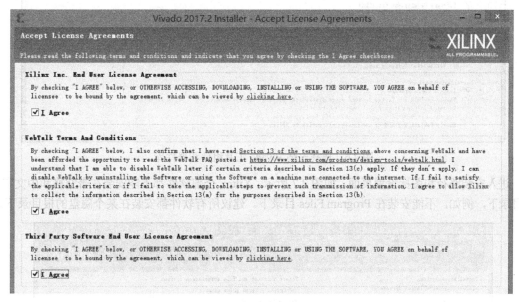

图 2.4　软件许可证管理

选择 Vivado 安装版本页面如图 2.5 所示。由于 WebPACK 版本的安装不需要 License，因此建议选择第一项。

然后选择安装 Vivado 工具组件和器件库，如图 2.6 所示。对于基于 Artix-7 架构的 FPGA 板卡，建议初学者按照图 2.6 中的选项进行设置。

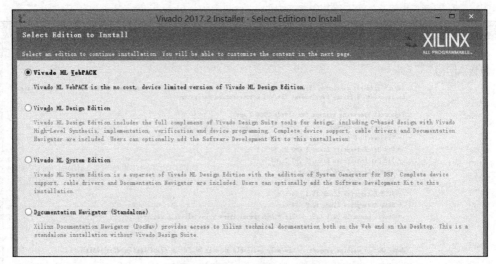

图 2.5　选择 Vivado 安装版本

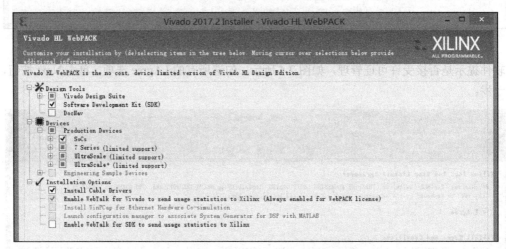

图 2.6　选择安装 Vivado 工具组件和器件库

进入安装路径和图标设置页面，如图 2.7 所示。**Xilinx** 全部软件都不能安装在带空格和中文字符的目录下，例如，不能安装在 **Program Files** 目录下。建议所有软件都安装在某个磁盘的根目录下。

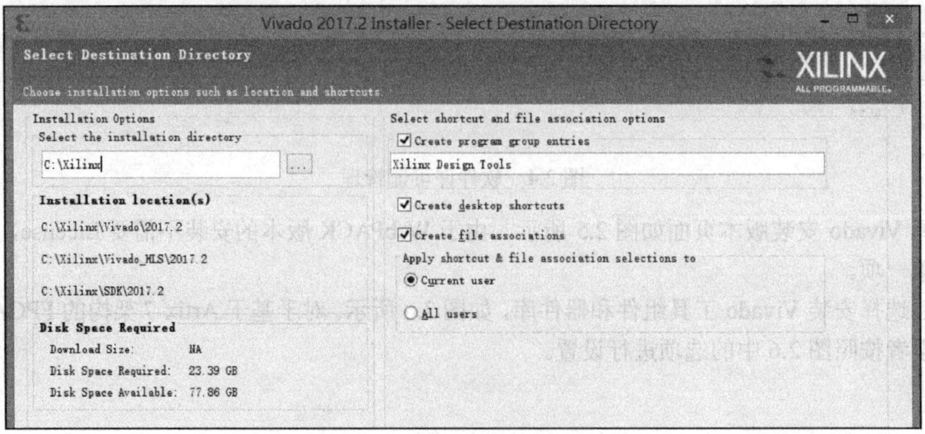

图 2.7　设置安装路径和图标

Vivado 设计套件的安装时间视计算机性能而定，一般需要 10～30 分钟。在安装过程中弹出的附属工具/软件对话框，全部单击 OK 按钮即可。

2. 添加 License 文件

软件安装完毕后会弹出 License 管理页面，如图 2.8 所示。注意：如果是 Vivado WebPACK 版本，则不会弹出该页面。

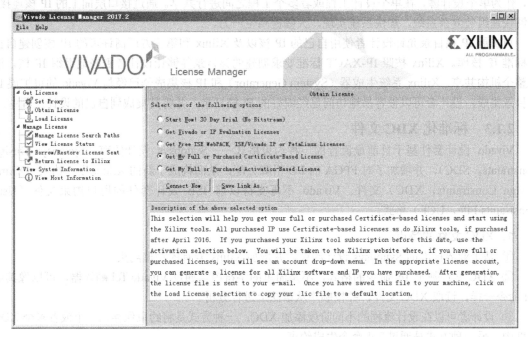

图 2.8　License 管理页面

（1）添加本地 License 文件

如果已经有 License 文件，则在左侧单击 Load License→Copy License 选项，选择准备好的 License 文件。

（2）Xilinx 官方网站获取 License 文件

在右侧勾选 Get My Full or Purchase Certificate-Based License 选项，单击 Connect Now 按钮，跳转到 Xilinx 官方网站。按照网站提示进行登录或注册新用户，然后进入 License 文件下载页面，根据需要选择 License 版本。最后生成的 License 文件会发送到注册时使用的邮箱里，下载该 License 文件，后面的步骤与添加本地 License 文件一样。

2.1.2　IP 核封装器、IP 核集成器和可扩展 IP 核目录

Vivado 设计套件包括 IP 核封装器、IP 核集成器和可扩展 IP 核目录。这三种全新的 IP 核功能，可用于配置、实现、验证和集成 IP 核。

采用 IP 核封装器，可以在设计流程的任何阶段将部分设计或整个设计转换为可以重复使用的内核，这些设计可以是 RTL、网表、布局或布线后的网表。IP 核封装器可以创建 IP 核的 IP-XACT 描述，使之符合 IP-XACT 协议，并在 XML 文件中设定每个 IP 核的数据。一旦 IP 核封装完成，利用 IP 核集成器功能就可以将 IP 核集成到系统设计中。

Vivado 设计套件包含即插即用型 IP 核集成设计环境，并且具有 IP 核集成器特性，用于实现 IP 核智能集成，从而解决了 RTL 设计生产力的问题。IP 核集成器提供基于 Tcl 脚本编写和图形化设计开发流程，通过 IP 核集成器提供的器件和平台层面的互动环境，能够保证实现最大化的系统带

宽，并支持关键 IP 核的智能自动连接、一键式 IP 核子系统生成、实时设计规则检查（DRC）等功能。

IP 核集成器采用业界标准的 AX14 互连协议，能够将不同的 IP 核组合在一起。在 IP 核之间建立连接时，设计者工作在"接口"层面上而不是"信号"的抽象层面上，并且可以像绘制原理图一样，通过 DRC 正确的连接，很容易地将不同的 IP 核连接在一起。组合后的 IP 核可以重新进行封装，作为单个设计源，在单个设计工程或者多个工程之间进行共享。通过接口层面上的 IP 核连接，能够快速组装复杂系统，加快系统实现，大幅提高生产力。

可扩展 IP 核目录允许设计者使用自己的 IP 核以及 Xilinx 和第三方厂商许可的 IP 核创建自己的标准 IP 核库。Xilinx 按照 IP-XACT 标准要求创建的该目录能够让设计者更好地组织 IP 核，用于整个机构共享。Xilinx 系统生成器（System Generator）和 IP 核集成器已经与 Vivado 的可扩展 IP 核目录集成，设计者可以很容易地访问已经编好的 IP 核目录，并将其集成到自己的设计工程中。

2.1.3 标准化 XDC 文件

Vivado 设计套件基于目前最流行的一种约束格式——Synopsys 设计约束（Synopsys Design Constraints，SDC），并增加了对 FPGA 的 I/O 引脚分配，从而构成了新的 Xilinx 设计约束（Xilinx Design Constraints，XDC）文件。Vivado 不再支持以前 ISE 设计套件的用户约束文件（User Constraints File，UCF）格式。

1. XDC 文件的特点

① 基于业界标准的 Synopsys 设计约束，并增加 Xilinx 专有的物理约束。

② XDC 文件基于 Tcl 命令的格式，不是简单的字符串。通过 Vivado Tcl 翻译器，可以像其他 Tcl 命令一样，读取 XDC 文件，并按顺序从语法上进行分析。

③ 设计者可以在设计流程的不同阶段添加 XDC：一种方式是将约束保存在一个或者多个 XDC 文件中，另一种方式是通过 Tcl 命令生成约束。

2. XDC 与 UCF 对比

Vivado 的 XDC 与 ISE 的 UCF 存在很大的区别，主要表现在以下 4 点。

① XDC 是顺序语言，并带有明确优先级规则。

② XDC 通常应用于寄存器、时钟、端口、引脚和网线等设计对象，而 UCF 应用于网络。

③ 在默认状态下，对于 UCF 来说，在异步时钟组之间无时序关系；对于 XDC 来说，所有时钟之间都是有联系的，存在时序关系。

④ 在 XDC 中，在相同的对象中存在多个时钟。

为了便于读者理解 XDC 与 UCF 两者之间的区别，表 2.2 给出 Vivado 与 ISE 中约束文件的比较。

表 2.2 Vivado 与 ISE 中约束文件的比较

Vivado XDC	ISE UCF
从整个系统的角度进行约束	只限于 FPGA 的约束
可适应大型设计工程的要求	约束定位于较小的设计工程
可以在指定的层次上进行搜索	可以搜索整个设计层次
网线名称保持不变，任何设计阶段都能够找到	不同的设计阶段，网线的名称会改变
分别对 clk0、clk1 等时钟进行定义	不能利用一套 UCF 约束不同的 clk 时钟
综合和布局布线两者之间互不影响	综合和布局布线要用两套约束

2.1.4　Tcl

Tcl（Tool command language）在 Vivado 设计套件中起着不可或缺的作用。Tcl 不仅能对设计工程进行约束，还支持设计分析、工具控制和模块构建。此外，利用 Tcl 命令可以运行设计程序、添加时序约束、生成时序报告和查询设计网表等。

Tcl 在 Vivado 设计套件中支持以下功能：

① Synopsys 设计约束，包括设计单元和整个设计的约束。

② XDC 设计约束的专门指令为设计工程、程序编辑和报告结果等。

③ 网表文件、目标器件、静态时序和设计工程等包含的设计对象。

④ 通用的 Tcl 命令中，可以方便地直接使用支持主要对象的相关指令清单。

Tcl 脚本支持两种设计模式：基于工程的模式和非工程批作业模式。对于非工程批作业设计流程，可以最小化存储器的使用，但是要求设计者自行编写 checkpoint，人工执行其他工程管理功能。两种流程都能够从 Vivado 设计套件中存取结果。通过几种不同的方式，Tcl 命令可以输入 Vivado 设计套件中进行交互的设计，见表 2.3。

表 2.3　Vivado 设计套件的不同工作方式

方　　式	基于工程的模式	非工程批作业模式
打开设计工程直接进入 Tcl 控制台	自动管理设计进程	利用 Tcl 命令或脚本
从外部进入 Tcl 控制台	不打开 GUI 的设计工程 选择基于脚本的编译方式管理源文件和设计进程	
利用 Tcl Shell	不启动 GUI 直接运行 Tcl 命令或脚本 利用 start GUI 指令直接从 Tcl Shell 中打开 Vivado IDE	
启动 Vivado	在 Vivado IDE 中交互运行设计工程	利用 Tcl 脚本批作业模式运行

Vivado IDE 利用 Tcl 命令具有以下的优点：

① 设计约束文件 XDC 可以利用 Tcl 命令进行综合和实现，而时序约束是改善设计性能的关键。

② 强大的设计诊断和分析的能力，利用 Tcl 命令进行静态时序分析，STA 要优于其他方式，具有快速构建设计和定制时序报告的能力，进行增量 STA 的 What-if 假设分析。

③ 工业标准的工具控制，包括 Synplify、Precision 及所有 ASIC 综合和布局布线。第三方的 EDA 工具也可利用相同的接口。

④ 包括 Linux 和 Windows 的跨平台脚本方式。

2.1.5　Vivado 设计套件的启动方法

启动 Vivado 设计套件的常用方法有以下三种。

① 在 Windows 7 操作系统主界面下，执行菜单命令 "开始" → "所有程序" → "Xilinx Design Tools" → "Vivado 2017.2" → "Vivado 2017.2"。

② 在操作系统的桌面上，双击 Vivado 2017.2 图标，如图 2.9 所示。

③ 在操作系统主界面左下角的命令行（默认为 "搜索程序和文件"）中输入 "Vivado"，然后按回车键，系统会启动 Vivado 设计套件。

图 2.9　Vivado 桌面图标

2.1.6　Vivado 设计套件的界面

Vivado 设计套件的界面包括 Vivado 2017.2 的主界面和 Vivado 设计主界面。其中 Vivado 设计主界面由流程向导、工程管理器、工作区窗口和设计运行窗口组成。

1．Vivado 2017.2 的主界面

当启动 Vivado 设计套件后，进入 Vivado 2017.2 主界面，如图 2.10 所示，该界面中的所有功能图标按组分类。

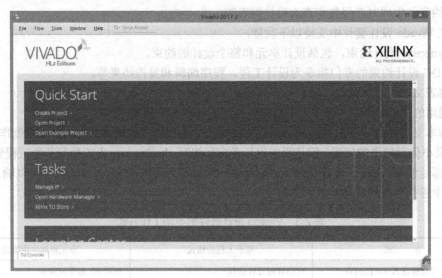

图 2.10　Vivado 2017.2 主界面

（1）Quick Start 分组

1）Create Project

该选项用于启动新设计工程的向导，指导用户创建不同类型的工程。

2）Open Project

该选项用于打开工程。用户可以打开 Vivado 工程文件（.xpr 扩展名），PlanAhead 工具创建的工程文件（.ppr 扩展名）或 ISE 设计套件所创建的工程文件（.xise 扩展名）。

3）Open Example Project

该选项用于打开示例工程。Vivado 可以打开的示例工程类型如图 2.11 所示。

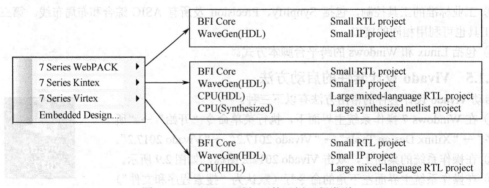

图 2.11　Vivado 可以打开的示例工程类型

- BFI Core：小型 RTL 工程。
- WaveGen（HDL）：包含三个嵌入 IP 核的小型工程。
- CPU（HDL）：大型混合语言的 RTL 工程。
- CPU（Synthesized）：大型综合的网表工程。
- Embedded Design：提供了基于 MicroBlaze 设计和 Zynq 设计的模板，并可以在所选择的器

件上生成嵌入式设计模板。

（2）Tasks 分组

1）Manage IP

该选项用于管理 IP 核，用户可以创建或打开一个 IP 核。允许用户使用不同的工程和源控制器管理系统访问 IP 核。通过 IP 核目录，用户可以浏览和定制交付的 IP 核。

2）Open Hardware Manager

该选项用于打开硬件管理器，允许用户快捷地打开 Vivado 设计套件的下载和调试器界面，将设计编程下载到硬件中。通过该工具所提供的 Vivado 逻辑分析仪和 Vivado 串行 I/O 分析仪特性，用户可以对设计工程进行调试。

3）Xilinx Tcl Store

该选项是 Xilinx Tcl 开源代码商店，用于在 Vivado 设计套件中进行 FPGA 的设计。第一次选中该选项，会弹出如图 2.12 所示的对话框，提示用户即将从 Xilinx Tcl 商店安装第三方的 Tcl 脚本，单击 OK 按钮即可。通过 Tcl 商店，能够访问多个不同来源的多个脚本和工具，用于解决不同的问题和提高设计效率。用户可以安装 Tcl 脚本，也可以与其他用户分享自己的 Tcl 脚本。

图 2.12　Vivado 提示安装第三方 Tcl 脚本

（3）Information Center 分组

该分组是 Vivado 设计套件的信息中心，提供了学习文档、视频等资源。

1）Documentation and Tutorials

该选项用于打开 Xilinx 的教程文档和支持设计数据文档。

2）Quick Take Video

该选项用于快速打开 Xilinx 视频教程。

3）Release Note Guide

该选项用于发布注释向导，例如打开 Vivado Design Suite Release Notes, Installation, and Licensing Guide 文档。

2．Vivado 流程向导

在 Vivado 设计主界面左侧，Flow Navigator（流程向导）中给出了工程的主要处理流程，如图 2.13 所示。

（1）PROJECT MANAGER（工程管理器）

Settings：工程设置，包括设计合成、设计仿真、设计实现以及与 IP 核有关的选项。

Add Sources：添加源文件，在工程中添加或创建源文件。

Language Templates：语言模板，显示语言模板窗口。

IP Catalog：IP 核目录，浏览、自定义和生成 IP 核。

图 2.13　Vivado 的流程向导

（2）IP INTEGRATOR（IP 核集成器）

Create Block Design：创建模块设计。

Open Block Design：打开模块设计。

Generate Block Design：生成模块设计，生成输出需要的仿真、综合、实现设计。

（3）SIMULATION（仿真）

Run Simulation：运行仿真。

（4）RTL ANALYSIS（RTL 分析）

Open Elaborated Design：打开详细描述的设计。

（5）SYNTHESIS（综合）

Run Synthesis：运行综合。

Open Synthesized Design：打开综合后的设计。

（6）IMPLEMENTATION（实现）

Run Implementation：运行实现。

Open Implementation Design：打开实现后的设计。

（7）PROGRAM AND DEBUG（编程和调试）

Generate Bitstream：生成比特流。

Open Hardware Manager：打开硬件管理器。

3. 工程管理器

工程管理器（PROJECT MANAGER）窗口如图 2.14 所示，其中显示了所有设计文件和类型，以及这些设计文件之间的关系。

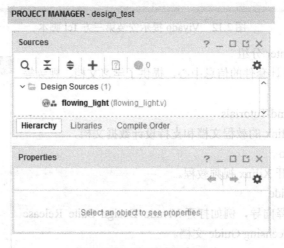

图 2.14　工程管理器窗口

（1）Sources（源文件）窗口

该窗口允许用户管理工程的源文件，包括添加文件、删除文件和对源文件进行重新排序，用于满足指定的设计要求。源文件窗口包含以下几部分。

1）Design Sources（设计使用的源文件）

该选项显示设计中使用的源文件类型，这些源文件类型包括 Verilog HDL、VHDL、NGC/NGO、EDIF、IP 核、数字信号处理（DSP）模块、嵌入式处理器和 XDC/SDC 约束文件。

2）Constraints（约束文件）

该选项显示用于对设计进行约束的约束文件。

3）Simulation Sources（仿真源文件）

该选项显示用于仿真的源文件。

（2）源文件窗口视图

源文件窗口提供了以下视图，用于显示不同的源文件。

1）Hierarchy（层次视图）

层次视图用于显示设计模块和例化的层次。顶层模块定义了用于编译、综合和实现的设计层次。Vivado 设计套件自动检测顶层的模块。此外，右击设计源文件，在快捷菜单中选择 Set as Top 命令，可以手工定义顶层模块。

2）Library（库视图）

库视图用于显示保存在各种库中的源文件。

3）Compile Order（编译顺序）

该视图用于显示所有需要编译的源文件顺序。顶层模块通常是编译的最后文件。基于定义的顶层模块和精细的设计，用户允许 Vivado 设计套件自动确定编译的顺序。此外，右击设计源文件，在快捷菜单中选择 Hierarchy Update 命令，可以人工控制设计的编译顺序，即重新安排源文件的编译顺序。

（3）工具栏

1）🔍图标

单击该图标，打开查找工具栏，允许快速定位源文件窗口内的对象。

2）⇕图标

单击该图标，将在源文件窗口中展开层次设计中所有的设计源文件。

3）�图标

单击该图标，将所有的设计源文件都折叠回去，只显示顶层对象。

4）➕图标

单击该图标，添加或创建 RTL 源文件、仿真源文件、约束文件、DSP 模块或嵌入式处理器，以及已经存在的 IP 核。

4. 工作区窗口

工作区窗口如图 2.15 所示，其中给出了设计报告总结、综合、实现设计输入、查看设计、功耗等信息。

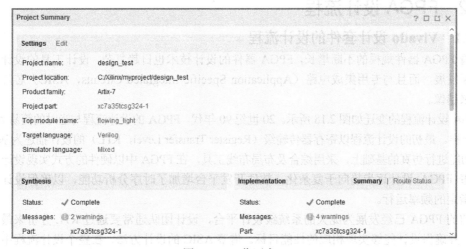

图 2.15　工作区窗口

5．设计运行窗口

设计运行窗口（Design Runs）如图 2.16 所示，可以切换到 Tcl Console、Messages、Log、Reports。

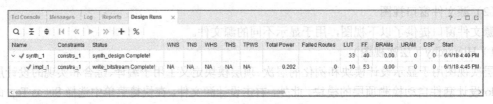

图 2.16　设计运行窗口

（1）Tcl Console（Tcl 控制台）

可以在窗口中输出 Tcl 命令或预先写好的 Tcl 脚本，控制设计流程的每一步。

（2）Messages（消息窗口）

消息窗口显示了工程的设计和报告信息，如图 2.17 所示。通过选择 Warnings、Info 和 Status 的状态，可以对消息进行分组显示，以便用户可以从不同的工具或者处理过程中快速定位消息。

图 2.17　消息窗口

（3）Log（日志窗口）

日志窗口用来显示对设计进行编译命令活动的输出状态，这些命令用于综合、实现和仿真。输出显示采用连续滚动格式。当运行新的命令时，就会覆盖前面的输出显示。

（4）Reports（报告窗口）

该窗口用于显示当前状态运行的报告。当完成不同的操作步骤后，对报告进行更新。当执行完不同的步骤时，能够对报告进行分组，以便快速定位查找。双击某项报告，可以在文本编辑器中打开报告文件。

2.2　FPGA 设计流程

2.2.1　Vivado 设计套件的设计流程

随着 FPGA 器件规模的不断增长，FPGA 器件的设计技术也日趋复杂，设计工具的设计流程也随之不断发展，而且与专用集成电路（Application Specific Integrated Circuits，ASIC）芯片的设计流程越来越像。

FPGA 设计流程的变迁如图 2.18 所示。20 世纪 90 年代，FPGA 的设计流程与当时的简易 ASIC 设计流程一样。最初的设计流程以寄存器传输级（Register Transfer Level，RTL）的设计描述为基础，在对设计功能进行仿真的基础上，采用综合及布局布线工具，在 FPGA 中以硬件的方式实现设计要求。

随着 FPGA 设计逐步趋向于复杂化，软件开发平台增加了时序分析功能，以确保设计工程能够按照指定的频率运行。

目前的 FPGA 已经发展为庞大的系统级设计平台，设计团队通常要通过 RTL 分析来最小化设计迭代，并确保设计能够实现相应的性能目标。借鉴 ASIC 的设计方法，在整个设计流程中贯穿约束机制。首先添加比较完善的约束条件，然后通过 RTL 仿真、时序分析、后仿真来解决问题，尽量避免在 FPGA 电路板上进行调试。现代 FPGA 设计流程实现了从 RTL 向电子系统级（Electronic System Level，ESL）解决方案的转移。

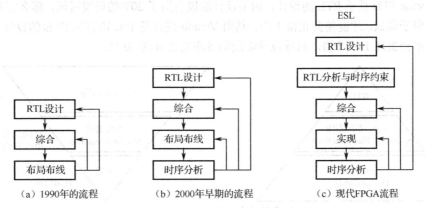

（a）1990年的流程　　（b）2000年早期的流程　　（c）现代FPGA流程

图 2.18　FPGA 设计流程的变迁

基于 ISE 设计套件的 FPGA 设计流程如图 2.19 所示，主要过程包括：设计规划、设计输入、仿真、综合、实现、FPGA 配置等。设计输入主要有原理图和硬件描述语言两种方式。通常，原理图只适合设计简单的逻辑电路，硬件描述语言非常适合设计复杂的数字系统。综合前仿真属于功能仿真，是针对 RTL 代码的功能和性能仿真与验证。综合后仿真，主要是验证综合后的逻辑功能是否正确，以及综合时序约束是否正确。布局布线后的仿真属于时序仿真，由于不同的器件、不同的布局布线会造成不同的延时，因此，通过时序仿真可以验证芯片时序约束是否正确，以及是否存在竞争冒险。

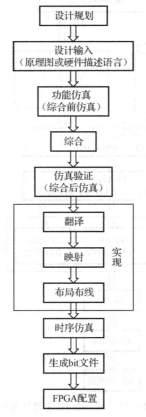

图 2.19　基于 ISE 设计套件的 FPGA 设计流程

Vivado 设计套件（简称 Vivado）不仅支持传统的 RTL 到比特流的 FPGA 设计流程，而且支持基于 C 语言和 IP 核的系统级设计流程，如图 2.20 所示。系统级设计流程的核心是基于 IP 核的设计。利用 Vivado 进行基于 RTL 的设计，如果设计阶段占用了 20%的研发时间，那么需要花费 80%的研发时间用于调试，才能使其正常工作。利用 Vivado 进行基于 C 语言和 IP 核的设计，第一个设计阶段的效率会提高 10~15 倍，后续设计阶段的效率将提高约 40 倍。

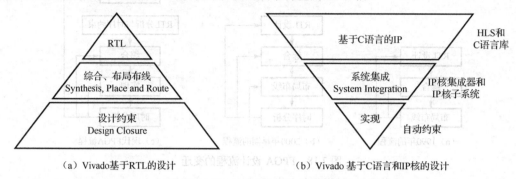

（a）Vivado 基于 RTL 的设计　　　　　　　　　（b）Vivado 基于 C 语言和 IP 核的设计

图 2.20　Vivado 两种设计方式的对比

Vivado 中的高级综合工具（High-Level Synthesis，HLS）、C/C++语言库和 IP 核集成器可以加速开发进度和实现系统集成，如图 2.21 所示。用户可以根据自己的需求，选择基于 IP 核的设计方式、基于硬件描述语言的设计方式或利用 HLS 工具实现。对于一些简单的数字逻辑实验，不建议使用 HLS 工具。

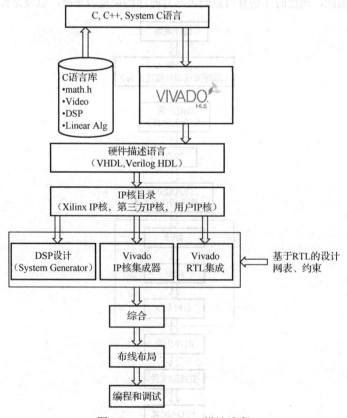

图 2.21　Vivado HLS 设计流程

2.2.2　设计综合流程

1. 设计综合

综合的过程是将行为级或 RTL 级的设计描述和原理图等设计输入转换成由与门、或门、非门、RAM 和触发器等基本逻辑单元组成的逻辑连接的过程，并且将 RTL 推演的网表文件映射为 FPGA 器件的原语，生成综合的网表文件，这个过程有时候也称为工艺映射。综合过程包括两方面内容，一是对硬件语言源代码输入进行翻译与逻辑层次上的优化，二是对翻译结果进行逻辑映射与结构层次上的优化，最后生成逻辑网表。

Vivado 不仅支持 VHDL 和 Verilog HDL 语言，同时能全面支持 System Verilog。Vivado 支持基于电路行业标准综合设计约束，约束文件由 UCF 转为 XDC 文件，并且不再支持 UCF。在综合的过程中，综合工具使用 XDC 文件进行综合优化，因此必须存在 XDC 文件。

网表文件是对创建的设计工程进行的完整描述，网表文件由单元（Cell）、引脚（Pin）、端口（Port）和网线（Net）4 种基本元素构成。

单元是设计的对象，可能是设计工程中模块（Modules）或实体（Entities）的实例，标准库元件（查找表、触发器、存储器、DSP 模块等）的实例，硬件功能的通用技术表示，以及黑盒等。

引脚是单元之间的连接点，端口是设计工程顶层的输入和输出端口，网线是引脚与引脚以及引脚与端口之间的连接线。在实际应用中，容易混淆引脚和端口，要注意它们之间的差别。端口是指设计工程主要的输入和输出端口，通常位于设计工程源文件的顶层模块，而引脚是指设计工程中实例元件的连接点，这些实例元件包括网表文件中各层次的实例对象以及各个原语单元。

以下三个不同的网表文件作为执行设计的基础贯穿整个工程的设计过程：

- 推演的（Elaborated）设计网表文件；
- 综合的（Synthesized）设计网表文件；
- 实现的（Implemented）设计网表文件。

2. Vivado 设计综合选项

在 Flow Navigator 中，单击 PROJECT MANAGER 下的 Settings 选项，弹出 Settings 对话框，单击 Synthesis 选项，显示综合属性设置页面，如图 2.22 所示。

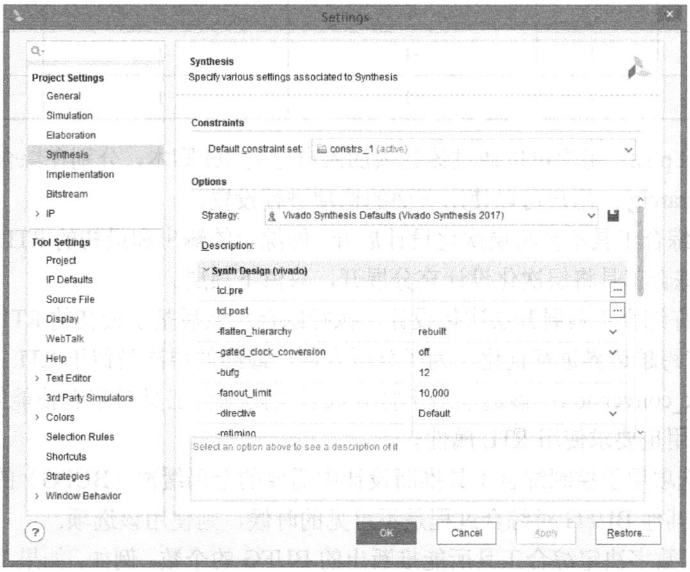

图 2.22　综合属性设置

（1）Default constraint set（默认约束集合）

在 Constraints 栏的 Default constraint set 下拉列表中，可以选择用于综合的多个不同的设计约束集合。一个约束集合是多个文件的集合，其中包含了 XDC 文件中用于工程的设计约束条件。有两种类型的设计约束：物理约束和时序约束。选择不同的约束，可以得到不同的综合结果。

物理约束：定义了引脚的位置和内部单元的绝对或者相对位置。内部单元包括块 RAM、查找表、触发器和器件配置设置。

时序约束：定义了设计要求的频率。如果没有时序约束，则 Vivado 设计套件仅对布线长度和布局阻塞进行优化。

（2）Strategy（策略）

在 Options 栏的 Strategy 下拉列表中，可以选择用于运行综合设计的预定义策略，用户也可以自己定义运行策略。运行策略选项和默认设置见表 2.4。

表 2.4   运行策略选项和默认设置

运行策略选项	Vivado Synthesis Defaults	Flow_RuntimeOptimized	Flow_AreaOptimized_High	Flow_PerfOptimized_High
-flatten_hierarchy	rebuilt	none	rebuilt	rebuilt
-gate_clock_conversion	off	off	off	off
-bufg	12	12	12	12
-fanout_limit	10000	10000	10000	400
-directive	Default	RuntimeOptimized	Default	Default
-fsm_extraction	auto	off	auto	one-hot
-keep_equivalent_registers	不选中	不选中	不选中	选中
-resource_sharing	auto	auto	auto	off
-control_set_opt_threshold	auto	auto	1	auto
-no_lc	不选中	不选中	不选中	选中
-shreg_min_size	3	3	3	5
-max_bram	−1	−1	−1	−1
-max_dsp	−1	−1	−1	−1

1）tcl.pre 和 tcl.post：用户可以通过该选项加入自己的 Tcl 脚本，分别在综合前和综合后运行。

2）-flatten_hierarchy：用户可以使用下面的选项进行设置。

● none：设置综合工具不会将层次化设计展开，即综合的输出和最初的 RTL 具有相同的层次。

● full：设置综合工具将层次化设计充分展开，只留下顶层。

● rebuilt：允许综合工具展开层次化设计，执行综合，然后基于最初的 RTL，重新建立层次。这个值允许跨越边界进行优化。为了分析方便，最终的层次类似于 RTL。

3）-gate_clock_conversion：该选项用于打开或者关闭综合工具对带有使能时钟逻辑的转换，门控时钟转换的使用也要求使用 RTL 属性。

4）-bufg：该选项用于控制综合工具推断设计中需要的全局缓冲（BUFG）的个数。在网表内，如果设计中使用的其他 BUFG 对综合过程是不可见的时候，则使用该选项。

由-bufg 后面的数字决定综合工具所能推断出的 BUFG 的个数。例如，如果-bufg 选项设置为最多 12 个，在 RTL 例化了 4 个 BUFG，则综合工具还能推断出 8 个 BUFG。

5）-fanout_limit：该选项用于指定在开始复制逻辑之前，信号必须驱动的负载个数。这个目标限制通常是引导性质的。该选项不影响控制信号，如置位、复位和时钟使能。如果需要，则使用 max_fanout 告诉综合工具扇出的寄存器和信号的限制。

6）-directive：该选项用于指定不同的优化策略运行 Vivado 综合过程。当-directive 设置为 Default 和 RuntimeOptimized 时，将更快地运行综合，以及进行较少的优化。

7）-fsm_extraction：该选项用于控制如何提取和映射有限状态机。当设置为 off 时，将状态机综合为逻辑。或者用户可以从 one-hot、sequential、johnson、jzaij 或 auto 选项中指定状态机的编码类型。

8）-keep_equivalent_registers：该选项用于阻止将带有相同逻辑输入的寄存器进行合并。

9）-resource_sharing：该选项用于在不同的信号间共享算术运算符。当设置为 auto 时，表示根据设计要求的时序，决定是否采用资源共享；当设置为 on 时，表示总是进行资源共享；当设置为 off 时，表示总是关闭资源共享。

10）-control_set_opt_threshold：该选项用于设置时钟使能优化的门限，以降低控制集的个数。给定的值是扇出的个数，Vivado 工具将把这些控制设置移动到一个 D 触发器的逻辑中。如果扇出比这个数值多，则 Vivado 工具尝试让信号驱动寄存器上的 control_set_pin。

11）-no_lc：当选中该选项时，关闭 LUT 组合，即不允许将两个 LUT 组合在一起构成一个双输出的 LUT。

12）-shreg_min_size：该选项用于推断将寄存器链接后映射到移位寄存器（SRL）的最小长度。

13）-max_bram：该选项是设计中允许的块 RAM 的最大值，默认值-1 表示让综合工具尽可能选择最大数量的块 RAM。

14）-max_dsp：该选项是设计中允许的块 DSP 的最大值，其含义与-max_bram 类似。

2.2.3 设计实现流程

1. 设计实现

实现是指将综合输出的网表文件翻译成所选器件的底层模块与硬件原语，将设计映射到 FPGA 器件结构上，进行布局布线，达到利用选定器件实现设计的目的。

在 ISE 中，FPGA 的设计实现过程分为三部分：翻译（Translate）、映射（Map）、布局布线（Place & Route）。在其运行过程中，会与存储在硬盘中的相关文件有大量的数据交换。翻译的主要作用是将综合输出的逻辑网表翻译为特定的 Xilinx 器件的底层结构和硬件原语；映射的主要作用是将设计映射到具体型号的 Xilinx 器件（LUT、FF、Carry 等）上；布局布线的作用是调用布局布线器，根据用户约束和物理约束，对设计模块进行实际的布局，并根据设计连接，对布局后的模块进行布线，产生 FPGA 配置文件。

而在 Vivado 中，实现的细节有很大的不同，Vivado 的实现流程是一系列运行于内存中的数据库之上的 Tcl 命令，具有更大的灵活性和互动性，Vivado 与 ISE 设计实现对比见表 2.5。

表 2.5 Vivado 与 ISE 设计实现对比

ISE 工具实现流程：可执行	Vivado 工具实现流程			
	Tcl 命令		基于工程	非工程批作业
ngcbuild	Link_design	对设计进行翻译，应用约束条件		
map	Opt_design	逻辑优化，使其更容易适配目标器件	自动使能	可选，但推荐
	Power_opt_design	功率优化，降低目标器件的功耗要求	可选	可选
	Place_design	在目标器件上进行布局		
	Phys_opt_design	物理优化，即布局后时序驱动的优化	可选	可选

ISE 工具实现流程: 可执行	Vivado 工具实现流程			
	Tcl 命令		基于工程	非工程批作业
Par	Route_design	在目标器件上进行布线	normal	Re-Entrant
trce	Report_timing_summary	分析时序，生成时序分析报告		
bitgen	Write_bitstream	生成比特流文件		

2. Vivado 设计实现选项

在 Flow Navigator 中，单击 PROJECT MANAGER 下的 Settings 选项，弹出 Settings 对话框，单击 Implementation 选项，显示实现属性设置页面，如图 2.23 所示。

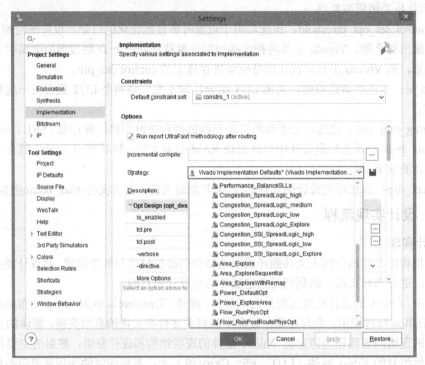

图 2.23　实现属性设置页面

（1）Strategy

Vivado 设计套件包含了多个预定义的综合策略，用户也可以根据自己的需求创建策略。根据策略的目的，将其分解为不同的类，类的名字作为策略的前缀，如图 2.23 所示。表 2.6 给出了综合策略类别和用途。

表 2.6　综合策略分类及用途

类　别	用　途
Performance	提高设计性能
Area	减少 LUT 个数
Power	添加功耗优化
Flow	修改流程步骤
Congestion	减少阻塞和相关的问题

（2）实现过程选项

1）网表优化（Opt_Design）

该选项用于控制逻辑优化过程，为布局提供优化的网表，对综合后的 RTL、IP 核整合后的网表进行深度的优化。

● 对输入的网表文件进行逻辑整理。
● 利用常数传播技术（Propconst）移除不必要的静态逻辑。
● 重新映射 LUT 方程。
● 清理无负载的逻辑单元。

2）功率优化（Power_Opt_Design）

该选项用于控制功耗优化过程，包含对高精度门控时钟的调整，可降低大约 30%的功耗。这种优化不会改变现有的逻辑和时钟。

Vivado 设计套件提供了在全局和对象级的优化控制，包括：

i）用于优化设计的全局命令 power_opt_design。

ii）用于局部级控制的 SDC 指令 set_power_opt。

● 实例级：为优化功率而需要包含或排除的实例。
● 时钟域：优化由特定时钟驱动的实例。
● 单元类型级：块 RAM、寄存器和 SRL 等。

3）布局设计（Place_Design）

该选项用于控制布局过程。逻辑优化的下一步是布局。一个完整的布局包括以下主要阶段。

● 布局前的 DRC 检查。检查设计中不可布线的连接、有效的物理约束、有无超出器件容量。
● 开始布局。执行 I/O 和时钟布局，以及宏单元和原语布局，采用时序驱动和线长驱动及拥塞判别策略。
● 细节布局。改善小的"形态"，将触发器和 LUT 的位置提交到位置点，即封装进 Slice 中。
● 提交后的优化。

4）物理优化（Phys_Opt_Design）

该选项用于布局后时序驱动的优化，对高扇出带负裕量网线的驱动进行复制和布局。如果改善时序只执行复制，则裕量必须在临界范围内，接近最坏负裕量的 10%。

物理优化在布局设计和布线设计之间使用，在基于工程和非工程批作业流程中都是可用的，并可以在 GUI 的设置界面中关闭。

5）布线设计（Route_Design）

该选项用于控制布线过程。布线器在全面布线阶段分为以下步骤。

● 执行特殊网线和时钟的布线。
● 进行时序驱动的布线。优先考虑建立/保持路径的关键性，交换 LUT 输入来改善关键路径，修复保持时间违反规则的布线。

布线有两种模式。

● 默认的正常布线模式：布线器开始已布局的设计，达到全部网线的布线。
● 只对非工程批作业流程的布线模式：布线器可以布线/不布线，以及锁定/不锁定指定的网线。

6）生成比特流文件（Write_Bitstream）

该选项用于生成比特流文件。

2.3 硬件描述语言

硬件描述语言（Hardware Description Language，HDL）是一种用形式化方法来描述数字电路和系统的语言，类似于一般的计算机高级语言的语言形式和结构形式。数字电路系统的设计者利用 HDL 可以从上层到下层（从抽象到具体）逐层描述自己的设计思想，用一系列分层次的模块来表示极其复杂的数字电路系统。然后利用 EDA 工具逐层进行仿真验证，再经过自动综合工具把 HDL 描述的系统转换为门级电路网表。接下来使用 FPGA 自动布局布线工具把网表文件转换为具体电路布线结构的实现。硬件描述语言非常适合于复杂的数字电路系统设计。

硬件描述语言已经有近 30 年的发展历史，并成功应用于数字电路系统的设计、建模、仿真、验证和综合等各个阶段，使设计过程达到高度自动化。到 20 世纪 80 年代，已经出现了上百种硬件描述语言，它们曾极大促进和推动设计自动化的发展。然而，这些语言一般各自面向特定的设计领域和层次，而且众多的语言令使用者无所适从。因此，急需一种面向设计的多领域、多层次和普遍认同的标准硬件描述语言。最终，VHDL 和 Verilog HDL 语言适应了这种趋势的要求，先后成为 IEEE 标准。

VHDL 的全称为"超高速集成电路硬件描述语言"（Very-high-speed integrated circuit Hardware Description Language），于 1987 年被 IEEE 确认为标准硬件描述语言。与 Verilog HDL 相比，VHDL 语言具有更强的行为描述能力，丰富的仿真语句和库函数，语法严格，书写规则较烦琐，入门较难。

Verilog HDL 是目前应用最广泛的一种硬件描述语言，用于数字电路系统设计。该语言允许设计者进行各种级别的逻辑设计，进行数字逻辑系统的仿真验证、时序分析和逻辑综合。Verilog HDL 于 1995 年被 IEEE 确认为标准硬件描述语言，即 Verilog HDL1364-1995；2001 年，IEEE 发布了 Verilog HDL1364-2001 标准，加入了 Verilog HDL-A 标准，使 Verilog HDL 有了模拟设计描述的能力。2005 年，System Verilog IEEE 1800-2005 标准的发布，更使得 Verilog HDL 在综合、仿真验证和模块的重用等性能方面都有大幅度的提高。Verilog HDL 具有 C 语言的描述风格，是一种比较容易掌握的语言，语法自由，但是初学者容易出错。

Verilog HDL 和 VHDL 作为描述硬件电路设计的语言，其共同的特点是：能抽象表示电路的行为和结构，支持逻辑设计中层次与范围的描述，可借用高级语言的精巧结构来简化电路行为的描述，具有电路仿真与验证机制以保证设计的正确性，支持电路描述由高层到低层的综合转换，硬件描述与实现工艺无关，便于文档管理，易于理解和移植等。VHDL 对大小写不敏感，Verilog HDL 对大小写敏感。VHDL 的注释语句为"--"开头，Verilog HDL 的注释语句与 C 语言的相同，为"//"开头或用"/**/"包含。

2.3.1　VHDL 简介

一个完整的 VHDL 程序包括实体（Entity）、结构体（Architecture）、配置（Configuration）、包集合（Package）和库（Library）5 个部分。在 VHDL 程序中，实体和结构体这两个基本结构是必需的，它们可以构成最简单的 VHDL 程序。实体用于描述电路器件的外部特性；结构体用于描述电路器件的内部逻辑功能或电路结构；包集合存放各设计模块都能共享的数据类型、常数和子程序等；配置用于从库中选取所需单元来组成系统设计的不同版本；库用于存放已经编译的实体、结构体、包集合和配置。

1．实体

实体是 VHDL 程序设计的基本单元。实体声明对设计实体与外部电路的端口描述，以及定义所有输入和输出端口的基本性质，是实体对外的一个通信界面。根据 IEEE STD 1076—1987 的语法规则，实体声明以关键词 entity 开始，由 end entity 或 end 结束，关键词不区分大写和小写。实体声明语句结构如下：

```
entity 实体名 is
        [generic（类属参量）;]
```

[port（端口说明）;]
      end entity 实体名;

（1）实体名

实体名由用户自行定义，最好根据相应电路的功能来确定，例如，4 位二进制计数器，实体名可定义为 counter4b；8 位二进制加法器，实体名可定义为 adder8b 等。需要注意的是，一般不用数字或中文定义实体名，也不能用 EDA 工具库中已经定义好的元件名作为实体名，如 or2、latch 等。

（2）类属参量

类属参量是实体声明中的可选项，放在端口说明之前。它是一种端口界面常数，常用来规定端口的大小、实体中元件的数目及实体的定时特性等。类属参量的值可由实体的外部提供，用户可以从外面通过重新设定类属参量来改变一个实体或一个元件的内部电路结构和规模。

（3）端口说明

端口为实体和其外部环境提供动态通信的通道，利用 port 语句可以描述设计电路的端口和端口模式。其一般书写格式为：

      port（端口名:端口模式 数据类型;
           端口名:端口模式 数据类型;
           …）;

1）端口名

端口名是用户为实体的每个对外通道所取的名字，通常为英文字母加数字的形式。名字的定义有一定的惯例，例如 clk 表示时钟，D 开头的端口名表示数据，A 开头的端口名表示地址等。

2）端口模式

可综合的端口模式有 4 种，分别为 IN、OUT、INOUT 和 BUFFER，用于定义端口上数据的流动方向和方式，具体描述如下：

IN 定义的通道为单向输入模式，规定数据只能通过此端口被读入实体中。

OUT 定义的通道为单向输出模式，规定数据只能通过此端口从实体向外流出，或者可以说将实体中的数据向此端口赋值。

INOUT 定义的通道为输入、输出双向端口，即从端口的内部看，可以对此端口进行赋值，也可以通过该端口读入外部数据信息。例如，RAM 的数据端口，单片机的 I/O 接口。

BUFFER 定义的通道为缓冲模式，功能与 INOUT 类似，主要区别在于当需要输入数据时，只允许内部回读输出的信号，即允许反馈。缓冲模式用于在实体内部建立一个可读的输出端口，例如，计数器的设计，可以将计数器输出的计数信号回读，作为下一次计数的初值。与 INOUT 模式相比，BUFFER 回读（输入）的信号不是由外部输入的。

2．结构体

结构体描述了实体的结构、行为、元件及内部连接关系，即定义了设计实体的功能，规定了实体的数据流程，指定了实体内部元件的连接关系。结构体是对实体功能的具体描述，一定要跟在实体的后面。

结构体一般分为两部分，第一部分是对数据类型、常数、信号、子程序和元件等因素进行说明；第二部分是描述实体的逻辑行为、以各种不同的描述风格表达的功能描述语句，包括各种顺序语句和并行语句。结构体声明语句结构如下：

      architecture 结构体名 of 实体名 is
         [定义语句]
      begin

[功能描述语句]
　　　　end 结构体名;

（1）结构体名

结构体名由用户自行定义，of 后面的实体名指明了该结构体所对应的是哪个实体。有些设计实体有多个结构体，但结构体名不可以相同，通常用 dataflow（数据流）、behavior（行为）、structural（结构）命名。上述三个名称体现了三种不同结构体的描述方式，便于其他人了解设计者采用的描述方式。

（2）结构体信号定义语句

结构体信号定义语句必须放在关键词 architecture 和 begin 之间，用于对结构体内部将要使用的信号、常数、数据类型、元件、函数和过程进行说明。结构体定义的信号为该结构体的内部信号，只能用于这个结构体中。

结构体中的信号定义和端口说明一样，应有信号名称和数据类型定义。由于结构体中的信号是内部连接用的信号，因此不需要方向说明。

（3）结构体功能描述语句

结构体功能描述语句位于 begin 和 end 之间，具体地描述了结构体的行为及其连接关系。结构体功能描述语句可以含有 5 种不同类型的并行语句。语句结构内部可以使用并行语句，也可以使用顺序语句。

3. 库

库用来存储已经完成的程序包等 VHDL 设计和数据，包含各类包定义、实体、结构体等。在VHDL 中，库的说明总是放在设计单元的最前面。这样，设计单元内的语句就可以使用库中的数据，便于用户共享已经编译过的设计结果。

（1）库的说明

库的说明使用 use 语句，通常有以下两种格式：

　　　　use 库名. 程序包名. 工程名;
　　　　use 库名. 程序包名.all;

第一种格式的作用是向本设计实体开放指定库中的特定程序包内的选定工程。第二种格式的作用是向本设计实体开放指定库中特定程序包内的所有内容。

（2）常见的库

1）IEEE 库

IEEE 库中包含以下 4 个包集合。

- STD_LOGIC_1164：标准逻辑类型和相应函数。
- STD_LOGIC_ARITH：数学函数。
- STD_LOGIC_SIGNED：符号数学函数。
- STD_LOGIC_UNSIGNED：无符号数学函数。

2）STD 库

STD 库是符合 VHDL 标准的库，使用时不需要显式声明。

3）ASIC 矢量库

各个公司提供的 ASIC 逻辑门库。

4）WORK 库

WORK 库为现行作业库，用于存放用户的 VHDL 程序，是用户自己的库。

此外，VHDL 语法比较规范，对任何一种数据对象（信号、变量、常数），必须严格限定其取值范围，即明确界定对其传输或存储的数据类型。在 VHDL 中，有多种预先定义好的数据类型，如整数数据类型 INTEGER、布尔数据类型 BOOLEAN、标准逻辑位数据类型 STD_LOGIC 和位数据类型 BIT 等。数据类型的定义包含在 VHDL 标准程序包 STANDARD 中，而程序包 STANDARD 包含在 VHDL 标准库 STD 中。

VHDL 要求赋值运算符 "<=" 两边的信号数据类型必须一致。VHDL 共有 7 种基本逻辑运算符，分别为：AND（与）、OR（或）、NAND（与非）、NOR（或非）、XOR（异或）、XNOR（同或）和 NOT（取反）。信号在这些运算符的作用下，可构成组合电路。逻辑运算符所要求的操作对象的数据类型有三种，即 BIT、BOOLEAN 和 STD_LOGIC。

2.3.2 Verilog HDL 简介

Verilog HDL 是一种用于数字电路系统设计的语言，它既是一种行为描述的语言也是一种结构描述的语言。Verilog HDL 可以在系统级（System）、算法级（Algorithm）、寄存器传输级（RTL）、逻辑级（Logic）、门级（Gate）和电路开关级（Switch）等多种抽象设计层次上描述数字电路。

- 系统级：用语言提供的高级结构能够实现待设计模块的外部性能的模型。
- 算法级：采用类似 C 语言中的 if、case 和 loop 等语句，实现算法行为的模型。
- 寄存器传输级：采用布尔逻辑方程，描述数据在寄存器之间的流动，以及如何处理、控制这些数据流动的模型。
- 门级：描述逻辑门及逻辑门之间连接的模型。
- 开关级：描述器件中三极管和存储节点，以及它们之间连接的模型。

运用 Verilog HDL 设计一个系统时，一般采用自顶向下的层次化、结构化设计方法。自顶向下的设计从系统级开始，把系统划分为基本单元，然后再把每个基本单元划分为下一层次的基本单元，一直进行划分，直到可以直接用 EDA 元件库中的基本元件来实现为止。该设计方法的优点是，在设计周期开始之前进行系统分析，先从系统级设计入手，在顶层划分功能模块，将系统设计分解成几个子设计模块，对每个子设计模块进行设计、调试和仿真。由于设计的仿真和调试主要是在顶层完成的，所以能够较早发现结构设计上的错误，避免设计工作上的浪费，同时也减少了逻辑仿真的工作量。自顶向下的设计方法使几十万门甚至几百万门规模的复杂数字电路的设计成为可能，同时避免了不必要的重复设计，提高了设计效率。

一个复杂数字电路系统的完整 Verilog HDL 模型是由若干个 Verilog HDL 模块构成的，每个模块又可以由若干个子模块构成。因此模块（Module）是 Verilog HDL 的基本单元。

1. 模块

一个模块由两部分组成，一部分描述端口，另一部分描述逻辑功能，即定义输入是如何影响输出的。模块的语句结构如下：

```
module 模块名（端口）；
   （端口列表及定义）；
   assign （描述电路器件的内部逻辑功能或电路结构）；
endmodule
```

所有的 Verilog HDL 程序都以 module 声明语句开始，模块名用于命名该模块，一般与其要实现的功能对应。每个 Verilog HDL 程序包括 4 个主要部分：端口定义、I/O 说明、内部信号声明和功能定义。下面举例进行说明。一个简单的模块结构组成如图 2.24 所示，其中图（a）为逻辑电路图，图（b）为与之对应的程序模块。在该实例中，模块名为 block，模块中的第 2、3 行定义了端口的信号流向，输入端口为 a 和 b，输出端口为 c 和 d。模块的第 4、5 行说明了模块的逻辑功能，分别实现了与门和或门的输出。

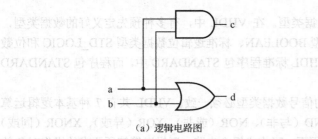

| （a）逻辑电路图 | （b）程序模块 |

图 2.24　模块结构的组成

（1）模块的端口定义

模块的端口声明了模块的输入和输出端口，其格式为：

module　模块名（端口名 1，端口名 2，端口名 3…）；

（2）I/O 说明

I/O 说明指的是模块输入/输出说明。

输入端口说明格式：input [信号位宽-1:0] 端口名；

输出端口说明格式：output [信号位宽-1:0] 端口名；

输入/输出端口说明格式：inout [信号位宽-1:0] 端口名；

I/O 说明也可以写在端口声明语句里，其格式为：

module　模块名（input　端口名 1, input　端口名 2, …, output　端口名 1, output　端口名 2, …）

（3）内部信号说明

内部信号说明指的是模块内部用到的、与端口有关的 wire 和 reg 类型变量的声明，例如：

reg [7:0] out;　　//定义 out 的数据类型为寄存器类型

（4）功能定义

模块中最重要的部分是逻辑功能定义部分。有三种方法可以在模块中描述要实现的逻辑功能。

1）使用 assign 声明语句

这种方法的语法很简单，只需写一个 assign，后面再添加一个方程式即可，例如：

assign a = b & c;　　//描述了一个有两个输入的与门

2）使用实例元件

Verilog HDL 提供了一些基本的逻辑门模块，如与门（and）、或门（or）等。使用实例元件的方法与在电路原理图输入方式下调入库元件一样，直接输入元件的名字和相连的引脚即可。使用实例元件语句，就不必重新编写这些基本逻辑门的程序，简化了程序。使用实例元件的格式为：

门类型关键字　<实例名>　（<端口列表>）；

例如，"and u1(c, a, b);"表示模块中使用了一个和与门一样的名为 u1 的与门，其输入端为 a，b，输出端为 c。

3）使用 always 块语句

例如：

always @（posedge clk）
begin
q = a & b;
end

这段代码描述的逻辑功能为：当时钟信号的上升沿到来时，对输入信号 a 和 b 进行逻辑与操作，并将结果送给输出信号 q。

采用 assign 语句是描述组合逻辑最常用的方法之一。always 块语句既可用于描述组合逻辑，也可描述时序逻辑。"always @(<敏感信号列表>)"语句的括号内表示的是敏感信号或表达式，即当敏感信号或表达式发生变化时，执行 always 块内的语句。

（5）模块要点总结

1）在 Verilog HDL 模块中，所有过程块（如 always 块）、连续赋值语句、实例引用都是并行的。例如，前述的三个例子分别使用了 assign 语句、实例元件和 always 块，如果把这三个例子写到一个 Verilog HDL 模块文件中，它们的顺序不会影响实现的功能，因为这三项是同时执行的，也就是并发的。

2）在 always 块内，逻辑是按照指定的顺序执行的。always 块中的语句称为"顺序语句"，因为它们是顺序执行的，所以 always 块也称为"过程块"。注意：两个或更多的 always 块都是同时执行的，而模块内部的语句是顺序执行的。

3）只有连续赋值语句 assign 和实例引用语句可以独立于过程块而存在于模块的功能定义部分。

4）Verilog HDL 注释语句和 C 语言一样，用//开头，也可以将注释放在/*…*/之间。Verilog HDL 对于大小写敏感，所有关键词都是小写。定义变量时要注意区分大小写，例如，B 和 b 被认为是两个不同的变量。

2．模块的例化

一个模块可以由几个模块组成，一个模块也可以调用其他模块，形成层次结构。对低层次模块的调用称为模块的例化。

例如，利用模块例化语句描述如图 2.25 所示的反相器级联逻辑电路图。

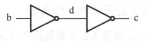

图 2.25　反相器级联逻辑电路图

Verilog HDL 程序如下：

```
module inv1(a, e);
    input a;
    output e;
    assign e = ~a;
endmodule

module test1(b, c);
    input b;
    output c;
    inv1 G1(b, d);              //模块例化
    inv1 G2(.a(d), .e(c));      //模块例化
endmodule
```

模块例化语句的格式为：

例化模块名　例化名　<端口列表>

其中，端口列表中信号的顺序可以采用位置匹配方式，例如，"inv1 G1(b, d);"实例化时采用位置关联，G1 的 b 对应模块 inv1 的输入端口 a，G1 的 d 对应 inv1 的输出端口 e。如果对应的顺序

发生错误，结果也会错误。也可以采用信号名匹配方式，例如，"inv1 G2(.a(d), .e(c));"。当端口列表中的信号比较多时，一般都采用信号名匹配方式。

3. 数据类型

数据类型用来表示数字电路硬件中的数据存储和传送元素。Verilog HDL 共有 19 种数据类型，常用的 4 个基本数据类型是：reg 型、wire 型、integer 型和 parameter 型。

（1）常量

1）整数

在 Verilog HDL 中，整型常量即整常数有二进制整数（b 或 B）、八进制整数（o 或 O）、十进制整数（d 或 D）、十六进制整数（h 或 H）。完整的数字表达方式有以下三种。

● <位宽> <进制> <数字>：这是一种全面的描述方式。

● <进制> <数字>：在这种描述方式中，数字的位宽采用默认位宽（由具体机器系统决定，至少为 32 位）。

● <数字>：在这种描述方式中，采用默认进制数（十进制数）。

例如：

```
8'b11001010          //位宽为 8 位的二进制数 11001010
12'o3546             //位宽为 12 位的八进制数 3546
8'ha2                //位宽为 8 位的十六进制数 a2
165                  //位宽为 32 位的十进制数 165
```

2）x 和 z 值

在数字电路中，x 代表不定值，z 代表高阻值。每个字符代表的位宽取决于所用的进制，例如，8'b1010xxxx 和 8'hax 所表示的含义是等价的。z 还有一种表达方式可以写作 "?"。在使用 case 表达式时，建议使用这种写法，以提高程序的可读性。例如：

```
4'b11x0              //位宽为 4 的二进制数从低位数起第 2 位为不定值
4'b100z              //位宽为 4 的二进制数从低位数起第 1 位为高阻值
12'dz                //位宽为 12 的十进制数，其值为高阻值
8'h4x                //位宽为 8 的十六进制数，其低 4 位值为不定值
```

3）参数（parameter）型

在 Verilog HDL 中，用 parameter 定义一个标识符，来代表一个常量，称为符号常量，即标识符形式的常量。采用标识符代表一个常量可提高程序的可读性和可维护性。parameter 型数据的说明格式如下：

parameter 参数名 1=表达式，参数名 2=表达式，…，参数名 n=表达式;

例如：

```
parameter d=15, f=23;             //定义两个常数参数
parameter r=5.7;                  //定义 r 为一个实型参数
parameter average_delay = (r+f)/2; //用常数表达式赋值
```

参数型常量经常用于定义延迟时间和变量宽度。在模块或实例引用时，可通过参数传递改变在被引用模块或实例中已定义的参数。

（2）变量

变量是一种在程序运行过程中其值可以改变的量。在 Verilog HDL 中有很多种数据类型的变量，以下介绍常用的几种类型。

1）wire 型

连线通常表示一种电气连接，采用连线 wire 类型表示逻辑门和模块之间的连线。wire 型数据常用来表示用 assign 关键字指定的组合逻辑信号。在 Verilog DHL 程序模块中，当输入、输出信号类型省略时，将自动定义为 wire 型，其格式说明如下。

表示一位 wire 型的变量：

    wire 数据名 1, 数据名 2, …, 数据名 i;

表示多位 wire 型的变量：

    wire [n-1:0] 数据名 1, 数据名 2, …, 数据名 i;
    wire [n:1] 数据名 1, 数据名 2, …, 数据名 i;

其中，[n-1:0]和[n:1]代表数据的位宽，即该数据有几位。

例如：

    wire a, b;   //定义了两个 1 位的 wire 型数据变量 a 和 b
    wire [4:1] c, d;   //定义了两个 4 位的 wire 型数据变量 c 和 d

wire 型不能够出现在过程块（initial 块或 always 块）中。当采用层次化设计数字系统时，常用 wire 型声明模块之间的连线信号。

2）reg 型

寄存器是数据储存单元的抽象，寄存器数据类型的关键字是 reg。reg 型变量具有状态保持功能。在新的赋值语句执行以前，reg 型变量的值一直保持原值。

reg 型数据常用来表示 always 块内的指定信号，一般代表触发器。在 always 块内被赋值的每个信号都必须定义成 reg 型。reg 型数据的格式说明如下。

表示 1 位 reg 型的变量：

    reg 数据名 1, 数据名 2, …, 数据名 i;

表示多位 reg 型的变量：

    reg [n-1:0] 数据名 1, 数据名 2, …, 数据名 i;
    reg [n:1] 数据名 1,数据名 2,… ,数据名 i;

其中，[n-1:0]和[n:1]代表数据的位宽，即该数据有几位。

例如：

    reg rega, regb;   //定义了两个 1 位的 reg 型数据变量 rega 和 regb
    reg [4:1] c, d;   //定义了两个 4 位的 reg 型数据变量 regc 和 regd

4．运算符及表达式

Verilog HDL 语言的运算符范围很广，其运算符按其功能可分为以下 5 类。

（1）算术运算符

+   加法运算符，或正值运算符

−   减法运算符，或负值运算符

*   乘法运算符

/   除法运算符

%   模运算符

（2）关系运算符

==	等于
!=	不等于
<	小于
<=	小于等于
>	大于
>=	大于等于

进行关系运算操作时，如果声明的关系是假，则返回值是 0；如果声明的关系是真，则返回值是 1；如果某个操作数的值不确定，则结果是一个不确定值 x。

（3）逻辑运算符

执行逻辑运算操作时，运算结果是一位的逻辑值。

&&	逻辑与
||	逻辑或
!	逻辑非

（4）位运算符

位运算符可将操作数按位进行逻辑运算。

~	取反
&	与
|	或
^	异或
^~	同或

位运算符中除"~"是单目运算符以外，其余均为双目运算符，即要求运算符两侧各有一个操作数。位运算符中的双目运算符要求对两个操作数的相应位进行运算操作。

逻辑与"&"和"&&"运算的结果是不同的，例如：

```
A = 4'b1000 & 4'b0001;        //A = 4'b0000
B = 4'b1000 && 4'b0001;       //B = 1'b0
```

逻辑或"|"和"||"运算的结果也是不同的，例如：

```
A = 4'b1000 | 4'b0001;        //A = 4'b1001
B = 4'b1000 || 4'b0001;       //B = 1'b1
```

（5）移位运算符

>>	右移
<<	左移

例如，如果定义 reg [3:0] a，则 a<<1 表示对操作数左移 1 位，自动补 0。

移位之前为：

a[3]	a[2]	a[1]	a[0]

移位之后为：

a[2]	a[1]	a[0]	0

第3章 FPGA 设计实例

3.1 74 系列 IP 核封装设计实例

FPGA 所实现的功能非常复杂,若在工程实施过程中独立开发所有的功能模块,开发任务繁重、工作量大,而且不能保证自我开发的功能模块的正确性,需要经过长时间测试,影响产品的上市时间。在产品设计和开发过程中,采用成熟且已经验证正确的 FPGA 设计成果,集成到 FPGA 设计中,可以加快开发过程。由于采用的 FPGA 功能设计已经经过验证,因此还可以缩短开发过程中的调试时间。

IP 核(Intelligent Property Core)是具有知识产权的集成电路芯核,是经过反复验证的,具有特定功能的宏模块,与芯片制造工艺无关,可以移植到不同的半导体工艺中。IP 核设计的主要特点是,可以重复使用已有的设计模块,缩短设计时间,减少设计风险。在保证 IP 核功能且性能经过验证,并合乎指标的前提下,FPGA 生产厂商和第三方公司都可提供 IP 核。IP 核可作为独立设计的成果被交换、转让和销售。FPGA 生产厂商可将 IP 核集成到开发工具中免费提供给开发者使用,或以 License 方式有偿提供。第三方公司也可以设计 IP 核,直接有偿转让给 FPGA 生产厂商或销售给开发者。随着 FPGA 资源规模的不断增加,可实现的系统越来越复杂,采用集成 IP 核完成 FPGA 设计已经成为发展趋势。

3.1.1 IP 核分类

IP 核模块有行为、结构和物理三个不同程度的设计,根据描述功能行为的不同,可分为三类,即软核、完成结构描述的固核和基于物理描述并经过工艺验证的硬核。

1. 软核(Soft IP Core)

软核通常以 HDL 文本形式提交给用户,它经过 RTL 级设计优化和功能验证,但代码中不涉及任何具体的物理信息。软核在 FPGA 中指的是对电路的硬件语言描述,包括逻辑描述、网表和帮助文档等。软核都经过功能仿真,用户可以综合正确的门电路级设计网表,在此基础上经过布局布线即可使用。软核的优点是,与物理器件无关,可移植性强,使用范围广。软核的缺点是,在新的物理器件下,使用的正确性不能完全保证,在后续使用过程中存在错误的可能性,有一定的设计风险。目前,软核是 IP 核应用最广泛的形式。

2. 固核(Firm IP Core)

固核在 EDA 设计领域指的是带有平面规划信息的网表,介于软核和硬核之间。在 FPGA 设计中可认为固核是带布局规划的软核,通常以 RTL 代码和对应的具体工艺网表的混合形式提供。固核不但完成了软核所有的设计,而且完成了门级电路综合和时序仿真等设计环节。相对于软核,固核设计的灵活性和使用范围稍差,但在可靠性上有较大提高。

3. 硬核(Hard IP Core)

硬核是基于半导体工艺的物理设计,已有固定的拓扑布局和具体工艺,并已经过工艺验证,具有可保证的性能。硬核提供给用户的形式是电路物理结构掩模版图和全套工艺文件,是可以拿来就用的全套技术。设计人员不能对其修改。硬核在使用过程中与具体的 FPGA 绑定,且有些只在部分 FPGA 中提供,因此硬核相对于软核的使用范围较窄。因为硬核集成在 FPGA 中,类似于使用 ASIC,所以硬核的性能较高,可以满足高性能的计算和通信要求。

IP 核的主要来源如下。

① 芯片生产厂家，如 Intel、TI、ARM 等公司，提供在产品系列发展过程中积累并经过验证的可复用 IP 核。

② 随着 SoC 技术发展而诞生的专业 IP 核提供公司，主要提供市场上应用成熟的 IP 核，并可根据市场需求和技术需求，进一步开发市场急需或应用前景广阔的 IP 核。

③ EDA 厂商自主开发，或通过收购其他公司设计的 IP 核，在其开发工具中集成部分 IP 核，以便客户将 IP 核嵌入到系统设计中。

④ 非主流其他渠道，如硬件电路开发设计公司自己设计的 IP 核，以有偿方式向其他公司提供。

3.1.2 IP 核封装实验流程

本实验以与非门 74LS00 的 IP 核封装设计为例，介绍 IP 核封装实验流程。与非门是一种应用最为广泛的基本变量逻辑门电路，由与非门可以转换成任何形式的其他类型的基本逻辑门。74LS00 是 2 输入的与非门，一个 74LS00 芯片内部包含 4 个与非门，引脚图如图 3.1 所示，功能表如表 3.1 所示。

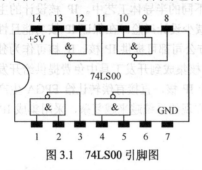

图 3.1　74LS00 引脚图

表 3.1　74LS00 功能表

74LS00		
输入		输出
0	1	1
1	0	1
0	0	1
1	1	0

1. 创建新的工程

1）打开 Vivado 2017.2 设计软件，主界面如图 3.2 所示，选择 Quick Start 分组中的 Create Project 选项，创建新的工程，单击 Next 按钮。

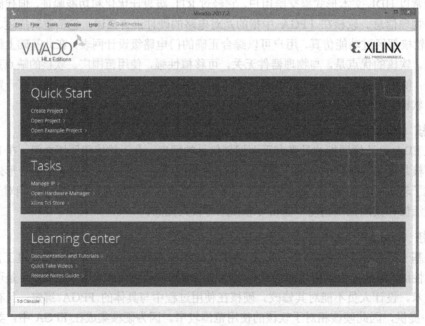

图 3.2　Vivado 主界面

2）弹出 New Project 对话框，如图 3.3 所示，单击 Next 按钮，开始创建新的工程。

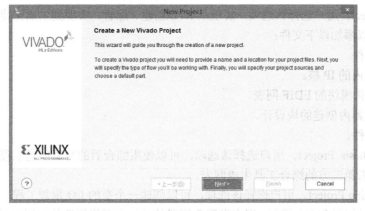

图 3.3　创建新的 Vivado 工程页面

3）在 Project Name 页面中，修改工程名称和存储路径，如图 3.4 所示。注意，工程名称和存储路径中不能出现中文字样和空格，建议工程名称由字母、数字、下画线组成。例如，将工程名称修改为 74LS00，并设置存储路径，同时勾选 Create project subdirectory 选项，以创建工程子目录。这样，整个工程文件都将存放在创建的 74LS00 子目录中，单击 Next 按钮。

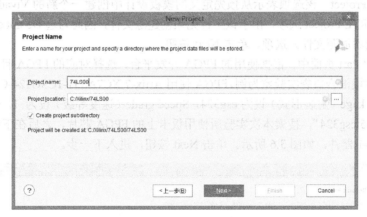

图 3.4　工程命名

4）在 Project Type 页面中，提供了以下可选的工程类型，如图 3.5 所示。

图 3.5　选择工程类型

① RTL Project。用户选择该选项，实现从 RTL 创建、综合、实现到生成比特流文件的整个设计流程。用户可以添加以下文件：

- RTL 源文件。
- IP 核目录内的 IP 核。
- 用于层次化模块的 EDIF 网表。
- IP 核集成器内创建的块设计。
- DSP 源文件。

② Post-synthesis Project。用户选择该选项，可以使用综合后的网表创建工程。用户可以通过 Vivado、XST 或者第三方的综合工具生成网表。

③ I/O Planning Project。用户选择该选项，可以创建一个空的 I/O 规划工程，在设计的早期阶段就能够执行时钟资源和 I/O 规划，用来发现不同器件结构中逻辑资源的可用情况。用户既可以在 Vivado 中定义 I/O 端口，也可以通过 CSV 或者 XDC 文件进行导入。

④ Imported Project。用户选择该选项，可以将 Synplify、XST 或者 ISE 设计套件创建的 RTL 数据导入 Vivado 工程中。在导入这些文件时，同时也导入工程源文件和编译顺序，但是不导入实现的结果和工程的设置。

⑤ Example Project。该选项表示从预先定义的模板设计中创建一个新的 Vivado 工程。

本实验选择 RTL Project 选项。由于该工程无须创建源文件，因此勾选 Do not specify sources at this time（不指定添加源文件）选项，单击 Next 按钮。

5）在 Default Part 页面中，根据使用的 FPGA 开发平台，选择对应的 FPGA 目标器件。在本实验中，以 Xilinx 数模混合口袋实验室为例，FPGA 使用 Artix-7 XC7A35T-1CSG324-C 器件，即 Family 设为 Artix-7，Package（封装形式）设为 csg324，Speed grade（速度等级）设为-1。也可以在 Search 栏中输入"xc7a35tcsg324"，搜索本次实验所使用板卡上的 FPGA 芯片，之后在下面的列表框中选择 xc7a35tcsg324-1 器件，如图 3.6 所示。单击 Next 按钮，进入下一步。

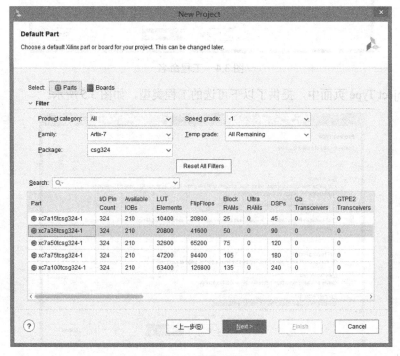

图 3.6　器件选型

6）最后在 New Project Summary 页面中，检查新创建工程是否有误，如图 3.7 所示。如果正确，则单击 Finish 按钮。

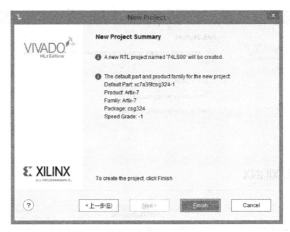

图 3.7　新工程总结

7）此时得到一个空白的 Vivado 工程，如图 3.8 所示，完成空白工程的创建。

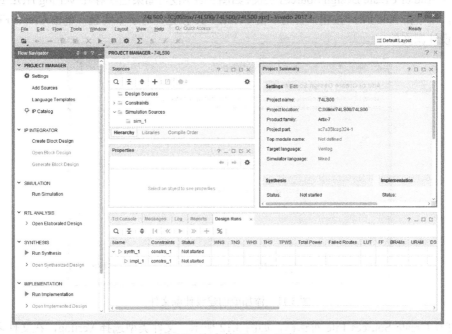

图 3.8　空白的 Vivado 工程

2. 创建或添加设计文件

1）在 Flow Navigator 中，选择 PROJECT MANAGER 下的 Add Sources 选项，如图 3.9 所示。

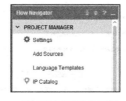

图 3.9　流程向导

2）打开 Add Sources 向导对话框，如图 3.10 所示。这里选择 Add or create design sources 选项，用来添加或创建 Verilog HDL 或 VHDL 设计源文件，单击 Next 按钮。

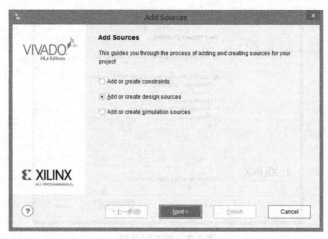

图 3.10　添加源文件

3）进入 Add or Create Design Sources 页面，如图 3.11 所示。如果已经存在 Verilog HDL 或 VHDL 设计文件，则单击 Add Files 按钮，否则单击 Create File 按钮。对于本实验，单击 Create File 按钮，创建新的设计源文件。

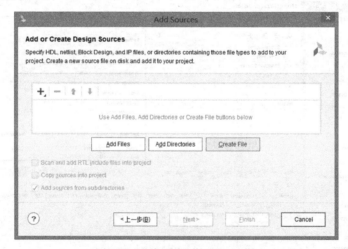

图 3.11　添加或创建设计源文件

4）打开 Create Sources File 对话框，如图 3.12 所示，文件类型选择 Verilog，在文件名称中不能出现中文和空格，这里设为 "four_2_input_nand"，文件位置保持默认设置，单击 OK 按钮。

图 3.12　创建源文件

5）返回 Add or Create Design Sources 页面，显示出刚刚创建的设计源文件，如图 3.13 所示。单击 Finish 按钮，完成源文件创建。

图 3.13　已创建设计源文件

6）弹出 Define Module 对话框，用于定义模块和指定 I/O 端口，如图 3.14 所示。如果端口为总线型，则勾选 Bus 选项，并通过 MSB 和 LSB 确定总线宽度。对于本实验，直接单击 OK 按钮，进入下一步。

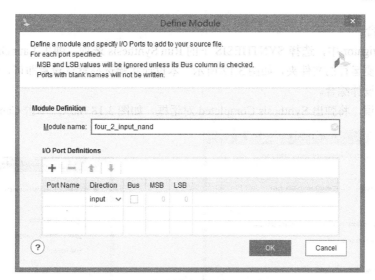

图 3.14　定义模块和指定 I/O 端口

7）弹出提示框，提示用户该模块未做任何改动，如图 3.15 所示，单击 Yes 按钮。

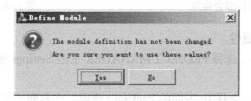

图 3.15　提示用户模块未做任何改动

8）返回 Vivado 的 Sources 窗口，在 Design Sources 选项的下方可以看到，出现了源文件 four_2_input_nand（four_2_input_nand.v）选项，如图 3.16 所示。双击该源文件，进入程序编写界面。

图 3.16　Sources 窗口

9）74LS00 基本功能的 Verilog HDL 源程序代码如下：

```
module four_2_input_nand #(parameter DELAY = 10) (
    input wire a1, b1, a2, b2, a3, b3, a4, b4,
    output wire y1, y2, y3, y4
);
        nand #DELAY (y1, a1, b1);
        nand #DELAY (y2, a2, b2);
        nand #DELAY (y3, a3, b3);
        nand #DELAY (y4, a4, b4);
endmodule
```

3．设计综合

在 Flow Navigator 中，选择 SYNTHESIS 下的 Run Synthesis 选项，弹出 Launch Runs 对话框，在其中可选择需要运行的文件夹，如图 3.17 所示。本设计实验选择默认设置即可，单击 OK 按钮，开始对工程执行设计综合。

如果设计无误，将弹出 Synthesis Completed 对话框，如图 3.18 所示，单击 Cancel 按钮。

图 3.17　运行综合实现

图 3.18　综合运行完成

4．设置定制 IP 核的属性

1）在 Flow Navigator 中，选择 PROJECT MANAGER 下的 Settings 选项，打开 Settings 对话框，如图 3.19 所示。

2）在该对话框的左侧，选择 IP 下面的 Packager 选项，在右侧的页面中，设置定制 IP 核的库名和目录，Library 设置为 XUP，Category 设置为 XUP_74xx，其他按默认设置。

3）单击 OK 按钮，退出 Settings 对话框。

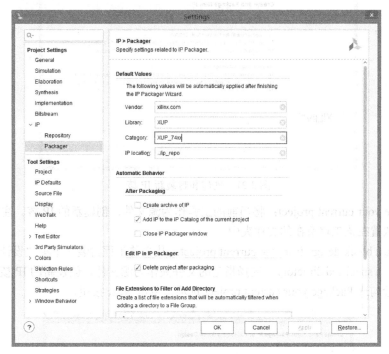

图 3.19　IP 核属性设置

5. 封装 IP 核

1）在 Vivado 当前工程主界面中，选择菜单命令 Tools→Create and Package New IP，如图 3.20 所示。

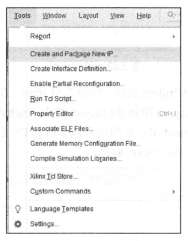

图 3.20　创建和封装新的 IP 核

2）弹出 Create and Package New IP 向导对话框，如图 3.21 所示。在此页面中，提示用户可以在 Vivado 的 IP 核目录中封装一个新的 IP 核，也能够创建一个支持 AXI4 总线协议的外围设备。单击 Next 按钮，进入下一步。

3）进入 Create Peripheral, Package IP or Package a Block Design 页面，如图 3.22 所示，其中有三个封装选项。

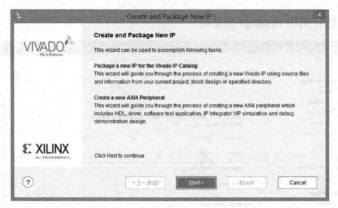

图 3.21　创建和封装新 IP 核

① Package your current project：将当前的工程作为源文件，创建新的 IP 核。注意：封装的所有源文件必须放置在该工程所在的文件夹中。

② Package a block design from the current project：从当前工程封装一个模块设计。

③ Package a specified directory：选择指定的文件夹作为源文件，创建新的 IP 核。

本设计实验勾选 Package your current project 选项，单击 Next 按钮。

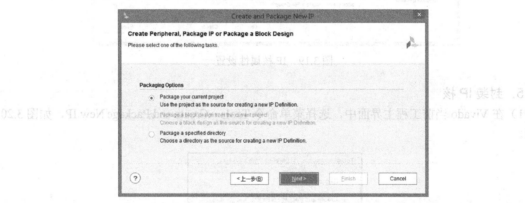

图 3.22　封装选项

4）进入 Package Your Current Project 页面，如图 3.23 所示。在 IP location 中设置 IP 核的路径，用于以后导入 IP 核文件。在 Packaging IP in the project 栏中：Include .xci files 选项表示封装 IP 核时仅包含.xci 文件；Include IP generated files 选项表示包含所有 IP 核中已经生成的网表文件。本设计实验勾选 Include .xci files 选项，单击 Next 按钮。

图 3.23　选择 IP 核的路径

5）进入 New IP Creation 页面，如图 3.24 所示。单击 Finish 按钮，完成 IP 核创建。

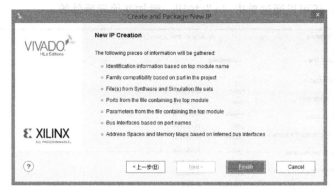

图 3.24　IP 核创建完成

6. 配置 IP 核参数

1）封装 IP 核后，在 Sources 窗口下方选择 Hierarchy 视图。此时在 Design Sources 选项下方将出现一个名为 IP-XACT 的文件夹，在该文件夹下有一个 component.xml 文件，其中保存了封装 IP 核的信息，如图 3.25 所示。

图 3.25　显示封装 IP 核信息的文件

2）在 Vivado 右侧窗格中，出现配置 IP 核参数选项卡，如图 3.26 所示。该图给出了 Identification 页面，在其中，可以设置 IP 核的基本信息，Categories 和 Library 在前面已经设置，Categories 是导入后 IP 核存放的位置。

图 3.26　Identification 页面

3）Compatibility 页面用于确认该 IP 核支持的 FPGA 类型，如图 3.27 所示。对于本设计实验，除 Artix-7 元器件外，还可以通过单击"+"按钮，添加其他元器件等。

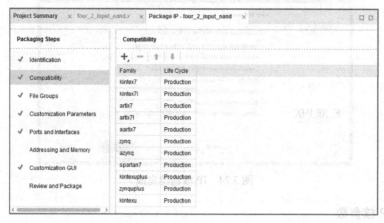

图 3.27　Compatibility 页面

4）弹出 Add Family 对话框，如图 3.28 所示。从图中可以看出，此 IP 核在封装时是兼容 Artix 系列的。为了让其支持其他系列的 FPGA，在对话框中勾选期望支持的 FPGA 型号，例如，Artix-7、Kintex-7、Spartan-7、Zynq-7000 等，如图 3.28 所示。单击 OK 按钮，完成添加。

图 3.28　选择 IP 核支持的 FPGA 系列

5）File Groups 页面用于添加一些额外的文件，例如测试平台文件，如图 3.29 所示。在本设计实验中，不必执行该项操作。

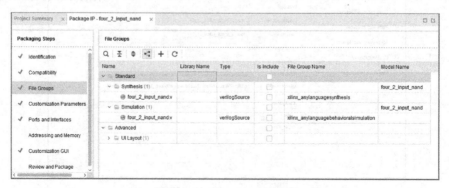

图 3.29　File Groups 页面

6）Customization Parameters 页面用于更改源文件中的参数，如图 3.30 所示。可以看出，从 four_2_input_nand.v 文件中提取了参数 DELAY。第一种方式是，双击图中 DELAY 一行，弹出编辑 IP 核参数对话框。第二种方式是，选择该行，单击右键，在快捷菜单中选择 Edit Parameter 命令。用户可以在该对话框中对 IP 核参数进行编辑。

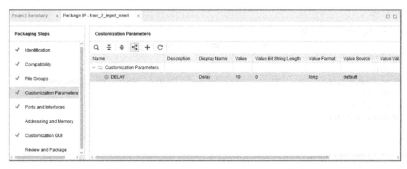

图 3.30　Customization Parameters 页面

7）Customization GUI 页面给出了输入/输出端口，以及带有默认值的参数选项，如图 3.31 所示。

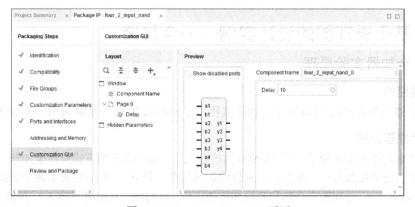

图 3.31　Customization GUI 页面

8）Review and Package 页面如图 3.32 所示，这是封装 IP 核的最后一步。单击 Package IP 按钮，弹出 Package IP-Finish packaging successfully 对话框，提示封装 IP 核成功。如果用户需要进行 IP 核设置，则可以单击图中下方的 Edit packaging settings 选项。在 IP 核设置界面中，勾选 Create archive of IP 选项，即可生成 ZIP 压缩文件，用来保存 IP 核信息，便于以后存档和使用。单击 OK 按钮后，回到 Vivado 主界面，然后单击 Re-Package IP 按钮，重新封装 IP 核。

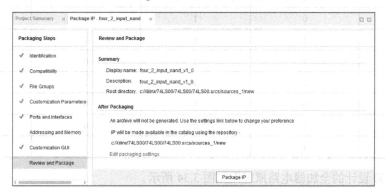

图 3.32　Review and Package 页面

7. 查看 IP 核

在 Flow Navigator 中，单击 PROJECT MANAGER 下的 IP Catalog 选项，可以查看 IP 核目录，如图 3.33 所示。在 User Repository 选项下，可以找到刚刚建立的 four_2_input_nand_v1_0。

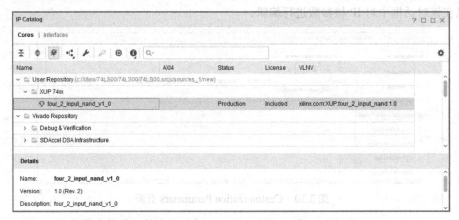

图 3.33　查看 IP 核

3.2　基于原理图的设计实例——全加器

3.2.1　全加器实验原理

1. 实验目的

掌握基于原理图方式的 Vivado 工程设计流程，了解添加 IP 核目录并调用其中 IP 核的方法。

2. 实验原理介绍

本实验要求利用 FPGA 板卡，以 74LS00 为核心元件，基于原理图方式设计全加器。全加器的功能是实现两个二进制加数与一个来自低位进位的加法运算。以 A_i、B_i 分别表示两个加数，C_{i-1} 表示低位的进位，以 S_i 与 C_i 分别表示全加和及向高位的进位。全加器的真值表见表 3.2。逻辑表达式如下：

$$S_i = A_i \oplus B_i \oplus C_{i-1} = \sum m(1,2,4,7)$$

$$C_i = A_i B_i + (A_i \oplus B_i)C_{i-1} = \sum m(3,5,6,7)$$

表 3.2　全加器真值表

A_i	B_i	C_{i-1}	S_i	C_i
0	0	0	0	0
0	0	1	1	0
0	1	0	1	0
0	1	1	0	1
1	0	0	1	0
1	0	1	0	1
1	1	0	0	1
1	1	1	1	1

利用 74LS00 设计的全加器电路原理图如图 3.34 所示。

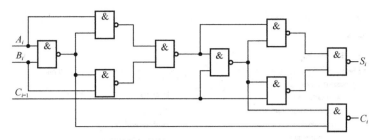

图 3.34　全加器电路原理图

3.2.2　实验步骤

本段基于 Xilinx Vivado 2017.2 设计套件，介绍全加器实验具体步骤。

1．创建新的工程

1）打开 Vivado 2017.2 设计软件，选择 Quick Start 分组中的 Create Project 选项，进入 New Project 向导对话框。单击 Next 按钮，开始创建工程。

2）在 Project Name 页面中，修改工程名称和存储路径。本实例修改工程名称为 fulladder，同时勾选 Create Project Subdirectory 选项，单击 Next 按钮。

3）在 Project Type 页面中，选择工程类型为 RTL Project，同时勾选 Do not specify sources at this time 选项，简化工程创建过程，单击 Next 按钮。

4）在 Default Part 页面中，选择 FPGA 芯片型号为 xc7a35tcsg324-1，单击 Next 按钮。

5）在 New Project Summary 页面中，查看工程创建概要，单击 Finish 按钮，完成新工程的创建。

2．添加 IP 核文件

工程建立完毕后，需要将全加器 fulladder 工程所需的 IP 核目录复制到本工程文件夹下。本工程需要用到 IP 核目录 74LS00，添加完成后的本工程文件夹如图 3.35 所示。

1）在 Flow Navigator 中，单击 PROJECT MANAGER 下的 IP Catalog 选项，进行 IP 核目录设置，如图 3.36 所示。

图 3.35　添加 IP 核目录后的工程文件夹

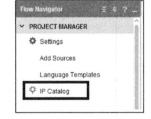

图 3.36　IP 核目录设置

2）进入 IP Catalog 页面，右键单击，从快捷菜单中选择 Add Repository 命令，添加本工程文件下的 IP 核目录，如图 3.37 所示。完成目录添加后，可以看到所需 IP 核已经自动添加，单击 OK 按钮，完成 IP 核添加。

3．创建原理图，添加 IP 核，进行原理图设计

1）在 Flow Navigator 中，单击 IP INTEGRATOR 下的 Create Block Design 选项，创建基于 IP 核的原理图，如图 3.38 所示。

2）在弹出的 Create Block Design 对话框中，保持默认设置，如图 3.39 所示，单击 OK 按钮，完成创建。

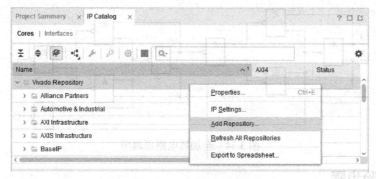

图 3.37 添加 IP 核目录

图 3.38　IP 核集成器

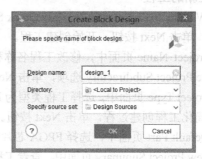

图 3.39　使用默认设置

3）在原理图设计界面中，有三种添加 IP 核的方式，如图 3.40 所示。

① 在设计刚开始时，原理图设计界面的中部有相关提示，可以单击"+"按钮，添加 IP 核。

② 在原理图设计界面的上方工具栏中，有添加 IP 核的按钮"+"。

③ 在原理图设计界面空白区域，单击右键，从快捷菜单中选择 Add IP 命令。

图 3.40　添加 IP 核的三种方式

4）如图 3.41 所示，在 Search 框中，输入"four_2_input_nand"，搜索本设计实验所需要的 IP 核。

图 3.41　搜索 IP 核

5）按 Enter 键，或者双击该 IP 核，即可完成添加。本工程需要三个 74LS00 的 IP 核，继续添加剩余两个 74LS00，如图 3.42 所示。

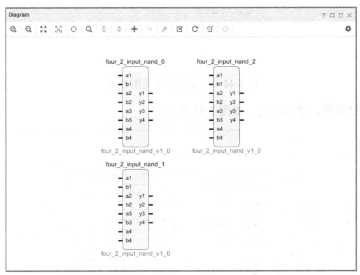

图 3.42　放置三个 74LS00 的 IP 核

6）在原理图设计界面空白区域，单击右键，从快捷菜单中选择 Create Port 命令，创建输入/输出端口，如图 3.43 所示。

图 3.43　创建输入/输出端口

7）根据个人接线习惯，布局 74LS00 和输入/输出端口，如图 3.44 所示。

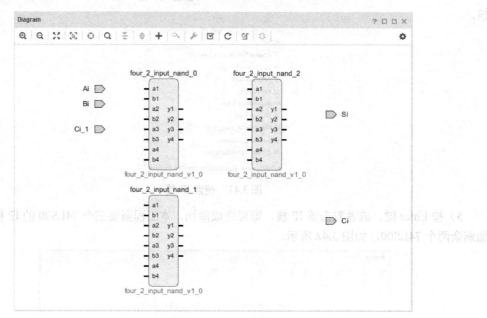

图 3.44 全加器的原理图布局

8）根据电路原理图，进行连线，如图 3.45 所示。

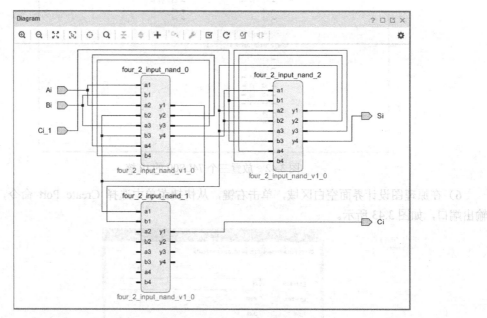

图 3.45 基于 IP 核的全加器电路原理图

9）完成原理图设计后，生成顶层文件。

在工程管理器的 Sources 窗口中，右键单击 design_1 项，从快捷菜单中选择 Generate Output Products 命令，如图 3.46 所示。

在 Generate Output Products 对话框中，单击 Generate 按钮，如图 3.47 所示。由于原理图中有一片 74LS00 芯片的一部分引脚没有连线，因此 Vivado 会弹出警告信息，如图 3.48 所示，可单击 OK 按钮，忽视该警告信息。

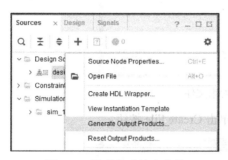

图 3.46　准备生成输出文件

图 3.47　Generate Output Products 对话框

图 3.48　Vivado 警告信息

　　输出文件生成完毕后，再次右键单击 design_1 项，从快捷菜单中选择 Create HDL Wrapper 命令，创建 HDL 代码文件，对原理图文件进行实例化。在 Create HDL Wrapper 对话框中，保持默认设置，如图 3.49 所示，单击 OK 按钮，完成 HDL 文件的创建。

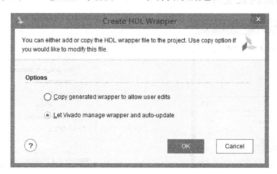

图 3.49　Create HDL Wrapper 对话框

10）至此，原理图设计已经完成。

4．对工程添加引脚约束文件

1）在 Flow Navigator 中，单击 PROJECT MANAGER 下的 Add Sources 选项，打开 Add Sources

对话框，勾选 Add or create constraints 选项，如图 3.50 所示，单击 Next 按钮，进入下一步。

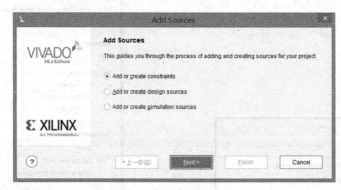

图 3.50　添加或创建约束文件

2）Add or Create Constraints 页面如图 3.51 所示，单击 Create File 按钮。

图 3.51　添加或创建约束文件

3）Create Constraints File 对话框如图 3.52 所示，设置约束文件的类型为 XDC 文件，输入文件名，单击 OK 按钮，然后单击 Finish 按钮，完成约束文件创建。

用户也可以通过单击 Add Files 按钮，找到本工程所需约束文件的存储路径，进行添加。注意：需要勾选 Copy constraints files into project 选项。

4）在 Sources 窗口中，找到刚刚创建的 XDC 约束文件，如图 3.53 所示。双击该 XDC 文件，在弹出的界面中，编写引脚约束文件。

图 3.52　创建约束文件

图 3.53　打开约束文件

利用实验板卡上的开关 SW0 作为加数 Ai，开关 SW1 作为被加数 Bi，开关 SW2 作为来自低位的进位 Ci_1，指示灯 LD2(0)作为和 Si，LD2(1)作为进位 Ci。根据实验板卡上的开关和指示灯对应的 FPGA 引脚信息，编写引脚约束文件如下：

```
set_property PACKAGE_PIN R1 [get_ports Ai]
set_property IOSTANDARD LVCMOS33 [get_ports Ai]
set_property PACKAGE_PIN N4 [get_ports Bi]
set_property IOSTANDARD LVCMOS33 [get_ports Bi]
set_property PACKAGE_PIN M4 [get_ports Ci_1]
set_property IOSTANDARD LVCMOS33 [get_ports Ci_1]
set_property PACKAGE_PIN K2 [get_ports Si]
set_property IOSTANDARD LVCMOS33 [get_ports Si]
set_property PACKAGE_PIN J2 [get_ports Ci]
set_property IOSTANDARD LVCMOS33 [get_ports Ci]
```

5）输入完毕后进行保存，约束文件添加完毕。

5. 设计综合

Flow Navigator 中，单击 SYNTHESIS 选项，使之展开，然后单击 Run Synthesis 选项，开始对工程执行设计综合。此时，如果弹出综合实现运行对话框，单击 OK 按钮即可。

设计综合完成后，会弹出如图 3.54 所示的 Synthesis Completed 对话框，其中有三个选项。

● Run Implementation：运行实现过程。

● Open Synthesized Design：打开综合后的设计。

● View Reports：查看报告。

如果用户不需要打开综合后的设计进行查看，选择 Run Implementation 选项，直接进入设计实现步骤。

如果用户需要查看综合后的设计，首先选择 Open Synthesized Design 选项，单击 OK 按钮。如果之前打开了原理图设计界面，Vivado 会弹出对话框，提示关闭前面执行 Elaborated Design 所打开的原理图设计界面，单击 Yes 按钮，Vivado 开始运行综合后的设计过程。

运行完上述过程后，可以展开 Open Synthesized Design 选项列表，如图 3.55 所示，其中提供了以下选项。

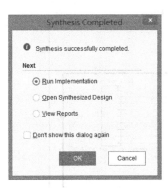

图 3.54 综合完成

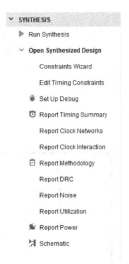

图 3.55 Open Synthesized Design 选项列表

● Constraints Wizard（约束向导）：该选项用于启动约束向导。

● Edit Timing Constraints（编辑时序约束）：该选项用于启动时序约束标签。

● Set Up Debug（设置调试）：该选项用于启动设计调试向导，然后根据设计要求添加或删除需要观测的网络节点。

- Report Timing Summary（时序总结报告）：该选项用于生成一个默认的时序报告。
- Report Clock Networks（时钟网络报告）：该选项用于创建一个时钟的网络报告。
- Report Clock Interaction（时钟相互作用报告）：该选项用于在时钟域之间，验证路径上的约束收敛。
- Report DRC（DRC 报告）：该选项用于对整个设计执行设计规则检查。
- Report Noise（噪声报告）：该选项针对当前的封装和引脚分配，生成同步开关噪声分析报告。
- Report Utilization（利用率报告）：该选项用于创建一个资源利用率的报告。
- Report Power（功耗报告）：该选项用于生成一个详细的功耗分析报告。
- Schematic（原理图）：该选项用于打开原理图设计界面。

单击 Schematic 选项，显示了对该设计综合后的原理图设计界面，如图 3.56 所示。在原理图设计界面中，选择任何逻辑实例都会被加亮显示。双击 design_1 逻辑实例，显示 design_1 子模块综合的原理图，如图 3.57 所示。

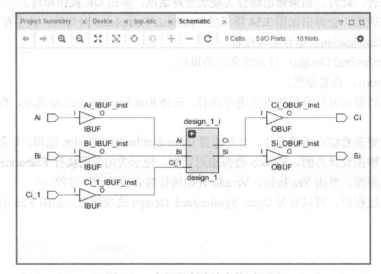

图 3.56 全加器实验综合的原理图

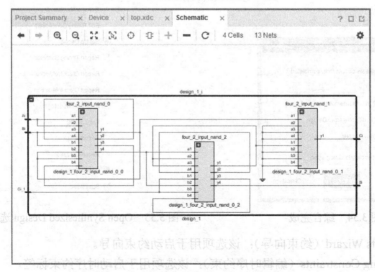

图 3.57 全加器子模块综合的原理图

经过综合之后的设计工程，不仅进行了逻辑优化，而且将 RTL 级推演的网表文件映射为 FPGA 器件的原语，生成新的综合的网表文件。这种表示为层次和基本元素的互连网表，对应于以下内容。

① 模块（Verilog HDL 中的 Module）/实体（VHDL 中的 Entity）；

② 基本元素，包括：

● 查找表 LUT、触发器、多路复用器 MUX 等；

● 块 RAM、DSP 单元；

● 时钟元素（BUFG、BUFR、MMCM）；

● I/O 元素（IBUF、OBUF、I/O 触发器）。

6. 设计实现

在 Flow Navigator 中，单击 IMPLEMENTATION 下的 Run Implementation 选项，开始执行设计实现过程。

当使用 Tcl 命令执行实现时，在 Tcl 命令行中输入"launch_runs impl_1"脚本命令，也可以执行实现。注意：如果前面已经执行过实现，则在重新执行实现之前，必须执行"reset_run impl_1"脚本命令，然后再执行"launch_runs impl_1"脚本命令。

设计实现完成后，会弹出如图 3.58 所示的 Implementation Completed 对话框，其中有三个选项。

● Open Implemented Design：打开实现后的设计。

● Generate Bitstream：生成比特流文件。

● View Reports：查看报告。

如果用户不需要打开实现后的设计进行查看，则选择 Generate Bitstream 选项，直接进入生成比特流文件过程。

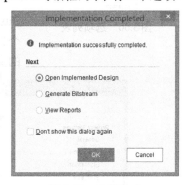

如果用户需要查看实现后的设计，则首先选择 Open Implemented Design 选项，单击 OK 按钮。Vivado 会提示用户是否关闭 Synthesized Design 窗口，可以选择 Yes 按钮进行关闭。这时，在 Vivado 主窗口右上角的 Device 窗口中会出现 Artix-7 FPGA 器件的内部结构图，如图 3.59 所示。

图 3.58　实现完成

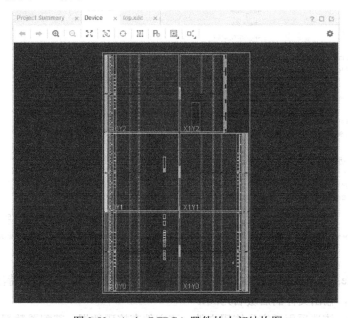

图 3.59　Artix-7 FPGA 器件的内部结构图

单击该窗口工具栏中的放大视图按钮，放大该器件视图，可以看到标有橙色颜色方块的引脚，表示在该设计中已经使用这些 I/O 块。继续放大视图，能够看到该设计所使用的逻辑设计资源和内部结构，包括查找表 LUT、多路复用器 MUX、触发器资源等。单击工具栏中的 按钮，并调整视图在窗口中的位置，可以看到该设计的布线，其中绿色的线表示设计中使用的互连线资源。

执行完上述过程后，可以展开 Open Implemented Design 选项列表，如图 3.60 所示。

7．生成比特流文件

在 Flow Navigator 中，单击 PROGRAM AND DEBUG 选项，使之展开，如图 3.61 所示，单击 Generate Bitstream 选项，开始生成比特流文件。

图 3.60 选项列表

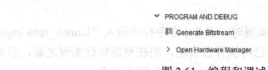

图 3.61 编程和调试

可以对比特流文件进行设置修改，打开 Settings 对话框，单击 Bitstream 选项，比特流配置页面如图 3.62 所示，默认设置为生成一个二进制比特流（.bit）文件。通过使用下面的命令选项可以改变产生的文件格式。

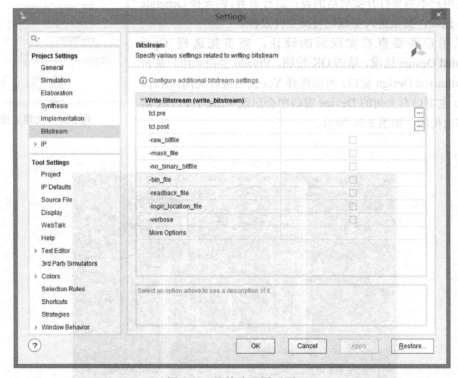

图 3.62 比特流配置页面

（1）-raw_bitfile：该选项用于产生原始比特文件。该文件包含和二进制比特流相同的信息，但它是 ASCII 格式的，输出文件的后缀名为.rbt。

（2）-mask_file：该选项用于产生掩码文件。该文件有掩码数据，其配置数据在比特流文件中。

为了进行验证，掩码文件定义了比特流文件中的哪一位应该和回读数据进行比较。其输出文件的后缀名为.msk。

（3）-no_binary_bitfile：不生成比特流文件。使用该选项，则产生比特流文件的生成报告，例如 DRC 报告，但是不会生成实际的比特流文件。

（4）-bin_file：该选项用于创建一个二进制文件，文件后缀名为.bin，只包含所使用器件的编程数据，而没有标准比特流文件中的头部信息。

（5）-logic_location_file：选择该选项后，Vivado 工具在生成 bitstream 时会自动创建一个 ASCII 码的逻辑定位文件（后缀名.ll），用来显示设计中用到的锁存器、寄存器、查找表、BRAM 及 I/O 块在比特流中的位置信息，帮助用户对照识别比特流中的 FPGA 寄存模块。

8. 下载比特流文件到 FPGA 中

当生成用于编程 FPGA 的比特流文件后，弹出提示比特流文件生成完毕的对话框，如图 3.63 所示。用户可以选择 Open Hardware Manager 选项，打开硬件管理器；或者在 Flow Navigator 中单击 PROGRAM AND DEBUG 选项，使之展开，单击 Open Hardware Manager 选项。

此时，出现硬件管理器窗口，如图 3.64 所示。将板卡与计算机相连，并打开实验板卡的电源开关。单击 Open target 选项，在下拉菜单中选择 Open New Target 命令；如果之前连接过实验板卡，则可以选择 Recent Targets 命令，在其子菜单中选择最近使用过的相应板卡；更为简单的方法是，选择 Auto Connect 命令进行连接。

图 3.63　比特流文件生成完毕

图 3.64　硬件管理器窗口

打开 Open New Hardware Target 对话框，单击 Next 按钮，进入硬件服务器设置页面，如图 3.65 所示。单击 Next 按钮，在该页面中选择本地服务器，如图 3.66 所示。

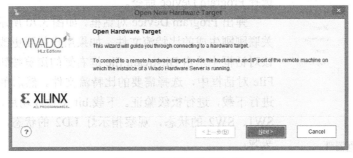

图 3.65　设置硬件服务器

为了实现下载，将设计从 ASIC 工具环境迁移到其他用途时，其输出文件的后缀名为 .msk。

（3）-bin binary_bitfile：不输出位流文件，使用用户指定的文件名和后缀名。当输出 DRC 断言，但是不输出比特流文件时使用该选项。

（4）-bin_file：除默认的主输出文件外，当启用该选项时，还生成一个辅助的后缀名为 .bin 的比特流文件。一个 .bin 文件只包含 Xilinx 的比特流配置数据和用于器件编程的比特流数据，但它不包含比特流头的信息。

（5）-logic_location_file：以 ASCII 格式的文件，生成比特流的逻辑定位，即创建一个 ASCII 格式的描述位置文件 (.ll)。对于所选数据类型，告诉它的绝对位置。对于捕获，BRAM 从 IO 块在寄存器级别的位置，将它们用于回读和验证 FPGA 的寄存器信息。

8 个参数对应于不同用途。

至此，完成了基于 FPGA 的加法器设计过程，读者可以打开工程文件 example3-1，验证本节给出的内容。

下面，用户可以通过 JTAG 接口下载器件进行验证。在 Hardware Manager 中，在 Flow Navigator 中单击 PROGRAM AND DEBUG 选项，将其展开，单击 Open Target 选项。

打开一个浮动的菜单，在该菜单内，单击 Open New Target 选项，弹出 Open New Hardware Target 对话框，如图所示 Open New Hardware Target 连接到远程服务器或本地服务器，在此选择 Local server（target is on local machine）选项。

单击 Open 选项，在下拉菜单中选择 Open New Target 命令，弹出 Open New Hardware Target 对话框，如图 3.66 所示，在弹出 Open New Hardware Target 对话框中进行设置，单击 Next 按钮，在弹出对话框中，提示用户自动连接，选择 Auto Connect 命令进行连接。

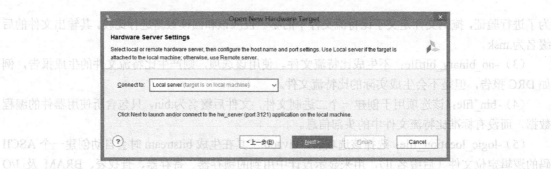

图 3.66　选择本地服务器

单击 Next 按钮，在该页面中选择目标硬件，如图 3.67 所示。单击 Next 按钮，显示目标硬件的总结信息，如图 3.68 所示。单击 Finish 按钮，完成新目标硬件的添加。

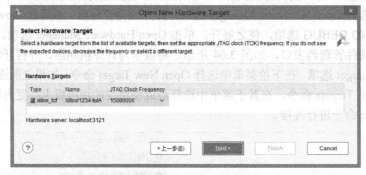

图 3.67　打开目标硬件对话框

图 3.68　目标硬件总结信息

图 3.69　配置器件

在硬件管理器中，单击 Program device 选项，如图 3.69 所示。或者在该窗口中，选中 xc7a35t 元器件，单击右键，从快捷菜单中选择 Program Device 命令。

弹出 Program Device 对话框，如图 3.70 所示。Vivado 将自动关联刚刚生成的比特流文件。如果用户需要更改比特流文件，则该对话框中单击 Bitstream file 框右侧的浏览按钮，在弹出的 Open File 对话框中，选择需要的比特流文件。然后单击 Program 按钮进行下载，进行板级验证。下载 .bit 文件成功后，改变开关 SW0、SW1、SW2 的状态，观察指示灯 LD2 的状态，即可验证全加器实验。

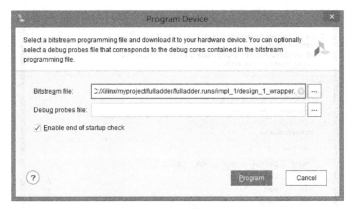

图 3.70　Program Device 对话框

3.3　基于 Verilog HDL 的设计实例——流水灯

3.3.1　设计要求

本实例要求以 EGO1 实验板卡为实验平台，基于硬件描述语言 Verilog HDL，实现流水灯显示。

具体要求如下：

① 利用 Verilog HDL 进行设计，并给出行为仿真波形；

② 将程序烧写到实验板卡的 ROM 里面；

③ 利用实验板卡演示实验结果。

3.3.2　实验步骤

1．创建新的工程

1）打开 Vivado 2017.2 设计软件，在创建新工程向导对话框中，单击 Next 按钮。

2）在 Project Name 页面中，修改工程名称和存储路径。本实例将工程名称更改为 design_test，同时勾选 Create Project Subdirectory 选项，单击 Next 按钮。

3）在 Project Type 页面中，选择工程类型为 RTL Project，单击 Next 按钮。

4）在 Default Part 页面中，选择 FPGA 芯片型号为 xc7a35tcsg324-1，单击 Next 按钮。

8）在 New Project Summary 页面中，单击 Finish 按钮，完成新工程的创建。

2．设计文件导入

1）在 Flow Navigator 中，单击 PROJECT MANAGER 下的 Add Sources 选项。

2）弹出 Add Sources 向导对话框，选择 Add or create design sources 选项，用来添加或创建 Verilog HDL 或 VHDL 设计源文件，单击 Next 按钮。

3）进入 Add or Create Design Sources 页面，单击 Create File 按钮，创建设计源文件。

4）在弹出的 Create Sources File 对话框中，文件类型选择 Verilog，修改文件名称为 flowing_light，文件位置保持默认设置，单击 OK 按钮。

5）返回 Add or Create Design Sources 页面，单击 Finish 按钮，完成源文件创建。

6）弹出 Define Module 对话框，如图 3.71 所示。定义模块名称为 flowing_light。然后定义 I/O 端口，输入端口名称为 clk 和 rst；输出端口名称为 led，总线类型，最高有效位（MSB）为 7。单击 OK 按钮，进入下一步。

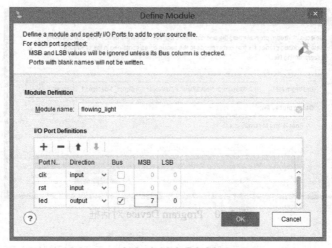

図 3.71 模块定义对话框

7）返回 Sources 窗口，在 Design Sources 选项的下方出现了 flowing_light（flowing_light.v 源文件）选项。双击该源文件，进入程序编写界面。

8）流水灯实验的 Verilog HDL 源代码如下：

```verilog
module flowing_light(
        input clk,
        input rst,
        output [15:0] led
);
        reg [23 : 0] cnt_reg;
        reg [15 : 0] light_reg;
        always @ (posedge clk)
            begin
                if (!rst)
                    cnt_reg <= 0;
                else
                    cnt_reg <= cnt_reg + 1;
            end
        always @ (posedge clk)
            begin
                if (!rst)
                light_reg <= 16'h0001;
                else if (cnt_reg == 24'hffffff)
                begin
                    if (light_reg == 16'h8000)
                        light_reg <= 16'h0001;
                    else
                        light_reg <= light_reg << 1;
                end
            end
        assign led = light_reg;
endmodule
```

3. 新建仿真源文件

1）在 Sources 窗口中，右键单击 Design Sources 选项，从快捷菜单中选择 Add Sources 命令。弹出 Add Sources 向导对话框，选择 Add or create simulation sources 选项，添加或创建仿真源文件。

2）在 Add or Create Simulation Sources 页面中，单击 Create File 按钮，创建仿真源文件，如图 3.72 所示。

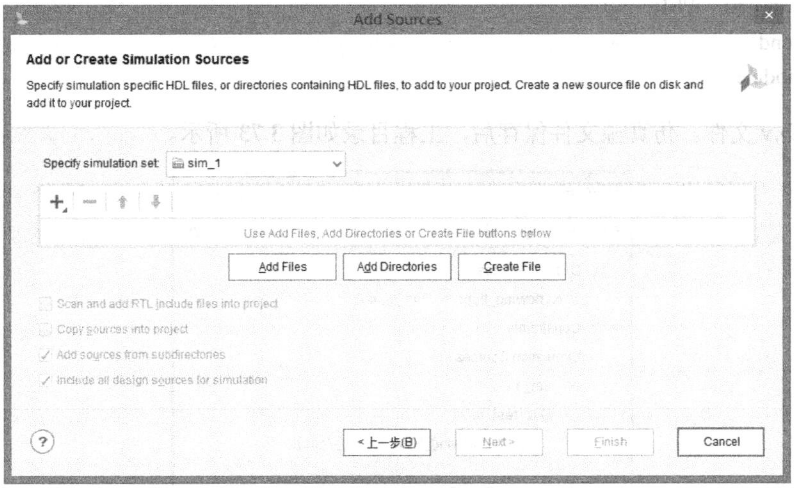

图 3.72　创建仿真源文件

3）在 Create Sources File 页面，文件类型选择 Verilog，修改文件名称为 tb，文件位置保持默认设置，单击 OK 按钮。

4）返回 Add or Create Simulation Sources 页面，单击 Finish 按钮，完成仿真源文件创建。

5）在弹出的 Define Module 对话框中，定义模块名称为 tb。由于仿真激励文件不需要对外端口，因此不需要定义 I/O 端口，直接单击 OK 按钮，进入下一步。

6）此时弹出对话框，提示用户模块定义没有改变，是否使用这些值，单击 Yes 按钮。

7）在 Sources 窗口中，可以看到 Simulation Sources 选项下添加了 tb.v 文件，该文件作为仿真测试的源文件。双击打开 tb.v 文件，编写仿真源文件代码如下：

```verilog
'timescale 1ns / 1ps
module test( );
    reg clk;
    reg rst;
    wire [3 : 0] led;
    flowing_light u0(
        .clk(clk),
        .rst(rst),
        .led(led) );
    parameter PERIOD = 10;
    always begin
        clk = 1'b0;
        #(PERIOD/2) clk = 1'b1;
        #(PERIOD/2);
    end
    initial begin
        clk = 1'b0;
```

```
                    rst = 1'b0;
                    #100;
                    rst = 1'b1;
                    #100;
                    rst = 1'b0;
                    #100;
                    rst = 1'b1;
            end
        endmodule
```

8）保存 tb.v 文件。仿真源文件保存后，工程目录如图 3.73 所示。

图 3.73　仿真源文件保存后的工程目录

4．仿真分析

1）在 Flow Navigator 中，单击 SIMULATION 选项，使之展开，单击 Run Simulation 选项，出现浮动菜单，选择 Run Behavioral Simulation 命令，运行行为仿真，如图 3.74 所示。

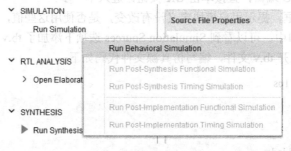

图 3.74　运行行为仿真

2）Vivado 开始运行仿真程序，弹出行为仿真的波形图窗口，如图 3.75 所示。

3）可以通过 Scope 窗口中的目录结构定位到设计者想要查看的 Module 内部寄存器，如图 3.76 所示。

4）在 Objects 窗口中对应的信号名称上单击右键，从快捷菜单中选择 Add To Wave Window 命令，即可将信号加入波形图中，如图 3.77 所示。由于本例中窗口已经有信号，因此不需要进行此操作。

5）仿真波形图窗口上方的工具栏用于调整和测量波形。单击 Zoom In（放大）、Zoom Out（缩小）和 Zoom Fit（适合窗口显示）按钮，可以将波形调整到合适的显示大小。单击 Add Marker 按钮，添加若干标尺，可以测量某两个逻辑信号跳变之间的时间间隔。

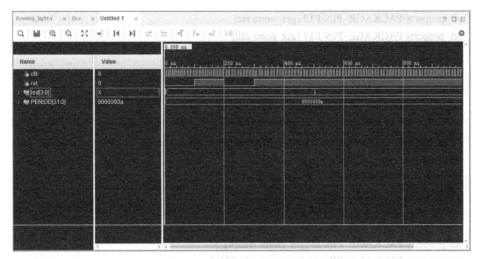

图 3.75　行为仿真波形图窗口

图 3.76　Scope 窗口

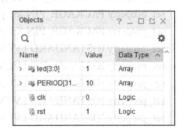

图 3.77　Objects 窗口

6）单击 Vivado 上方工具栏中的按钮，可以控制仿真的运行过程，如图 3.78 所示。例如，在对话框内更改仿真时间为 20ms，单击 ▶ 按钮，则重新运行仿真程序，仿真结束时间为 20ms。

图 3.78　控制仿真运行过程

7）在仿真波形图窗口中，双击 Name 下方的 led[3:0]，可以展开或合并该数组，用于查看该其中每一位的数值。

8）退出行为仿真波形图窗口。

5．添加引脚约束文件

有两种方法可以添加约束文件：第一种方法是直接新建 XDC 的约束文件，手动输入约束命令；第二种方法是利用 Vivado 中的 I/O Planning 功能进行引脚约束。如果采用第二种方法，则需要先对工程进行综合，该方法将在设计综合后进行介绍。这里以第一种方法为例，具体步骤如下。

1）在 Sources 窗口中，右键单击 Design Sources 选项，从快捷菜单中选择 Add Sources 命令。弹出 Add Sources 向导对话框，选择 Add or create constraints 选项，添加或创建约束文件。

2）进入 Add or Create Constraints 页面，单击 Create File 按钮，创建约束文件。

3）在弹出的 Create Constraints File 对话框中，文件类型选择 XDC，修改文件名称为 top，文件位置保持默认设置，单击 OK 按钮。返回 Add or Create Constraints 页面，单击 Finish 按钮，结束创建约束文件。

4）在 Sources 窗口中，双击打开新建好的 XDC 文件，输入相应的 FPGA 引脚约束信息和电平标准：

```
set_property PACKAGE_PIN P15 [get_ports rst]
set_property PACKAGE_PIN P17 [get_ports clk]
set_property PACKAGE_PIN F6 [get_ports {led[15]}]
set_property PACKAGE_PIN G4 [get_ports {led[14]}]
set_property PACKAGE_PIN G3 [get_ports {led[13]}]
set_property PACKAGE_PIN J4 [get_ports {led[12]}]
set_property PACKAGE_PIN H4 [get_ports {led[11]}]
set_property PACKAGE_PIN J3 [get_ports {led[10]}]
set_property PACKAGE_PIN J2 [get_ports {led[9]}]
set_property PACKAGE_PIN K2 [get_ports {led[8]}]
set_property PACKAGE_PIN K1 [get_ports {led[7]}]
set_property PACKAGE_PIN H6 [get_ports {led[6]}]
set_property PACKAGE_PIN H5 [get_ports {led[5]}]
set_property PACKAGE_PIN J5 [get_ports {led[4]}]
set_property PACKAGE_PIN K6 [get_ports {led[3]}]
set_property PACKAGE_PIN L1 [get_ports {led[2]}]
set_property PACKAGE_PIN M1 [get_ports {led[1]}]
set_property PACKAGE_PIN K3 [get_ports {led[0]}]
set_property IOSTANDARD LVCMOS33 [get_ports {led[15]}]
set_property IOSTANDARD LVCMOS33 [get_ports {led[14]}]
set_property IOSTANDARD LVCMOS33 [get_ports {led[13]}]
set_property IOSTANDARD LVCMOS33 [get_ports {led[12]}]
set_property IOSTANDARD LVCMOS33 [get_ports {led[11]}]
set_property IOSTANDARD LVCMOS33 [get_ports {led[10]}]
set_property IOSTANDARD LVCMOS33 [get_ports {led[9]}]
set_property IOSTANDARD LVCMOS33 [get_ports {led[8]}]
set_property IOSTANDARD LVCMOS33 [get_ports {led[7]}]
set_property IOSTANDARD LVCMOS33 [get_ports {led[6]}]
set_property IOSTANDARD LVCMOS33 [get_ports {led[5]}]
set_property IOSTANDARD LVCMOS33 [get_ports {led[4]}]
set_property IOSTANDARD LVCMOS33 [get_ports {led[3]}]
set_property IOSTANDARD LVCMOS33 [get_ports {led[2]}]
set_property IOSTANDARD LVCMOS33 [get_ports {led[1]}]
set_property IOSTANDARD LVCMOS33 [get_ports {led[0]}]
set_property IOSTANDARD LVCMOS33 [get_ports clk]
set_property IOSTANDARD LVCMOS33 [get_ports rst]
```

6. 设计综合

在 Flow Navigator 中，单击 SYNTHESIS 下的 Run Synthesis 选项，开始对工程执行设计综合。设计综合完成后，在弹出的对话框中选择 Open Synthesized Design 选项，单击 OK 按钮。

下面介绍第二种添加引脚约束的方法，如果已经采用了第一种添加引脚约束的方法，则可以跳过此步骤。

1）执行菜单命令 Window→I/O Ports，如图 3.79 所示。

2）在 Vivado 界面的右下角，将显示 I/O Ports 窗口，如图 3.80 所示。在信号列表中，输入对应的 FPGA 引脚标号，并指定 I/O std 电平标准。具体的 FPGA 约束引脚和 I/O 电平标准，可参考对应板卡的用户手册或原理图。

图 3.79　Window 菜单

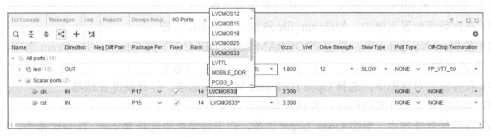

图 3.80　I/O Ports 窗口

此外，执行菜单命令 Window→Package，会弹出 Package 窗口，如图 3.81 所示。将 I/O Ports 窗口中的信号拖动到 Package 窗口中对应的引脚上。

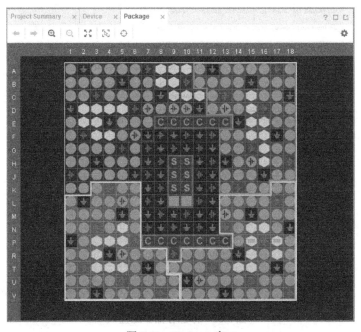

图 3.81　Package 窗口

3）引脚约束添加完后，单击 Vivado 工具栏中的保存按钮，将提示新建 XDC 文件或选择工程中已有的 XDC 文件。此时，需要创建新的约束文件，输入文件名称，单击 OK 按钮，完成引脚约束过程。

7. 设计实现

在 Flow Navigator 中，单击 IMPLEMENTATION 下的 Run Implementation 选项，开始对工程执行设计实现过程。

8. 生成比特流文件

设计实现完成后，在弹出的对话框中选择 Generate Bitstream 选项，直接进入生成比特流文件过程。

9. 下载比特流文件到 FPGA 中

下载比特流文件到 FPGA 中的具体步骤，参见 3.2 节。

下面介绍如何将比特流文件烧写到 FPGA ROM 里，这样即使实验板卡掉电，程序也不会丢失。

1）在 Flow Navigator 中，单击 PROJECT MANAGER 下的 Settings 选项，在弹出的 Settings 对话框中，单击左侧 Bitstream 选项，进入比特流配置页面。

2）在比特流配置页面中，勾选-bin_file 选项，单击 OK 按钮。

3）在 Flow Navigator 中，单击 PROGRAM AND DEBUG 下的 Generate Bitstream 选项，重新生成比特流文件。

4）在弹出的对话框中，选择 Open Hardware Manage 选项，打开硬件管理器。

5）将实验板卡与计算机相连，并打开其电源开关。

6）在硬件管理器中，单击 Open target 选项，在下拉菜单中选择 Recent Targets 命令，Vivado 将自动找到上一次连接过的板卡。

7）右键单击 xc7a35t 芯片对应的选项从快捷菜单中选择 Add Configuration Memory Device 命令，添加存储器配置，如图 3.82 所示。

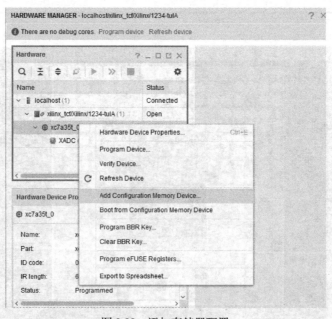

图 3.82　添加存储器配置

8）在存储器配置对话框中，搜索实验板卡使用的 Flash 芯片 n25q32-3.3v-spi-x1_x2_x4，如图 3.83 所示，单击 OK 按钮。

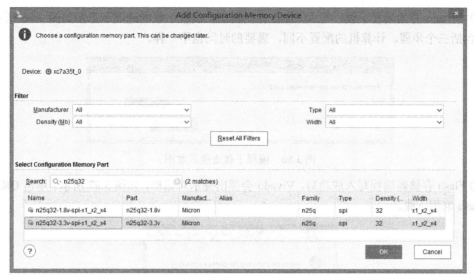

图 3.83　存储器配置对话框

9）弹出提示对话框，提示用户已经添加了存储器，是否立即运行下载程序，如图 3.84 所示，单击 OK 选项。

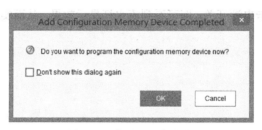

图 3.84　存储器添加完毕

10）弹出 Program Configuration Memory Device 对话框，如图 3.85 所示。在 Configuration file 框中，选择刚刚生成的配置文件，位置为 design_test/design_test.runs/impl_1/flowing_light.bin，其他选项保持默认设置。单击 OK 按钮，开始编程下载。

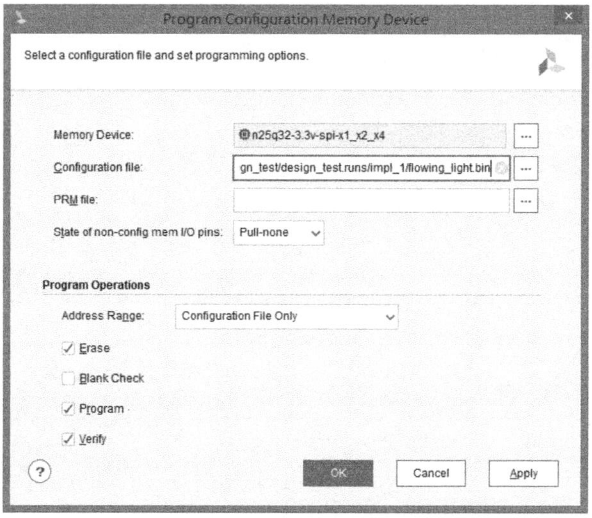

图 3.85　选择配置文件

11）Vivado 开始编程下载，写入 Flash 存储器中。编程下载的进度示意图如图 3.86 所示。整个过程包括三个步骤。计算机的配置不同，需要的时间也不一样。

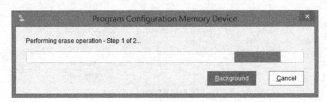

图 3.86　编程下载进度示意图

12）Flash 存储器编程写入成功后，Vivado 会弹出提示对话框，如图 3.87 所示。单击 OK 按钮，完成 Flash 编程下载。

图 3.87　Flash 编程下载完成

13）重新打开实验板卡电源开关，即可看到流水灯显示效果，从而实现实验板卡掉电不丢失程序的功能。

第4章 组合逻辑电路设计实例

4.1 逻辑门电路

逻辑门电路是实现逻辑运算的电路。所有的数字系统都由一些基本的逻辑门构成。

4.1.1 基本及常用的逻辑门

本节介绍三种基本逻辑门（与门、或门、非门）和4种常用的组合逻辑门（与非门、或非门、异或门和同或门）。

1. 逻辑门的基础知识

（1）与门

与门的真值表如表4.1所示。与门有两个输入（a 和 b）及一个输出（y）。仅当 a 和 b 都为 1（真或高电平）时，与门的输出 y 才为 1；当 a 或 b 中有一个为 0 或均为 0 时，输出 y 为 0。

与门的逻辑符号如图4.1所示。

表4.1 与门的真值表

a	b	y
0	0	0
0	1	0
1	0	0
1	1	1

图 4.1 与门的逻辑符号

在 Verilog HDL 语言中，用"&"符号表示与运算符。如图4.1所示与门的表达式为：

$$y = a\&b \tag{4-1}$$

（2）或门

或门的真值表如表4.2所示。或门有两个输入（a 和 b）及一个输出（y）。当 a 或 b 中有一个为 1（真或高电平）或两个都为 1 时，或门输出 y 为 1；只有当 a 和 b 都为 0 时，输出 y 才为 0。

或门的逻辑符号如图4.2所示。

表4.2 或门的真值表

a	b	y
0	0	0
0	1	1
1	0	1
1	1	1

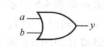

图 4.2 或门的逻辑符号

在 Verilog HDL 语言中，用"|"符号表示或运算符。如图4.2所示或门的表达式为：

$$y = a|b \tag{4-2}$$

（3）非门

非门的真值表如表4.3所示。非门有一个输入（a）和一个输出（y）。y 的值是 a 的反码。当 a 为 0 时，y 为 1；当 a 为 1 时，y 为 0。简单地说，非门就是将输入值取反并输出。

非门的逻辑符号如图4.3所示。

表 4.3 非门的真值表

a	y
0	1
1	0

图 4.3 非门的逻辑符号

在 Verilog HDL 语言中，用"~"符号表示非运算符。如图 4.3 所示非门的表达式为：

$$y = \sim a \qquad\qquad (4\text{-}3)$$

（4）与非门

与非门的真值表如表 4.4 所示。从真值表中可以看出，当且仅当与非门的两个输入 a 和 b 都为 1 时，输出 y 才为 0；否则，y 为 1。

与非门的逻辑符号如图 4.4 所示。

表 4.4 与非门的真值表

a	b	y
0	0	1
0	1	1
1	0	1
1	1	0

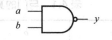

图 4.4 与非门的逻辑符号

（5）或非门

或非门的真值表如表 4.5 所示。从真值表中可以看出，当且仅当或非门的两个输入 a 和 b 都为 0 时，输出 y 才为 1；否则，y 为 0。

或非门的逻辑符号如图 4.5 所示。

表 4.5 或非门的真值表

a	b	y
0	0	1
0	1	0
1	0	0
1	1	0

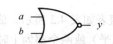

图 4.5 或非门的逻辑符号

（6）异或门

异或门的真值表如表 4.6 所示。从真值表中可以看出，当异或门的两个输入 a 和 b 不同（一个为 1，一个为 0）时，输出 y 为 1；当两个输入相同（同为 1 或同为 0）时，输出 y 为 0。

异或门的逻辑符号如图 4.6 所示。

表 4.6 异或门的真值表

a	b	y
0	0	0
0	1	1
1	0	1
1	1	0

图 4.6 异或门的逻辑符号

在 Verilog HDL 语言中，用"^"符号表示异或运算符。异或门的表达式为：

$$y = a\textasciicircum b \tag{4-4}$$

（7）同或门

同或门的真值表如表 4.7 所示。从真值表中可以看出，当同或门的两个输入 a 和 b 相同时（同为 0 或同为 1），输出 y 为 1；当两个输入不同时（一个为 1 而另一个为 0），输出 y 为 0。

同或门的逻辑符号如图 4.7 所示。

表 4.7　同或门的真值表

a	b	y
0	0	1
0	1	0
1	0	0
1	1	1

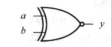

图 4.7　同或门的逻辑符号

在 Verilog HDL 语言中，用"~^"符号表示同或运算符。同或门的表达式为：y = a~^b。

2. 逻辑门电路的 Verilog HDL 设计

例 4.1　实现 2 输入逻辑门。

本例用 Verilog HDL 语言来描述 6 个不同的 2 输入逻辑门电路，其中包括：与、或、与非、或非、异或和同或门，并给出仿真测试代码和约束文件代码，可通过仿真波形图或 EGO1 实验板卡验证其功能。

（1）2 输入逻辑门的 Verilog HDL 程序

程序 4.1：2 输入逻辑门程序。

```
module gates2(
    input a,
    input b,
    output [5:0] y
);
    assign y[0] = a & b;         // 与
    assign y[1] = a | b;         // 或
    assign y[2] = ~ (a & b);     // 与非
    assign y[3] = ~ (a | b);     // 或非
    assign y[4] = a ^ b;         // 异或
    assign y[5] = a ~^ b;        // 同或
endmodule
```

在 Verilog HDL 语言中，所有的程序都以关键字 module（模块）声明语句开始，以关键字 endmodule 结束。在 module 后面为模块名（此例中为 gates2），紧随其后的是端口列表，包含方向、类型和端口名。端口方向通过 input（输入）、output（输出）及 inout（输入/输出）语句声明。端口类型可以是 wire 型或 reg 型，默认类型为 wire 型。在程序 4.1 中，所有的信号都是 wire 型。对于 wire 型信号，我们可以将其想象成电路连线。本例中，输入信号 a 和 b 没有定义端口的位数和类型，默认端口大小为 1 位，类型为 wire 型。输出信号有 6 个，我们可以采用数组的形式来描述它们。在程序中，我们用以下语句来定义输出信号：

output [5:0] y;

assign 赋值语句用来定义输入/输出的逻辑关系。因为 assign 语句为并发语句，所以在程序中各输出赋值语句的顺序可以任意书写。双斜线"//"之后是注释语句。

（2）2 输入逻辑门的仿真测试程序

```
module gates2_test;
    reg a,b;
    wire [5:0]y;
    gates2   test_gates2(a,b,y );        //调用 gates2 模块，按端口顺序对应方式连接
    initial
        begin
            a = 0;b = 0;# 100;        //顺序执行，每次赋值等待 100 个单位时间
            a = 0;b = 1;# 100;
            a = 1;b = 0;# 100;
            a = 1;b = 1;# 100;
        end
endmodule
```

模块调用：仿真测试程序的第 4 行为模块调用语句，其中 gates2 为调用的模块名；test_gates2 为实例名，是所调用模块的唯一标识；括号中的 a,b,y 应和 gates2 模块定义的端口列表中的端口位置一一对应。

initial 语句：initial 为过程赋值语句，在仿真中只执行一次，在 0 时刻开始执行，可以使用延迟控制。该语句多用于对 reg 型变量进行赋值。

在仿真测试程序中，从 begin 到 end 的代码，实现每 100 个单位时间改变一次输入的功能，使输入信号"ab"的值按照"00-01-10-11"的顺序变化。运行仿真后，仿真结果如图 4.8 所示。

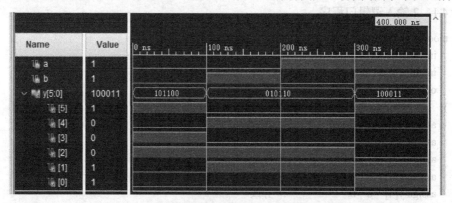

图 4.8   2 输入逻辑门仿真波形图

（3）引脚约束文件

本书所有例程都是使用软件 Vivado 2017.2 在 EGO1 实验板卡上进行的，程序中使用的端口与实际实验板卡的引脚对应关系利用约束文件来描述。将引脚的约束文件编写正确后，将生成的.bit 文件下载到实验板卡中，就可以观察到实际的运行效果。约束文件就是程序中的信号与实际引脚的对应关系，因此在以后的例程中不再详细给出约束文件。

本例中输入信号 a、b 使用开关 SW1、SW0 控制（当开关拨到上挡时，表示输入为高电平；当开关拨到下挡时，表示输入为低电平），输出信号 y[5]~y[0]使用 LED 灯显示输出结果（输出为高电平时，LED 灯点亮，否则熄灭）。

2 输入逻辑门约束文件如下：

set_property -dict {PACKAGE_PIN N4 IOSTANDARD LVCMOS33} [get_ports {a}]
set_property -dict {PACKAGE_PIN R1 IOSTANDARD LVCMOS33} [get_ports {b}]
#LED 灯 LED5~LED0
set_property -dict {PACKAGE_PIN G3 IOSTANDARD LVCMOS33} [get_ports {y[5]}]
set_property -dict {PACKAGE_PIN J4 IOSTANDARD LVCMOS33} [get_ports {y[4]}]
set_property -dict {PACKAGE_PIN H4 IOSTANDARD LVCMOS33} [get_ports {y[3]}]
set_property -dict {PACKAGE_PIN J3 IOSTANDARD LVCMOS33} [get_ports {y[2]}]
set_property -dict {PACKAGE_PIN J2 IOSTANDARD LVCMOS33} [get_ports {y[1]}]
set_property -dict {PACKAGE_PIN K2 IOSTANDARD LVCMOS33} [get_ports {y[0]}]

例 4.2 实现多输入逻辑门。

在例 4.1 中所涉及的与、或、与非、或非、异或和同或门都只有两个输入，本例为多输入逻辑门。多输入逻辑门的基本原理和 2 输入逻辑门是一致的，只是输入端增加为多个。

如图 4.9 所示为一个多输入与门。在 Verilog HDL 语言中有三种方法可以描述多输入与门。第一种方法是，写出其表达式：

图 4.9　多输入与门

$$\text{assign } y=a[1]\&a[2]\&\cdots\&a[n]; \tag{4-5}$$

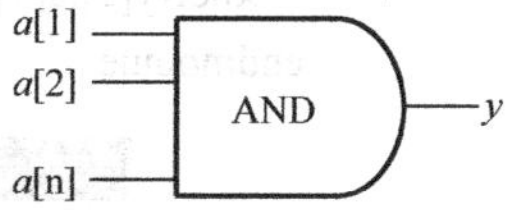

第二种方法是，使用 Verilog HDL 中的 "&" 运算符写出其表达式：

$$\text{assign } y=\&a; \tag{4-6}$$

与式（4-5）相比，式（4-6）的写法更简单。

第三种方法是，采用门实例化语句来描述与门：

$$\text{and}(y,a[1],a[2],\cdots,a[n]); \tag{4-7}$$

在上述语句中，圆括号中第一项为输出信号，后面为输入信号。

同样地，按照之前的方法，可以得出多输入或、与非、或非、异或及同或门的表达式，如表 4.8 所示。

表 4.8　多输入逻辑门

功能	表达式		门实例化语句
与	assign y=a[1]&a[2]&···&a[n];	assign y=&a;	and(y,a[1],a[2],···, a[n]);
或	assign y=a[1]|a[2]|···|a[n];	assign y=|a;	or(y,a[1],a[2],···, a[n]);
与非	assign y=~(a[1]&a[2]&···&a[n]);	assign y=~&a;	nand(y,a[1],a[2],···, a[n]);
或非	assign y=~(a[1]|a[2]|···|a[n]);	assign y=~|a;	nor(y,a[1],a[2],···, a[n]);
异或	assign y=a[1]^a[2]^···^a[n];	assign y=^a;	xor(y,a[1],a[2],···, a[n]);
同或	assign y=~(a[1]^a[2]^···^a[n]);	assign y=~^a;	xnor(y,a[1],a[2],···,a[n]);

在例 4.2 中，分别使用简约运算符表达形式和门实例化语句来描述 4 输入逻辑门。程序 4.2a 和程序 4.2b 的仿真结果如图 4.10 所示。

程序 4.2a：使用简约运算符表达形式实现 4 输入逻辑门程序。

```
module gates4a(
    input [3:0]a,
    output [5:0] y
);
    assign y[0] = & a ;         // 与
    assign y[1] = | a;          // 或
    assign y[2] = ~& a;         // 与非
```

```
        assign y[3] = ~| a;              // 或非
        assign y[4] = ^ a;               // 异或
        assign y[5] = ~^ a;              // 同或
    endmodule
```

程序 4.2b：使用门实例化语句实现 4 输入逻辑门程序。

```
    module gates4b(
        input [3:0]a,
        output [5:0] y
    );
        and(y[0],a[0],a[1],a[2],a[3]);
        or(y[1],a[0],a[1],a[2],a[3]);
        nand(y[2],a[0],a[1],a[2],a[3]);
        nor(y[3],a[0],a[1],a[2],a[3]);
        xor(y[4],a[0],a[1],a[2],a[3]);
        xnor(y[5],a[0],a[1],a[2],a[3]);
    endmodule
```

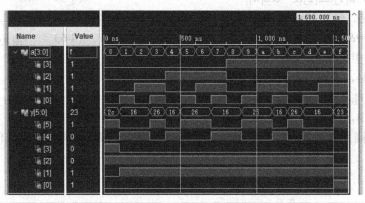

图 4.10　4 输入逻辑门仿真波形图

4.1.2　与非门的简单应用

在第 3 章中已经学习过如何生成 IP 核和调用 IP 核得到一些简单的应用电路。本节将利用与非门设计或门电路和四人表决电路。

1. 利用与非门实现或门电路

（1）连接电路

在 Vivado 中利用 2 输入与非门设计的或门电路图如图 4.11。

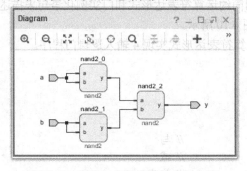

图 4.11　利用与非门设计的或门电路

运行仿真后，仿真结果如图 4.12 所示。

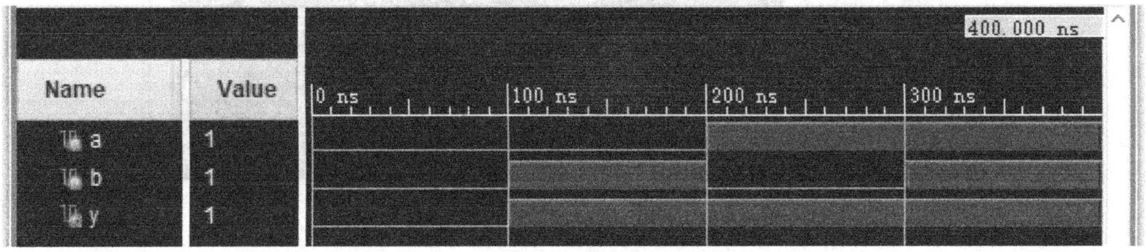

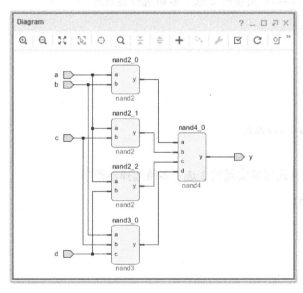

图 4.12　利用与非门设计的或门电路仿真波形图

（2）2 输入或门仿真测试代码

```
module or2_test;
  reg a,b;
  wire y;
  or2_wrapper uut(a,b,y);
  initial
    begin
    a = 0;b = 0;# 100;
    a = 0;b = 1;# 100;
    a = 1;b = 0;# 100;
    a = 1;b = 1;# 100;
    end
endmodule
```

2．四人表决电路

利用与非门设计四人表决电路，其中，a 同意得 2 分，其余 3 人 b、c、d 同意各得 1 分。当总分大于或等于 3 分时通过，即 y=1。四人表决电路图如图 4.13 所示。

图 4.13　四人表决电路

图 4.14 为四人表决电路的仿真波形图，在图中可以看到，输入信号每 100 个单位时间改变一次，使输入信号"abcd"的值按照"0000-0001-0010-0011-0100-0101-0110-0111-1000-1001-1010-1011-1100-1101-1110-1111"的顺序变化。同时可以观察到输出 y 值的变化。

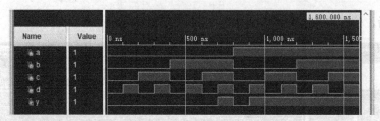

图 4.14　四人表决电路仿真波形图

4.2　多路选择器

多路选择器又称为数据选择器，是一种多路输入单路输出的组合逻辑电路。

4.2.1　2 选 1 多路选择器

图 4.15 所示为一个 2 选 1 多路选择器框图，其中 a，b 为信号的输入端，s 为选择控制端，y 为数据输出端。从表 4.9 中可以看出：当 $s=0$ 时，$y=a$；当 $s=1$ 时，$y=b$。我们可以得到 y 的逻辑表达式：

$$y = \overline{s}a + sb \tag{4-8}$$

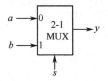

图 4.15　2 选 1 多路选择器框图

表 4.9　2 选 1 多路选择器真值表

s	y
0	a
1	b

例 4.3　实现 2 选 1 多路选择器。

本例中分别用式(4-8)、条件运算符和 if 条件语句各自实现 2 选 1 多路选择器的功能，其 Verilog HDL 程序如下。

程序 4.3a：使用式（4-8）实现的 2 选 1 多路选择器程序。

```
module mux21a (
    input wire a,
    input wire b,
    input wire s,
    output wire y
);
    assign y = ~ s & a | s & b;
endmodule
```

程序 4.3b：使用条件运算符实现的 2 选 1 多路选择器程序。

```
module mux21b (
    input wire a,
    input wire b,
    input wire s,
    output reg y
);
    assign y = s ? b : a;
endmodule
```

程序 4.3c：使用 if 条件语句实现的 2 选 1 多路选择器程序。

```
module mux21c (
    input wire a,
    input wire b,
    input wire s,
    output reg y
);
    always @ (a,b,s)      //或者 always @ (*)
    if (s == 0)
        y = a;
    else
        y = b;
endmodule
```

Verilog HDL 的条件语句必须在过程块中使用。例如，程序 4.3c 中的 if 语句包含在一个 always 块中。

always 语句格式如下：

always@(<敏感事件列表>)

这里敏感事件列表包含了 always 块中将影响输出产生的所有信号列表。在本例中，敏感事件包括输入 a, b 和 s。所以，这三个输入中的任何一个发生变化都会影响输出 y 的值。也可以将 always 语句简写成如下形式：

always@(*)

这里，"*" 号表示将自动包含条件表达式中的所有信号。

注意：在 always 块中生成的输出信号必须描述成 reg 型，而不能是 wire 型。

2 选 1 多路选择器的仿真结果如图 4.16 所示。

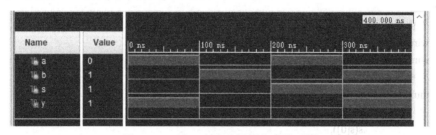

图 4.16　2 选 1 多路选择器仿真波形图

4.2.2　4 选 1 多路选择器

4 选 1 多路选择器框图如图 4.17 所示。开关 s_1 和 s_0 为两根控制线，用于选择 4 个输入中的一个进行输出。4 选 1 多路选择器真值表如表 4.10 所示。

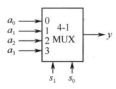

图 4.17　4 选 1 多路选择器框图

表 4.10　4 选 1 多路选择器真值表

s_1	s_0	y
0	0	a_0
0	1	a_1
1	0	a_2
1	1	a_3

也可以使用三个 2 选 1 多路选择器来构建 4 选 1 多路选择器，其逻辑表达式为：

$$y = \overline{s_1}\,\overline{s_0}a_0 + \overline{s_1}s_0a_1 + s_1\overline{s_0}a_2 + s_1s_0a_3 \qquad (4\text{-}9)$$

如图 4.18 所示为使用三个 2 选 1 多路选择器构建的 4 选 1 多路选择器框图。

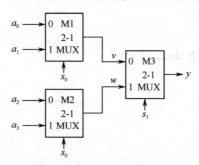

图 4.18 利用 2 选 1 多路选择器构成 4 选 1 多路选择器框图

例 4.4 使用模块实例化实现 4 选 1 多路选择器。

在本例中，通过三个 2 选 1 多路选择器设计一个如图 4.18 所示的 4 选 1 多路选择器，并说明如何使用模块实例语句来连接一个设计中的多个模块。

首先需要创建一个工程，将程序 4.3c 对应的 2 选 1 多路选择器 mux21c.v 文件添加到本例的工程中（也可以添加程序 4.3a 和程序 4.3b 的 .v 文件），然后创建一个新的命名为 mux41a 的模块，在模块 mux41a 中调用 mux21c 模块即可。

程序 4.4：使用模块实例化实现的 4 选 1 多路选择器程序。

```
module mux41a (
    input wire [3:0] a,
    input wire [1:0] s,
    output wire y
);
    // 内部信号
    wire v;          // 模块 mux M1 输出
    wire w;          // 模块 mux M2 输出
    // 模块实例化
    mux21c M1 (.a(a[0]),
               .b(a[1]),
               .s(s[0]),
               .y(v)
    );
    mux21c M2 (.a(a[2]),
               .b(a[3]),
               .s(s[0]),
               .y(w)
    );
    mux21c M3 (.a(v),
               .b(w),
               .s(s[1]),
               .y(y)
    );
endmodule
```

模块调用语法格式如下：

模块名 实例名（模块的端口说明）

- 模块名：被调用模块定义的名称。
- 实例名：被调用模块的实例化名称。
- 模块的端口说明：指明被调用模块所链接的外部信号。端口的连接方式有两种：①按顺序连接，外部信号的排列顺序与被调用的模块端口位置一一对应。②按名字连接，只要保证端口名与信号名匹配就可以。

以程序 4.4 为例，mux21c 为模块名；M1、M2、M3 为模块的实例名； .a(a[0])中 a 为端口名，a[0]为信号名。

4 选 1 多路选择器仿真波形图如图 4.19 所示。

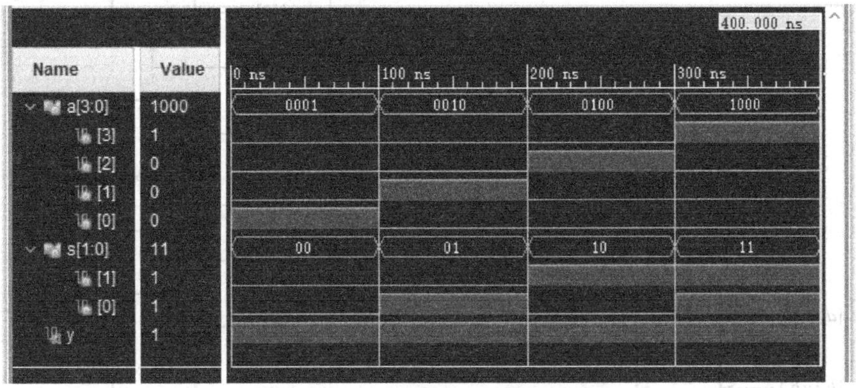

图 4.19　4 选 1 多路选择器仿真波形图

例 4.5　使用 case 语句实现 4 选 1 多路选择器。

在本例中，使用 case 语句实现多路选择的功能。与 if 语句相比，case 语句更为直观。在 case 语句中，每行冒号前的选择值代表 case 的参数值，在这个例子中代表的就是两位的控制信号 s 的值。在程序中 s 的默认数值为十进制数。如果用十六进制数表示，那么需要在它之前加'h。例如，十进制数 10 用十六进制数表示为'hA。同样地，二进制数要以'b 开头，例如，'b1010 为十进制数 10 的二进制数表示。

程序 4.5：使用 case 语句实现的 4 选 1 多路选择器程序。

```
module mux41b (
    input wire [3:0] a,
    input wire [1:0] s,
    output reg y
);
    always @ (*)
        case (s)
            0: y = a[0];
            1: y = a[1];
            2: y = a[2];
            3: y = a[3];
            default: y = a[0];
        endcase
endmodule
```

4.2.3 4位2选1多路选择器

4位2选1多路选择器框图如图4.20所示。4位2选1多路选择器可以由4个1位的2选1多路选择器组成，如图4.21所示。

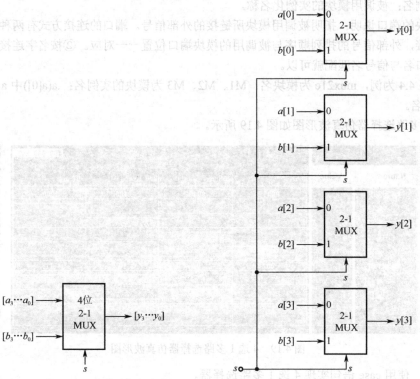

图 4.20 4位2选1多路选择器框图　　　　图 4.21 4个1位2选1多路选择器

例 4.6 4位2选1多路选择器。

本例中分别用式（4-8）、if语句和条件运算符实现4位2选1多路选择器的功能，其 Verilog HDL 程序如下。

程序 4.6a：使用式（4-8）实现的4位2选1多路选择器程序。

```
module mux21_4bita (
    input wire [3:0] a,
    input wire [3:0] b,
    input wire s,
    output wire [3:0] y
);
    assign y = {4{~s}} & a | {4{s}} & b;
endmodule
```

注意：{4{~s}} & a ={~s&a[3],~s&a[2],~s&a[1],~s&a[0]}。

程序 4.6b：使用if语句实现的4位2选1多路选择器程序。

```
module mux21_4bitb (
    input wire [3:0] a,
    input wire [3:0] b,
    input wire s,
```

```verilog
    output reg [3:0] y
);
    always @ (*)
    if (s ==0)
        y = a;
    else
        y = b;
endmodule
```

程序 4.6c：使用条件运算符实现的 4 位 2 选 1 多路选择器程序。

```verilog
module mux21_4bitc (
    input wire [3:0] a,
    input wire [3:0] b,
    input wire s,
    output wire [3:0] y
);
    assign y = s ? b : a;
endmodule
```

4 位 2 选 1 多路选择器仿真波形图如图 4.22 所示。程序 4.6a、程序 4.6b、程序 4.6c 产生的仿真结果是一致的。

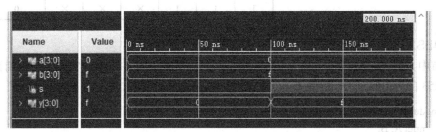

图 4.22　4 位 2 选 1 多路选择器仿真波形图

例 4.7　利用参数（parameter）实现通用多路选择器。

在本例中，我们将学习如何使用 Verilog HDL 中的 parameter 语句来设计一个通用的任意位宽的 2 选 1 多路选择器。通常用大写字母表示参数。

程序 4.7：利用参数实现通用多路选择器程序。

```verilog
module mux2g
    # ( parameter N =4 )
    ( input wire [N-1:0] a,
      input wire [N-1:0] b,
      input wire s,
      output reg [N-1:0] y
);
    always @ ( * )
    if (s == 0)
        y = a;
    else
        y = b;
endmodule
```

4.2.4　74LS253 的 IP 核设计及应用

74LS253 为双 4 选 1 多路选择器，即在一个封装内有两个相同的 4 选 1 多路选择器，其引脚图如图 4.23 所示。两个 4 选 1 多路选择器公用选择控制端 A、B，其功能见表 4.11。在 4.2.2 节中已经学习过 4 选 1 多路选择器，在本节中我们利用学习过的 4 选 1 多路选择器知识生成 74LS253 的 IP 核。

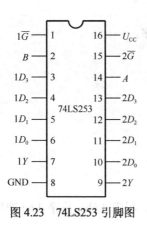

图 4.23　74LS253 引脚图

表 4.11　74LS253 功能表

输入控制		数据输入				输出使能	输出
B	A	D_3	D_2	D_1	D_0	$\overline{G}$	Y
×	×	×	×	×	×	1	z
0	0	×	×	×	0	0	0
0	0	×	×	×	1	0	1
0	1	×	×	0	×	0	0
0	1	×	×	1	×	0	1
1	0	×	0	×	×	0	0
1	0	×	1	×	×	0	1
1	1	0	×	×	×	0	0
1	1	1	×	×	×	0	1

1．74LS253 的 IP 核设计

在本节中，我们将使用两个 4 选 1 多路选择器设计 74LS253，并将模块实例语句应用到程序中。74LS253 的 Verilog HDL 程序如下：

```
module two_mux4_1(
    input A, B,
    input G1_n, G2_n,
    input D1_3,D1_2,D1_1,D1_0,
    input D2_3,D2_2,D2_1,D2_0,
    output Y1, Y2
);
    mux4_1 A1(A, B, G1_n,D1_3,D1_2,D1_1,D1_0,Y1);    //调用模块 mux4_1
    mux4_1 A2(A, B, G2_n,D2_3,D2_2,D2_1,D2_0,Y2);
endmodule
//4 选 1 多路选择器模块
module mux4_1 (A, B, G_n,D3,D2,D1,D0,Y);
    input G_n;
    input D3,D2,D1,D0;
    output Y;
    wire [1:0]S;
    reg Y_r;
    assign S = {B,A};
    always@(*)begin
        if(G_n)
            Y_r <= 1'bz;
```

```
    else
        case(S)
            2'b00: Y_r <= D0;
            2'b01: Y_r <= D1;
            2'b10: Y_r <= D2;
            2'b11: Y_r <= D3;
        endcase
    end
    assign Y = Y_r;
endmodule
```

74LS253 的仿真波形图如图 4.24 所示，可以看到，当控制信号 G1_n、G2_n 为 1 时，输出为高阻状态；当 G1_n、G2_n 为 0 时，通过控制信号 A、B，实现对输入信号的选择，满足 74LS253 的功能。

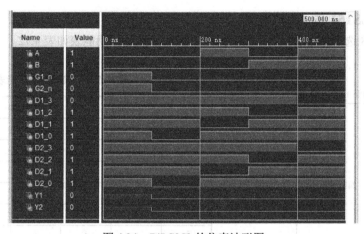

图 4.24　74LS253 的仿真波形图

2．利用 74LS253 设计全加器

在 Vivado 中利用 74LS253 和 2 输入与非门设计的全加器电路图如图 4.25 所示。其中，D_0=0，D_1=1，A、B 为加数，C0 为低位的进位，S 和 C 为全加器的和及向高位的进位。

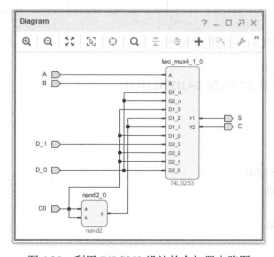

图 4.25　利用 74LS253 设计的全加器电路图

利用 74LS253 和 2 输入与非门的 IP 核设计的全加器仿真波形图如图 4.26 所示。

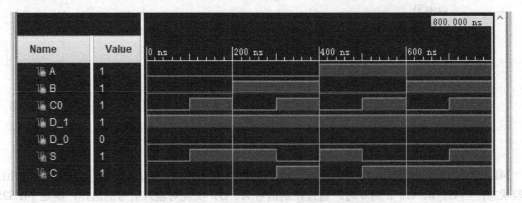

图 4.26　利用 74LS253 设计全加器仿真波形图

4.2.5　74LS151 的 IP 核设计

74LS151 为 8 选 1 多路选择器，其引脚图如图 4.27 所示，功能表如表 4.12。

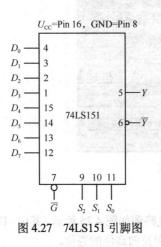

图 4.27　74LS151 引脚图

表 4.12　74LS151 功能表

输入				输出	
$\overline{G}$	S_2	S_1	S_0	Y	$\overline{Y}$
1	×	×	×	0	1
0	0	0	0	D_0	$\overline{D}_0$
0	0	0	1	D_1	$\overline{D}_1$
0	0	1	0	D_2	$\overline{D}_2$
0	0	1	1	D_3	$\overline{D}_3$
0	1	0	0	D_4	$\overline{D}_4$
0	1	0	1	D_5	$\overline{D}_5$
0	1	1	0	D_6	$\overline{D}_6$
0	1	1	1	D_7	$\overline{D}_7$

用 case 语句编写的 74LS151 的程序如下：

```
module mux_8_to_1(
    input G_n,S2,S1,S0,D7,D6,D5,D4,D3,D2,D1,D0,
    output Y,Y_n
);
    reg Y_r;
    wire [2:0]S;
    assign S = {S2,S1,S0};
    always@(*)begin
        if(G_n)
            Y_r <= 1'bz;
        else
            case(S)
```

```
            3'b000 : Y_r <= D0;
            3'b001 : Y_r <= D1;
            3'b010 : Y_r <= D2;
            3'b011 : Y_r <= D3;
            3'b100 : Y_r <= D4;
            3'b101 : Y_r <= D5;
            3'b110 : Y_r <= D6;
            3'b111 : Y_r <= D7;
        endcase
    end
    assign Y = Y_r;
    assign Y_n = ~ Y;
endmodule
```

74LS151 的仿真波形图如图 4.28 所示，可以看到，当控制信号 G_n 为 1 时，输出为高阻状态；当 G_n 为 0 时，通过控制信号 S2、S1、S0，实现对输入信号的选择，满足 74LS151 的功能。

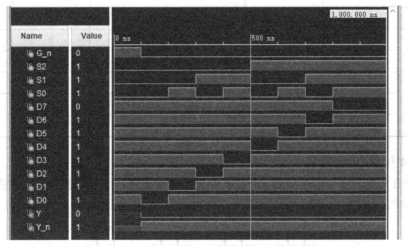

图 4.28　74LS151 的仿真波形图

4.3　数值比较器

数值比较器（二进制）用于比较两个数 x、y 的数值大小，比较结果有 $x<y$、$x>y$、$x=y$ 三种情况，但仅有一种情况为真。1 位数值比较器框图如图 4.29 所示，其中包括 4 个输入 x、y、G_{in}、L_{in} 和三个输出 G_{out}、E_{out}、L_{out}。输入信号 x、y 为当前比较位；G_{in}、L_{in} 为级联信号输入端，其作用是通过该引脚可以很容易地级联出多位数值比较器，详见 4.3.1 节。该数值比较器的功能说明如下：

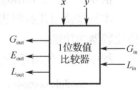

图 4.29　1 位数值
比较器框图

- 当 $x>y$ 或者 $x=y$ 且 $G_{in}=1$ 时，输出 G_{out} 为 1；
- 当 $x=y$ 且 $G_{in}=0$ 和 $L_{in}=0$ 时，输出 E_{out} 为 1；
- 当 $x<y$ 或者 $x=y$ 且 $L_{in}=1$ 时，输出 L_{out} 为 1。

根据 1 位数值比较器的功能，得出真值表如表 4.13 所示。根据真值表，可以得到逻辑表达式：

$$G_{out} = x\bar{y} + xG_{in} + \bar{y}G_{in} \tag{4-10}$$

$$E_{out} = \bar{x}\,\bar{y}\bar{G}_{in}\bar{L}_{in} + xy\bar{G}_{in}\bar{L}_{in} \tag{4-11}$$

$$L_{out} = \bar{x}y + \bar{x}L_{in} + yL_{in} \tag{4-12}$$

表 4.13　1 位数值比较器真值表

输入				输出		
x	y	G_{in}	L_{in}	G_{out}	E_{out}	L_{out}
0	0	0	0	0	1	0
0	0	0	1	0	0	1
0	0	1	0	1	0	0
0	0	1	1	1	0	1
0	1	0	0	0	0	1
0	1	0	1	0	0	1
0	1	1	0	0	0	1
0	1	1	1	0	0	1
1	0	0	0	1	0	0
1	0	0	1	1	0	0
1	0	1	0	1	0	0
1	0	1	1	1	0	0
1	1	0	0	0	1	0
1	1	0	1	0	0	1
1	1	1	0	1	0	0
1	1	1	1	1	0	1

4.3.1　4 位数值比较器

使用 4 个 1 位数值比较器组成的 4 位数值比较器如图 4.30 所示的。注意：最右边的两个输入端 $G_0=0$ 和 $L_0=0$。

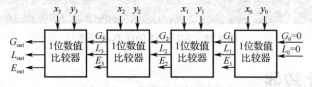

图 4.30　4 位数值比较器框图

例 4.8　使用 Verilog HDL 中的任务（task）实现 4 位数值比较器。

本例将使用任务创建 1 位数值比较器（compl bit），然后在 always 块中调用该任务实现 4 位数值比较器的功能。

程序 4.8：使用任务实现的 4 位数值比较器程序。

```
module comp4t (
    input wire [3:0] x,
    input wire [3:0] y,
    output reg gt,
    output reg eq,
    output reg lt
    );
    // 内部变量
```

```
        reg [4:0] G;
        reg [4:0] L;
        reg [4:1] E;
        integer i;

        always @ ( * )
          begin
            G[0] = 0;
            L[0] = 0;
            for (i=0; i<4; i = i + 1)
              comp1bit(x[i], y[i], G[i], L[i], G[i+1], L[i+1], E[i+1]);
              gt = G[4];
              eq = E[4];
              lt = L[4];
          end
        task comp1bit(
          input x,
          input y,
          input Gin,
          input Lin,
          output Gout,
          output Lout,
          output Eout
        );
          begin
            Gout = x & ~y | x & Gin | ~y & Gin;
            Eout = ~x & ~y & ~Gin & ~Lin | x & y & ~Gin & ~Lin;
            Lout = ~x & y | ~x & Lin | y & Lin;
          end
        endtask
      endmodule
```

在程序 4.8 的 always 块中使用了 for 循环调用任务（1 位数值比较器），可以很方便地实现任意位数值比较器（模块实例语句不能用在 always 块中，但任务可以）。

任务使用关键字 task 和 endtask 进行声明。任务的作用范围仅限于定义它的模块。task 块中包含了一个单独的 begin…end 语句。在 begin…end 中的语句只能是行为级语句（if、case、for 等），不能包含 always 块和 initial 块。但是，可以在 always 块和 initial 块中调用 task。

程序 4.8 的仿真结果如图 4.31 所示。输入信号 x 每 100ns 变化一次，实现从 0 到 F 的变化；输入信号 y 的值固定为 9（4'b1001）。x 与 y 的比较结果如图 4.31 所示。

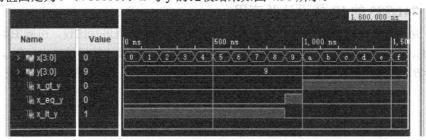

图 4.31　4 位数值比较器仿真波形图

例 4.9 使用关系运算符实现 N 位无符号数值比较器。

在 Verilog HDL 中，实现数值比较器最简单的方法就是使用表 4.14 中的关系运算符。本例给出一个用关系运算符实现 N 位数值比较器的程序。

表 4.14 关系运算符和逻辑运算符

运 算 符	含 义
==	等于
! =	不等于
<	小于
<=	小于等于
>	大于
>=	大于等于

程序 4.9：使用关系运算符实现的 N 位无符号数值比较器程序。

```
module compareN
# (parameter N = 4)
  ( input wire [N-1:0] x,
    input wire [N-1:0] y,
    output reg gt,
    output reg eq,
    output reg lt
);
    always @ ( * )
      begin
        gt = 0;
        eq = 0;
        lt = 0;
        if (x > y)
          gt = 1;
        if (x == y)
          eq =1;
        if (x < y)
          lt = 1;
      end
endmodule
```

注意：在本例的 always 语句中，在 if 语句之前需要将 gt、eq 和 lt 的值设置为 0。

4.3.2　74LS85 的 IP 核设计及应用

74LS85 是 4 位数值比较器，可对两个 4 位二进制码和 BCD 码进行比较，引脚图如图 4.32 所示。$A_3A_2A_1A_0$、$B_3B_2B_1B_0$ 为两个比较信号；$F_{A>B}$、$F_{A<B}$、$F_{A=B}$ 为数值比较器的输出（$F_{A>B}$ 表示 $A>B$，$F_{A<B}$ 表示 $A<B$，$F_{A=B}$ 表示 $A=B$）；$I_{A>B}$、$I_{A<B}$、$I_{A=B}$ 为级联信号输入。74LS85 功能表如表 4.15 所示。

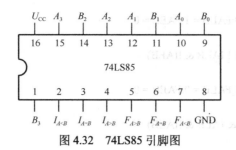

图 4.32 74LS85 引脚图

表 4.15 74LS85 功能表

比较信号输入				级联信号输入			输　出		
A_3, B_3	A_2, B_2	A_1, B_1	A_0, B_0	$I_{A>B}$	$I_{A<B}$	$I_{A=B}$	$F_{A>B}$	$F_{A<B}$	$F_{A=B}$
$A_3>B_3$	×	×	×	×	×	×	H	L	L
$A_3<B_3$	×	×	×	×	×	×	L	H	L
$A_3=B_3$	$A_2>B_2$	×	×	×	×	×	H	L	L
$A_3=B_3$	$A_2<B_2$	×	×	×	×	×	L	H	L
$A_3=B_3$	$A_2=B_2$	$A_1>B_1$	×	×	×	×	H	L	L
$A_3=B_3$	$A_2=B_2$	$A_1<B_1$	×	×	×	×	L	H	L
$A_3=B_3$	$A_2=B_2$	$A_1=B_1$	$A_0>B_0$	×	×	×	H	L	L
$A_3=B_3$	$A_2=B_2$	$A_1=B_1$	$A_0<B_0$	×	×	×	L	H	L
$A_3=B_3$	$A_2=B_2$	$A_1=B_1$	$A_0=B_0$	H	L	L	H	L	L
$A_3=B_3$	$A_2=B_2$	$A_1=B_1$	$A_0=B_0$	L	H	L	L	H	L
$A_3=B_3$	$A_2=B_2$	$A_1=B_1$	$A_0=B_0$	L	L	H	L	L	H
$A_3=B_3$	$A_2=B_2$	$A_1=B_1$	$A_0=B_0$	×	×	H	L	L	H
$A_3=B_3$	$A_2=B_2$	$A_1=B_1$	$A_0=B_0$	H	H	L	L	L	L
$A_3=B_3$	$A_2=B_2$	$A_1=B_1$	$A_0=B_0$	L	L	L	H	H	L

1．74LS85 的 IP 核设计

程序如下：

```
module compare_74LS85(
    input A3,A2,A1,A0,B3,B2,B1,B0,IAGB,IALB,IAEB,
    output reg FAGB,FALB,FAEB
);
    wire [3:0] DataA,DataB;
    assign DataA = {A3,A2,A1,A0};
    assign DataB = {B3,B2,B1,B0};
    always@(*)
      begin
        if(DataA > DataB)
          begin
            FAGB=1;FALB=0;FAEB=0;
          end
        else if(DataA < DataB)
          begin
```

```
                    FAGB = 0;FALB = 1;FAEB = 0;
                end
            else if(IAGB & ! IALB & !IAEB)
                begin
                    FAGB = 1;FALB = 0;FAEB = 0;
                end
            else if( !IAGB & IALB & !IAEB)
                begin
                    FAGB = 0;FALB = 1;FAEB = 0;
                end
            else if(IAEB)
                begin
                    FAGB = 0;FALB = 0;FAEB = 1;
                end
            else if(IAGB & IALB & !IAEB)
                begin
                    FAGB = 0;FALB = 0;FAEB = 0;
                end
            else if( ! IAGB & !IALB & !IAEB)
                begin
                    FAGB = 1;FALB = 1;FAEB = 0;
                end
        end
    endmodule
```

74LS85 的仿真结果如图 4.33 所示。

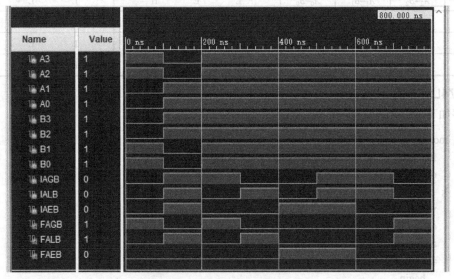

图 4.33　74LS85 的仿真波形图

2．74LS85 的 IP 核应用

利用 74LS85 设计 8 位数值比较器，其电路图如图 4.34 所示。74LS85 为 4 位数值比较器，我们需要将两片 74LS85 级联起来构建 8 位数值比较器。在图 4.34 中，D_0 为 0，D_1 为 1。8 位数值比较器的仿真结果如图 4.35 所示。

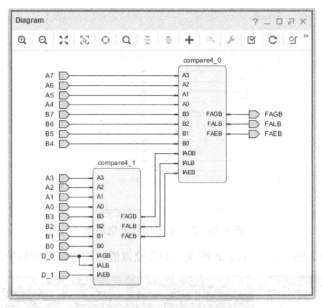

图 4.34　8 位数值比较器电路图

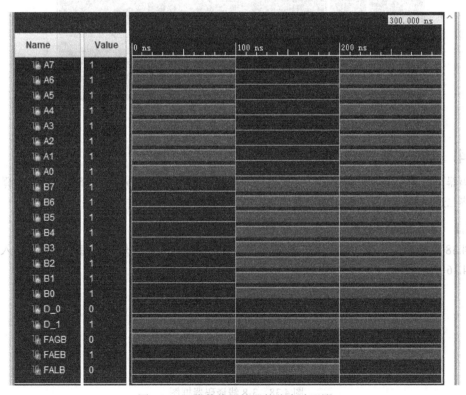

图 4.35　8 位数值比较器的仿真波形图

4.3.3　利用 74LS151 设计 2 位数值比较器

利用 74LS151 和 2 输入与非门设计 2 位数值比较器，其电路图如图 4.36 所示。其中，D_0=0，D_1=1，G_n 为 74LS151 的片选信号，低电平有效。当 x1x0 大于等于 y1y0 时，数值比较器输出为 1，否则为 0。

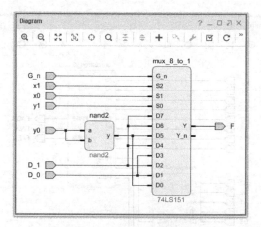

图 4.36　2 位数值比较器电路图

利用 74LS151 和 2 输入与非门的 IP 核设计的 2 位数值比较器仿真波形图如图 4.37 所示。

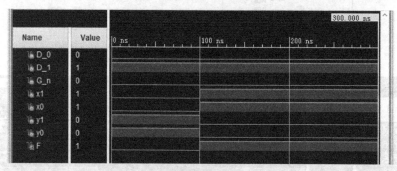

图 4.37　2 位数值比较器的仿真波形图

4.4　译码器

译码器可分为变量译码器和显示译码器。变量译码器主要包括 n-2^n 线译码器。显示译码器主要用来将二进制数转换成 7 段码驱动数码管。

4.4.1　3-8 线译码器

图 4.38 所示的是一个 3-8 线译码器框图，它有 3 个输入和 8 个输出。每个输出与输入对应关系如表 4.16 所示。

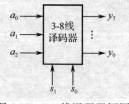

图 4.38　3-8 线译码器框图

由表 4.16 可以得出 3-8 线译码器的函数表达式：

$$y_0 = \bar{a}_2\bar{a}_1\bar{a}_0, \quad y_1 = \bar{a}_2\bar{a}_1 a_0, \quad y_2 = \bar{a}_2 a_1\bar{a}_0, \quad y_3 = \bar{a}_2 a_1 a_0$$
$$y_4 = a_2\bar{a}_1\bar{a}_0, \quad y_5 = a_2\bar{a}_1 a_0, \quad y_6 = a_2 a_1\bar{a}_0, \quad y_7 = a_2 a_1 a_0$$

$$(4-13)$$

表 4.16　3-8 线译码器真值表

输　入			输　出							
a_2	a_1	a_0	y_0	y_1	y_2	y_3	y_4	y_5	y_6	y_7
0	0	0	1	0	0	0	0	0	0	0
0	0	1	0	1	0	0	0	0	0	0
0	1	0	0	0	1	0	0	0	0	0
0	1	1	0	0	0	1	0	0	0	0
1	0	0	0	0	0	0	1	0	0	0
1	0	1	0	0	0	0	0	1	0	0
1	1	0	0	0	0	0	0	0	1	0
1	1	1	0	0	0	0	0	0	0	1

例 4.10　实现 3-8 线译码器。

本例中分别用式（4-13）和 for 循环语句实现 3-8 线译码器。

程序 4.10a：使用式（4-13）实现的 3-8 线译码器程序。

```
module decode38_a (
    input wire [2:0] a,
    output wire [7:0] y
);
    assign y[0] = ~a[2] & ~a[1] & ~a[0];
    assign y[1] = ~a[2] & ~a[1] &  a[0];
    assign y[2] = ~a[2] &  a[1] & ~a[0];
    assign y[3] = ~a[2] &  a[1] &  a[0];
    assign y[4] =  a[2] & ~a[1] & ~a[0];
    assign y[5] =  a[2] & ~a[1] &  a[0];
    assign y[6] =  a[2] &  a[1] & ~a[0];
    assign y[7] =  a[2] &  a[1] &  a[0];
endmodule
```

程序 4.10b：使用 for 循环语句编写的 3-8 线译码器程序。

```
module decode38_for(
    input wire [2:0] a,
    output reg [7:0] y
);
    integer i;
    always @ ( * )
        for (i = 0; i <= 7; i = i+1)
            if (a == i)
                y[i] = 1;
            else
                y[i] = 0;
endmodule
```

3-8 线译码器仿真波形图如图 4.39 所示。

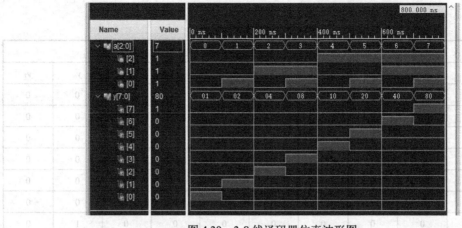

图 4.39 3-8 线译码器仿真波形图

4.4.2 74LS138 的 IP 核设计及应用

74LS138 为 3 位的二进制译码器,其引脚图如图 4.40 所示。其中 $\overline{G}_3$、$\overline{G}_2$、G_1 为片选信号,当 $\overline{G}_3$=0、$\overline{G}_2$=0、G_1=1 时,译码器工作。A_2、A_1、A_0 为译码地址输入,$\overline{Y}_7 \sim \overline{Y}_0$ 为译码输出。74LS138 的功能表如表 4.17。

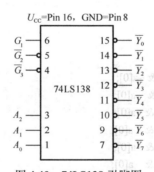

图 4.40 74LS138 引脚图

表 4.17 74LS138 译码功能表

片选信号			译码地址输入			译码输出							
$\overline{G}_3$	$\overline{G}_2$	G_1	A_2	A_1	A_0	$\overline{Y}_0$	$\overline{Y}_1$	$\overline{Y}_2$	$\overline{Y}_3$	$\overline{Y}_4$	$\overline{Y}_5$	$\overline{Y}_6$	$\overline{Y}_7$
H	×	×	×	×	×	H	H	H	H	H	H	H	H
×	H	×	×	×	×	H	H	H	H	H	H	H	H
×	×	L	×	×	×	H	H	H	H	H	H	H	H
L	L	H	L	L	L	L	H	H	H	H	H	H	H
L	L	H	L	L	H	H	L	H	H	H	H	H	H
L	L	H	L	H	L	H	H	L	H	H	H	H	H
L	L	H	L	H	H	H	H	H	L	H	H	H	H
L	L	H	H	L	L	H	H	H	H	L	H	H	H
L	L	H	H	L	H	H	H	H	H	H	L	H	H
L	L	H	H	H	L	H	H	H	H	H	H	L	H
L	L	H	H	H	H	H	H	H	H	H	H	H	L

1. 74LS138 的 IP 核设计

根据 74LS138 译码功能表编写 74LS138 的 Verilog HDL 程序如下：

```
module decode138(
    input wire A0,A1,A2,G1,G2,G3,
    output wire Y0,Y1,Y2,Y3,Y4,Y5,Y6,Y7
);
    reg [7:0]y;
    integer i;
    always@ ( * )
        if({G1,G2,G3} == 3'b100)
          for(i=0; i<=7; i=i+1)
            if({A2,A1,A0} == i)
              y[i] = 0;
            else
              y[i] = 1;
          else
              y = 8'hff;
    assign Y0 = y[0];
    assign Y1 = y[1];
    assign Y2 = y[2];
    assign Y3 = y[3];
    assign Y4 = y[4];
    assign Y5 = y[5];
    assign Y6 = y[6];
    assign Y7 = y[7];
endmodule
```

74LS138 仿真波形图如图 4.41 所示。

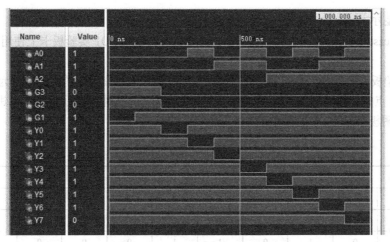

图 4.41　74LS138 仿真波形图

2. 74LS138 的简单应用

在 Vivado 中利用 74LS138 和 4 输入与非门设计的全加器电路图如图 4.42 所示。其中，G_1=1，G_0=0，A、B 为加数，C0 为低位的进位，S 和 C 为全加器的和及向高位的进位位。

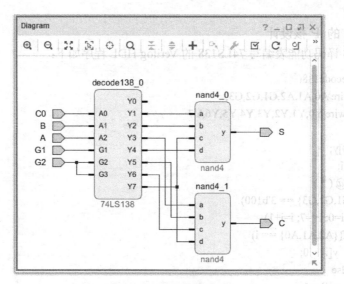

图 4.42　全加器电路图

利用 74LS138 和 4 输入与非门设计的全加器仿真波形图如图 4.43 所示。

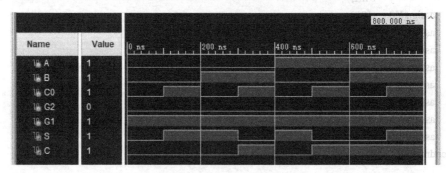

图 4.43　全加器仿真波形图

4.4.3　显示译码器

本节将用 case 语句设计一个显示译码器，并学习如何在 EGO1 实验板卡上使用 7 段数码管显示数字。

EGO1 实验板卡上的 8 个数码管是 7 段共阴极数码管，当某段对应的引脚输出为高电平时，该段位的 LED 灯点亮。如表 4.18 所示为显示译码器的真值表，表中给出了显示十六进制数 0~F 所对应的 7 段共阴极数码管 a~g 的值。

表 4.18　显示译码器的真值表

| 输 入 | | | | 输　　　　出 | | | | | | | 显示 |
x_3	x_2	x_1	x_0	a	b	c	d	e	f	g	字形
0	0	0	0	1	1	1	1	1	1	0	0
0	0	0	1	0	1	1	0	0	0	0	1
0	0	1	0	1	1	0	1	1	0	1	2
0	0	1	1	1	1	1	1	0	0	1	3
0	1	0	0	0	1	1	0	0	1	1	4
0	1	0	1	1	0	1	1	0	1	1	5

输 入				输 出							显示 字形
x_3	x_2	x_1	x_0	a	b	c	d	e	f	g	
0	1	1	0	1	0	1	1	1	1	1	6
0	1	1	1	1	1	1	0	0	0	0	7
1	0	0	0	1	1	1	1	1	1	1	8
1	0	0	1	1	1	1	1	0	1	1	9
1	0	1	0	1	1	1	0	1	1	1	A
1	0	1	1	0	0	1	1	1	1	1	B
1	1	0	0	1	0	0	1	1	1	0	C
1	1	0	1	0	1	1	1	1	0	1	D
1	1	1	0	1	0	0	1	1	1	1	E
1	1	1	1	1	0	0	0	1	1	1	F

例 4.11 用 7 段数码管显示十六进制数 0～F。

本例利用拨码开关 SW0～SW3 输入数值,并使用 EGO1 实验板卡最右侧的 7 段数码管显示 4 位拨码开关对应的十六进制数 0～F。根据表 4.18 中给出的真值表使用 case 语句设计显示译码器程序。例如,当输入十六进制数 x[3:0]为 4(0100B)时,用 case 语句描述如下:

        4: a_to_g = 7'b0110011;

这条语句将一个 7 位的二进制数 0110011 赋给了 7 段数码管阵列 a_to_g。其中,a_to_g[6]代表的是 a 段,而 a_to_g[0]代表的是 g 段。

对于 8 个 7 段数码管,每个都可以用一个高电平信号(an 控制)使能。如果 an=1 约束到引脚 G6,则只有最右边的 7 段数码管点亮。

程序 4.11:模块 hex7seg 的程序。

```
module hex7seg (
    input wire [3:0] x,
    output wire an,
    output reg [6:0] a_to_g
);
    assign an=1;
    always @ ( * )
    case (x)
        0: a_to_g = 7'b1111110;
        1: a_to_g = 7'b0110000;
        2: a_to_g = 7'b1101101;
        3: a_to_g = 7'b1111001;
        4: a_to_g = 7'b0110011;
        5: a_to_g = 7'b1011011;
        6: a_to_g = 7'b1011111;
        7: a_to_g = 7'b1110000;
        8: a_to_g = 7'b1111111;
        9: a_to_g = 7'b1111011;
        'hA: a_to_g = 7'b1110111;
```

```
            'hB: a_to_g = 7'b0011111;
            'hC: a_to_g = 7'b1001110;
            'hD: a_to_g = 7'b0111101;
            'hE: a_to_g = 7'b1001111;
            'hF: a_to_g = 7'b1000111;
            default: a_to_g = 7'b1111110;    // 0
        endcase
    endmodule
```

引脚约束文件如下：

```
set_property -dict {PACKAGE_PIN P5 IOSTANDARD LVCMOS33} [get_ports {x[3]}]
set_property -dict {PACKAGE_PIN P4 IOSTANDARD LVCMOS33} [get_ports {x[2]}]
set_property -dict {PACKAGE_PIN P3 IOSTANDARD LVCMOS33} [get_ports {x[1]}]
set_property -dict {PACKAGE_PIN P2 IOSTANDARD LVCMOS33} [get_ports {x[0]}]
#7 段数码管位选信号
set_property -dict {PACKAGE_PIN G6 IOSTANDARD LVCMOS33} [get_ports {an}]
#7 段数码管段选信号
set_property -dict {PACKAGE_PIN D4 IOSTANDARD LVCMOS33} [get_ports {a_to_g[6]}]
set_property -dict {PACKAGE_PIN E3 IOSTANDARD LVCMOS33} [get_ports {a_to_g[5]}]
set_property -dict {PACKAGE_PIN D3 IOSTANDARD LVCMOS33} [get_ports {a_to_g[4]}]
set_property -dict {PACKAGE_PIN F4 IOSTANDARD LVCMOS33} [get_ports {a_to_g[3]}]
set_property -dict {PACKAGE_PIN F3 IOSTANDARD LVCMOS33} [get_ports {a_to_g[2]}]
set_property -dict {PACKAGE_PIN E2 IOSTANDARD LVCMOS33} [get_ports {a_to_g[1]}]
set_property -dict {PACKAGE_PIN D2 IOSTANDARD LVCMOS33} [get_ports {a_to_g[0]}]
```

例 4.12 用 7 段数码管显示十进制数 12345678。

本例中将使 8 个 7 段数码管显示数字 12345678。EGO1 实验板卡上的 8 个 7 段数码管被分成两组，左边 4 个为一组，右边 4 个为一组，每组数码管公用段选信号 a_to_g[6:0]。要同时使用两组数码管进行显示，只需要编写一组数码管的模块（x7seg），然后再次调用该模块（x7seg）即可。

例 4.11 中已经学到每个数码管都有一个片选信号。为了使 4 个数码管在同一时刻显示的数字不一样，我们需要利用人眼的分辨能力有限这个特点：同一时刻只有一个数码管点亮，4 个数码管循环快速被点亮，这样人看到的效果将是 4 个数码管同时被点亮。为了得到更好的显示效果，4 个数码管依次被点亮的频率应高于 30 次/秒。EGO1 实验板卡上引脚 P17 的时钟频率为 100MHz，我们对这个时钟进行分频，使得每 5.2ms 将一个 2 位的计数器 s[1:0]改变一次，进而利用 s 的每次改变来选择一个数码管进行输出显示。这样每个数字每秒刷新约 48 次。由于 4 位二进制数可以表示一个数码管的显示内容（见表 4.18），本程序需要控制 4 个数码管，因此程序中用 x[15:0]表示 4 个数码管的显示内容，用 4 位 4 选 1 多路选择器选取 16 位二进制数 x[15:0]中的 4 位进行显示。程序4.12b 程序中调用程序 4.12a 中的 x7seg 模块。运行程序 4.12b，可以观察到，EGO1 实验板卡上的数码管显示数字 12345678。

程序 4.12a：用 7 段数码管显示十进制数 12345678 的程序。

```
    module x7seg(
        input wire[15:0]x,
        input wire clk,
        input wire clr,
        output reg[6:0]a_to_g,
        output reg[3:0]an
```

```
    );
    wire[1:0]s;
    reg[3:0]digit;
    reg[19:0]clkdiv;
    assign s = clkdiv[19:18];
    always @(*)
        case(s)
            0:digit=x[3:0];
            1:digit=x[7:4];
            2:digit=x[11:8];
            3:digit=x[15:12];
            default:digit=x[3:0];
        endcase
    always@(*)
        case(digit)
            0: a_to_g = 7'b1111110;
            1: a_to_g = 7'b0110000;
            2: a_to_g = 7'b1101101;
            3: a_to_g = 7'b1111001;
            4: a_to_g = 7'b0110011;
            5: a_to_g = 7'b1011011;
            6: a_to_g = 7'b1011111;
            7: a_to_g = 7'b1110000;
            8: a_to_g = 7'b1111111;
            9: a_to_g = 7'b1111011;
            'hA: a_to_g = 7'b1110111;
            'hB: a_to_g = 7'b0011111;
            'hC: a_to_g = 7'b1001110;
            'hD: a_to_g = 7'b0111101;
            'hE: a_to_g = 7'b1001111;
            'hF: a_to_g = 7'b1000111;
            default: a_to_g = 7'b1111110;   // 0
        endcase
    always@(*)
        begin
            an = 4'b0000;
            an[s]= 1;
        end
    always @ (posedge clk or posedge clr)
        begin
            if(clr==1)
                clkdiv<=0;
            else
                clkdiv <= clkdiv + 1;
        end
endmodule
```

程序 4.12b：顶层模块程序。

```
module x7seg_top(
    input clk,
    input [4:4] s,
    output [6:0] a_to_g_0,
    output [6:0] a_to_g_1,
    output[7:0]an
);
    wire clr;
    wire[31:0]x;
    assign clr = s;
    assign x = 32'h12345678;
    x7seg X1(.x(x[15:0]),
            .clk(clk),
            .clr(clr),
            .a_to_g(a_to_g_0),
            .an(an[3:0])
    );
    x7seg X2(.x(x[31:16]),
            .clk(clk),
            .clr(clr),
            .a_to_g(a_to_g_1),
            .an(an[7:4])
    );
endmodule
```

引脚约束文件如下：

```
set_property -dict {PACKAGE_PIN P17 IOSTANDARD LVCMOS33} [get_ports {clk}]
set_property -dict {PACKAGE_PIN U4 IOSTANDARD LVCMOS33} [get_ports {s}]
#7 段数码管位选信号
set_property -dict {PACKAGE_PIN G2 IOSTANDARD LVCMOS33} [get_ports {an[7]}]
set_property -dict {PACKAGE_PIN C2 IOSTANDARD LVCMOS33} [get_ports {an[6]}]
set_property -dict {PACKAGE_PIN C1 IOSTANDARD LVCMOS33} [get_ports {an[5]}]
set_property -dict {PACKAGE_PIN H1 IOSTANDARD LVCMOS33} [get_ports {an[4]}]
set_property -dict {PACKAGE_PIN G1 IOSTANDARD LVCMOS33} [get_ports {an[3]}]
set_property -dict {PACKAGE_PIN F1 IOSTANDARD LVCMOS33} [get_ports {an[2]}]
set_property -dict {PACKAGE_PIN E1 IOSTANDARD LVCMOS33} [get_ports {an[1]}]
set_property -dict {PACKAGE_PIN G6 IOSTANDARD LVCMOS33} [get_ports {an[0]}]
#7 段数码管段选信号
set_property -dict {PACKAGE_PIN D4 IOSTANDARD LVCMOS33} [get_ports {a_to_g_0[6]}]
set_property -dict {PACKAGE_PIN E3 IOSTANDARD LVCMOS33} [get_ports {a_to_g_0[5]}]
set_property -dict {PACKAGE_PIN D3 IOSTANDARD LVCMOS33} [get_ports {a_to_g_0[4]}]
set_property -dict {PACKAGE_PIN F4 IOSTANDARD LVCMOS33} [get_ports {a_to_g_0[3]}]
set_property -dict {PACKAGE_PIN F3 IOSTANDARD LVCMOS33} [get_ports {a_to_g_0[2]}]
set_property -dict {PACKAGE_PIN E2 IOSTANDARD LVCMOS33} [get_ports {a_to_g_0[1]}]
set_property -dict {PACKAGE_PIN D2 IOSTANDARD LVCMOS33} [get_ports {a_to_g_0[0]}]
set_property -dict {PACKAGE_PIN B4 IOSTANDARD LVCMOS33} [get_ports {a_to_g_1[6]}]
set_property -dict {PACKAGE_PIN A4 IOSTANDARD LVCMOS33} [get_ports {a_to_g_1[5]}]
set_property -dict {PACKAGE_PIN A3 IOSTANDARD LVCMOS33} [get_ports {a_to_g_1[4]}]
```

set_property -dict {PACKAGE_PIN B1 IOSTANDARD LVCMOS33} [get_ports {a_to_g_1[3]}]
set_property -dict {PACKAGE_PIN A1 IOSTANDARD LVCMOS33} [get_ports {a_to_g_1[2]}]
set_property -dict {PACKAGE_PIN B3 IOSTANDARD LVCMOS33} [get_ports {a_to_g_1[1]}]
set_property -dict {PACKAGE_PIN B2 IOSTANDARD LVCMOS33} [get_ports {a_to_g_1[0]}]

4.5 编码器

按照预先的约定，用文字、图形、数码等表示特定对象的过程，称为编码。实现编码操作的数字电路称为编码器。在本节中，我们将学习二进制普通编码器和二进制优先编码器。

4.5.1 二进制普通编码器

若输入信号的个数 N 与输出变量的位数 n 满足 $N=2^n$，则此电路称为二进制编码器。常用的二进制编码器有 4-2 线、8-3 线、16-4 线等。图 4.44 为 8-3 线编码器的框图。表 4.19 为 8-3 线编码器真值表。

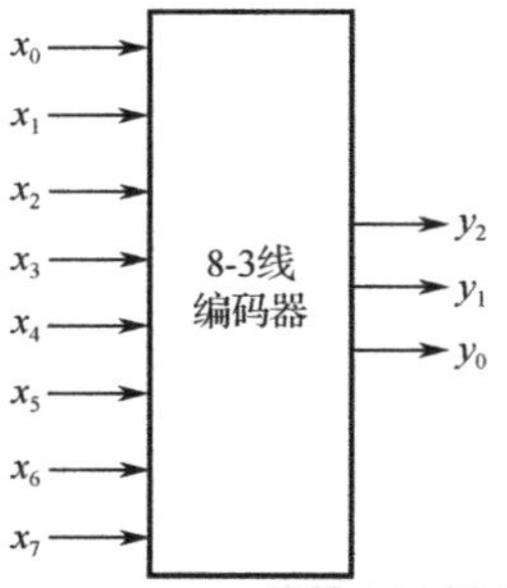

表 4.19　8-3 线编码器真值表

图 4.44　8-3 线编码器的框图

输入								输出		
x_0	x_1	x_2	x_3	x_4	x_5	x_6	x_7	y_2	y_1	y_0
1	0	0	0	0	0	0	0	0	0	0
0	1	0	0	0	0	0	0	0	0	1
0	0	1	0	0	0	0	0	0	1	0
0	0	0	1	0	0	0	0	0	1	1
0	0	0	0	1	0	0	0	1	0	0
0	0	0	0	0	1	0	0	1	0	1
0	0	0	0	0	0	1	0	1	1	0
0	0	0	0	0	0	0	1	1	1	1

由表 4.19 可以得到 8-3 线编码器输出信号的最简表达式：

$$y_2 = x_7 + x_6 + x_5 + x_4$$
$$y_1 = x_7 + x_6 + x_3 + x_2$$
$$y_0 = x_7 + x_5 + x_3 + x_1$$

(4-14)

例 4.13　实现 8-3 线编码器。

本例分别给出了使用式（4-14）和 for 循环语句实现 8-3 线编码器的 Verilog HDL 程序。注意：在程序 4.13a 中包含了一个叫 valid 的输出信号，它对输入信号 x 中所有 8 个元素进行或运算。只要有一个输入为 1，输出 valid 的值就为 1。valid 的作用是区分当 y 为 000 时，x[0]取值的可能性。如果 valid 的值为 1，且输出 y 为 000，则在正常情况下可以确定 x[0]的输入为 1。8-3 线编码器的仿真波形图如图 4.45 所示。

程序 4.13a：使用式（4-14）实现的 8-3 线编码器程序。

```
module encode83a(
    input wire [7:0] x,
    output wire [2:0] y,
    output wire valid
);
    assign y[2] = x[7] | x[6] | x[5] | x[4];
```

```
assign y[1] = x[7] | x[6] | x[3] | x[2];
assign y[0] = x[7] | x[5] | x[3] | x[1];
assign valid = | x;
endmodule
```

程序 4.13b：使用 for 循环语句实现的 8-3 线编码器程序。

```
module encode83b (
    input wire [7:0] x,
    output reg [2:0] y,
    output reg valid
);
    integer i;
    always @ ( * )
      begin
        y = 0;  //注意：在 always 块中，必须把 y 和 valid 的值初始化为 0
        valid = 0;
        for (i = 0; i <= 7; i = i+1)
          if (x[i] == 1)
            begin
              y = i;
              valid = 1;
            end
      end
endmodule
```

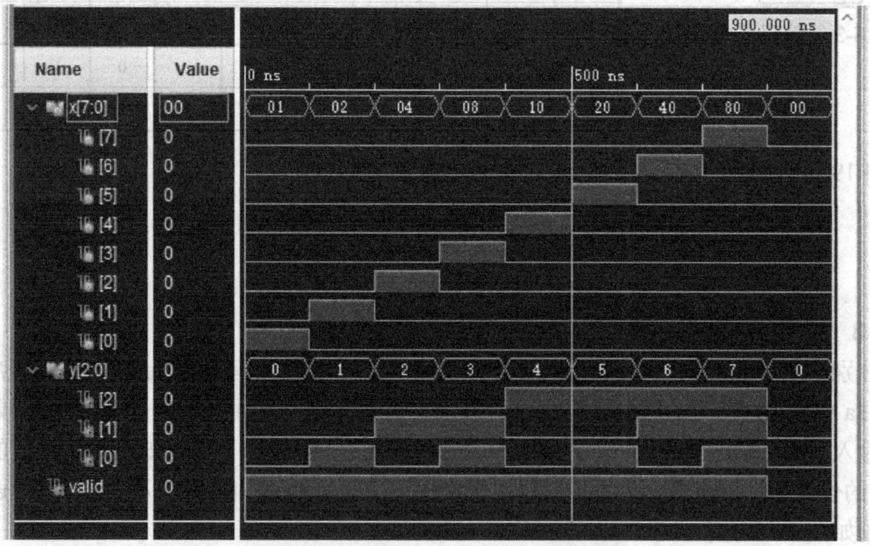

图 4.45   8-3 线编码器的仿真波形图

4.5.2   二进制优先编码器

表 4.19 中的编码器真值表是假设在任何时候都只有一个输入信号为逻辑 1 的情况下给出的。如果编码器的几个输入同时都为高电平怎么办呢？优先编码器就是用于解决这种问题的，它会对优先级别最高的信号进行编码。

表 4.20 给出了一个 8 输入优先编码器的真值表。注意：每行 1 的左边的输入全部用不确定值×

来替代。也就是说，无论×的值是 1 还是 0，都没有关系。因为输出的编码对应的是真值表主对角线上的那个 1。其中，输入信号 x_7 的优先级最高。

表 4.20　8 输入优先编码器真值表

输　　入								输　　出		
x_0	x_1	x_2	x_3	x_4	x_5	x_6	x_7	y_2	y_1	y_0
1	0	0	0	0	0	0	0	0	0	0
×	1	0	0	0	0	0	0	0	0	1
×	×	1	0	0	0	0	0	0	1	0
×	×	×	1	0	0	0	0	0	1	1
×	×	×	×	1	0	0	0	1	0	0
×	×	×	×	×	1	0	0	1	0	1
×	×	×	×	×	×	1	0	1	1	0
×	×	×	×	×	×	×	1	1	1	1

例 4.14　实现 8-3 线优先编码器。

程序 4.14 是根据表 4.20 编写的 Verilog HDL 程序。如果把它和程序 4.13b 进行比较，将会发现它们是相同的。这是因为，for 循环语句从 0 变化到 7 来判断 x[i]是否等于 1，并且把最终的 i 值赋给 y，因此，x[7]具有最高的优先级。

程序 4.14：8-3 线优先编码器程序。

```
module pencode83 (
    input wire [7:0] x,
    output reg [2:0] y,
    output reg valid
);
    integer i;
    always @ ( * )
      begin
        y = 0;
        valid = 1;
        for (i = 0; i <= 7; i = i+1)
          if (x[i] ==1)
            begin
              y = i;
              valid = 0;
            end
      end
endmodule
```

8-3 线优先编码器仿真波形图如图 4.46 所示。

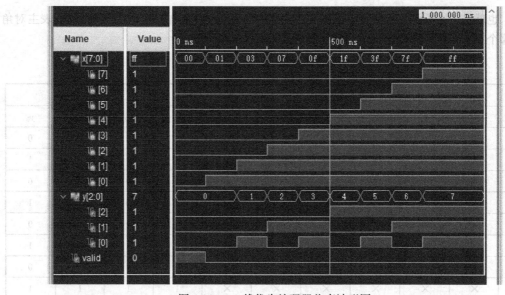

图 4.46　8-3 线优先编码器仿真波形图

4.5.3　74LS148 的 IP 核设计

74LS148 为中规模集成 8-3 线优先编码器，其功能见表 4.21。74LS148 的输入信号 $I_7 \sim I_0$ 和输出信号 Q_c、Q_b、Q_a 均为低电平有效；EI 为使能输入端，低电平有效；EO 为使能输出端，当 EI=0 时，并且所有数据输入均为高电平时，EO=0。

表 4.21　74LS148 的功能表

EI	I_0	I_1	I_2	I_3	I_4	I_5	I_6	I_7	GS	Q_c	Q_b	Q_a	EO
1	×	×	×	×	×	×	×	×	1	1	1	1	1
0	1	1	1	1	1	1	1	1	1	1	1	1	0
0	×	×	×	×	×	×	×	0	0	0	0	0	1
0	×	×	×	×	×	×	0	1	0	0	0	1	1
0	×	×	×	×	×	0	1	1	0	0	1	0	1
0	×	×	×	×	0	1	1	1	0	0	1	1	1
0	×	×	×	0	1	1	1	1	0	1	0	0	1
0	×	×	0	1	1	1	1	1	0	1	0	1	1
0	×	0	1	1	1	1	1	1	0	1	1	0	1
0	0	1	1	1	1	1	1	1	0	1	1	1	1

代码如下：

```
module encode83(
    input I7,I6,I5,I4,I3,I2,I1,I0,
    input EI,
    output Qc,Qb,Qa,
    output reg GS,EO
);
    wire [7:0]v;
```

```
    reg [2:0]y;
    integer i;
    assign v = {I7,I6,I5,I4,I3,I2,I1,I0};
    always @(*)
      if(EI)
        begin
          y = 3'b111;
          GS = 1'b1;
          EO = 1'b1;
        end
      else
        if( &v )
          begin
            y = 3'b111;
            GS = 1'b1;
            EO = 1'b0;
          end
        else
          begin
            GS = 1'b0;
            EO = 1'b1;
            for(i=0;i<8;i=i+1)
              if(v[i] == 0)
                y = ~i;
          end
    assign Qa = y[0];
    assign Qb = y[1];
    assign Qc = y[2];
  endmodule
```

图 4.47 为 74LS148 的仿真波形图。

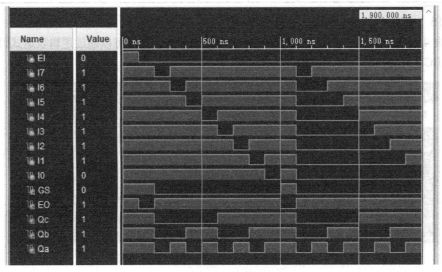

图 4.47　74LS148 的仿真波形图

4.6 编码转换器

本节将设计二进制-BCD 码转换器和格雷码转换器。

4.6.1 二进制-BCD 码转换器

二-十进制（Binary Coded Decimal，BCD）码，即把十进制数 0～9 用二进制码 0000～1001 表示。例如，十进制数 15 就用两个 BCD 码 0001_0101 来表示。把单个的十六进制数（0～F）转换成两个 BCD 码的真值表，见表 4.22。注意：把一个 4 位二进制数转化成 BCD 码后变为 5 位二进制数。

表 4.22 4 位二进制-BCD 码转换器真值表

二进制数					二进制编码十进制数（BCD 码）					
HEX	b_3	b_2	b_1	b_0	p_4	p_3	p_2	p_1	p_0	BCD 码
0	0	0	0	0	0	0	0	0	0	00
1	0	0	0	1	0	0	0	0	1	01
2	0	0	1	0	0	0	0	1	0	02
3	0	0	1	1	0	0	0	1	1	03
4	0	1	0	0	0	0	1	0	0	04
5	0	1	0	1	0	0	1	0	1	05
6	0	1	1	0	0	0	1	1	0	06
7	0	1	1	1	0	0	1	1	1	07
8	1	0	0	0	0	1	0	0	0	08
9	1	0	0	1	0	1	0	0	1	09
A	1	0	1	0	1	0	0	0	0	10
B	1	0	1	1	1	0	0	0	1	11
C	1	1	0	0	1	0	0	1	0	12
D	1	1	0	1	1	0	0	1	1	13
E	1	1	1	0	1	0	1	0	0	14
F	1	1	1	1	1	0	1	0	1	15

例 4.15 实现 4 位二进制-BCD 码转换器。

根据表 4.22 所示的 4 位二进制-BCD 码转换器的真值表，我们可以通过逻辑表达式设计一个 4 位二进制-BCD 码转换器。仿真波形图如图 4.48 所示。

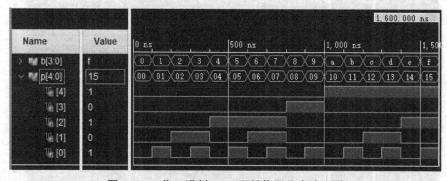

图 4.48 4 位二进制-BCD 码转换器仿真波形图

程序 4.15：4 位二进制-BCD 码转换器程序。

```
module binbcd4 (
    input wire [3:0] b,
    output wire [4:0] p
);
    assign p[4] = b[3] & b[2] | b[3] & b[1];
    assign p[3] = b[3] & ~b[2] & ~b[1];
    assign p[2] = ~b[3] & b[2] | b[2] & b[1];
    assign p[1] = b[3] & b[2] & ~b[1] | ~b[3] & b[1];
    assign p[0] = b[0];
endmodule
```

另一种设计任意位数的二进制-BCD 码转换器的方法就是所谓的移位加 3 算法（Shift and Add 3 Algorithm），程序详见例 4.16。

例 4.16 实现移位加 3 算法的 8 位二进制-BCD 码转换器。

要把两个十六进制数 00～FF 转换成相应的 BCD 码 000～255，可以采用移位加 3 算法将十六进制数用十进制数进行显示。

为了说明移位加 3 算法是怎么工作的，我们先看表 4.23 所示的例子。表 4.23 为一个将十六进制数 FF 转换为 BCD 码 255 的转换过程。在表格最右边的两列是将要被转换为 BCD 码的两位十六进制数 FF，我们将 FF 写成 8 位二进制数的形式（8'b11111111）。从右边起，紧跟着二进制数列的 3 列分别为 BCD 码的百位、十位和个位。

移位加 3 算法包括以下 4 个步骤：

① 把二进制数左移一位；

② 如果一共移了 8 位，表示已得到 BCD 码的百位、十位和个位，则转换完成；

③ 如果在 BCD 码的十位、个位两列中，任何一个二进制数是 5（101）或比 5 大，就将该列的数值加 3（11）；

④ 返回步骤①。

表 4.23　8 位二进制数转换成 BCD 码步骤

操作	百位	十位	个位	二进制数	
十六进制数				F	F
开始				1 1 1 1	1 1 1 1
左移 1			1	1 1 1 1	1 1 1
左移 2			1 1	1 1 1 1	1 1
左移 3			1 1 1	1 1 1 1	1
加 3			1 0 1 0	1 1 1 1	1
左移 4		1	0 1 0 1	1 1 1 1	
加 3		1	1 0 0 0	1 1 1 1	
左移 5		1 1	0 0 0 1	1 1 1	
左移 6		1 1 0	0 0 1 1	1 1	
加 3		1 0 0 1	0 0 1 1	1 1	
左移 7	1	0 0 1 0	0 1 1 1	1	
加 3	1	0 0 1 0	1 0 1 0	1	
左移 8	1 0	0 1 0 1	0 1 0 1		
BCD 码	2	5	5		

程序 4.16a：8 位二进制-BCD 码转换器程序。

```verilog
module binbcd8 (
    input wire [7:0] b,
    output reg [9:0] p
);
    // 中间变量
    reg [17:0] z;
    integer i;
    always @ ( * )
        begin
            for (i = 0; i <=17; i = i + 1)
                z[i] = 0;
            z[10:3] = b;                        // 向左移 3 位
            repeat (5)                          // 重复 5 次
                begin
                    if (z[11:8] > 4)            // 如果个位大于 4
                        z[11:8] = z[11:8] +3;   // 加 3
                    if (z[15:12] > 4)           // 如果十位大于 4
                        z[15:12] = z[15:12] +3; // 加 3
                    z[17:1] = z[16:0];          // 左移一位
                end
            p = z[17:8];                        // BCD
        end
endmodule
```

程序 4.16a 实现了移位加 3 算法的 8 位二进制-BCD 码转换。在程序中定义了输入变量 b[7:0] 和输出变量 p[9:0]，以及一个由 p 和 b 拼接的变量 z[17:0]。在 always 块中，首先将 z[17:0] 清零，然后把输入变量 b 放到 z 中并左移 3 位。然后，通过 repeat 循环语句循环 5 次，每次把 z 左移一位，包括开始的 3 位，总共左移 8 位。每次通过 for 循环时，都要检查一下个位或十位是否为 5 或大于 5。如果是的话，则要加 3。当退出 for 循环时，输出的 BCD 码 p 将存储在 z[17:8] 中。程序 4.16a 的仿真结果如图 4.49 所示。

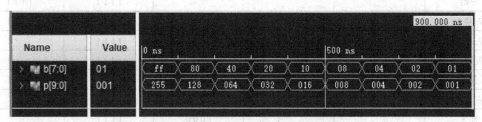

图 4.49　8 位二进制-BCD 码转换器仿真波形图

我们可以在 EGO1 实验板卡上验证程序 4.16a 中的 binbcd8 模块。binbcd8 顶层模块框图如图 4.50 所示。本例中需将 binbcd8 模块和程序 4.12a 中的 x7seg 模块结合起来，才能实现被转换的二进制数由 EGO1 实验板卡上的 8 个拨码开关输入，相对应的十进制数由 7 段数码管进行显示。程序 4.16b 为 binbcd8 的顶层模块程序。

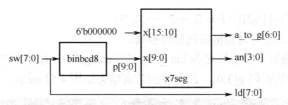

图 4.50　binbcd8 顶层模块框图

程序 4.16b：8 位二进制-BCD 码转换器的顶层模块程序。

```
module binbcd8_top (
    input wire clk,
    input wire [4:4] s,
    input wire [7:0] sw,
    output wire [7:0] ld,
    output wire [6:0] a_to_g,
    output wire [3:0] an
);
    wire [15:0] x;
    wire [9:0] p;
    wire clr;
    assign clr = s;
    // 串联 0 和 binbcd8 的输出
    assign x = {6'b000000, p};
    // 在 LED 上显示开关表示的二进制值
    assign ld = sw;
    // 在 7 段数码管上显示开关表示的十进制值
    binbcd8 B1( .b(sw),
                .p(p)
    );

    x7seg X2 ( .x(x),
               .clk(clk),
               .clr(clr),
               .a_to_g(a_to_g),
               .an(an)
    );
endmodule
```

4.6.2　格雷码转换器

格雷码是一个有序的 2^n 个二进制码，其特点是两个相邻的码之间只有一位不同。例如，3 位的格雷码 000-001-011-010-110-111-101-100。

二进制码（$b[i]$，$i=n-1, n-2, \cdots, 1, 0$）与格雷码（$g[i]$，$i=n-1, n-2, \cdots, 1, 0$）之间的转换并不是唯一的。本节中我们介绍一种二进制码与格雷码相互转换的方法，步骤如下：

（1）二进制码转换成格雷码：

① 保留最高位 $g[i]=b[i]$（$i=n-1$）；

② 其余各位 $g[i]=b[i+1]\wedge b[i]$（$i=n-2, n-2, \cdots, 1, 0$）。

（2）格雷码转换成二进制码：

① 保留最高位 $g[i]=b[i]$（$i=n-1$）；

② 其余各位 b[i]=b[i+1]^g[i]（i=n-2, n-2, ⋯, 1, 0）。

例 4.17 实现 4 位二进制码到格雷码的转换器。

在本例中，我们将编写一个模块名为 bin_gray 的 Verilog HDL 程序，它把一个 4 位的二进制数 b[3:0]转换成一个 4 位的格雷码 g[3:0]，该程序的仿真结果如图 4.51 所示。

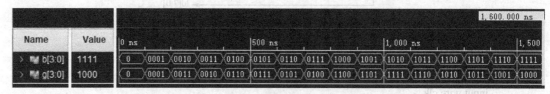

图 4.51　4 位二进制码到格雷码的转换器仿真波形图

程序 4.17：4 位二进制码到格雷码的转换器程序。

```
module bin_gray (
    input wire [3:0] b,
    output wire [3:0] g
);
    assign g[3] = b[3];
    assign g[2:0] = b[3:1] ^ b[2:0];
endmodule
```

例 4.18 实现 4 位格雷码到二进制码的转换器。

在本例中，我们将编写一个模块名为 gray_bin 的 Verilog HDL 程序，它把一个 4 位的格雷码 g[3:0]转换成一个 4 位的二进制数 b[3:0]，该程序的仿真结果如图 4.52 所示。

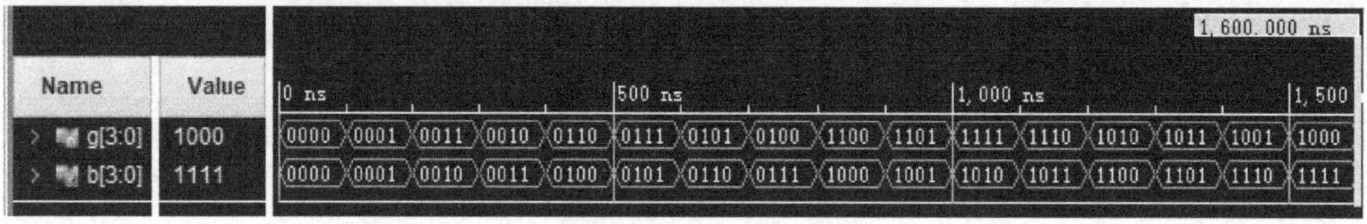

图 4.52　4 位格雷码到二进制码的转换器仿真波形图

程序 4.18：4 位格雷码到二进制码的转换器程序。

```
module gray_bin (
    input wire [3:0] g,
    output reg [3:0] b
);
    integer i;
    always @ ( * )
begin
    b[3] = g[3];
    for (i = 2; i >= 0; i = i-1)
        b[i] = b[i+1] ^ g[i];
end
endmodule
```

4.7　加法器

下面几节主要介绍算术运算电路的设计方法，包括加法器、减法器、乘法器和除法器。加法器是进行算术加法运算的逻辑器件，主要有半加器和全加器两种。

4.7.1　半加器

表 4.24 为半加器的真值表。其中，a 和 b 相加，得到和 s_o 及进位 c_o，图 4.53 为半加器的逻辑结构图。

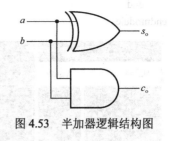

图 4.53　半加器逻辑结构图

表 4.24　半加器的真值表

a	b	s_o	c_o
0	0	0	0
0	1	1	0
1	0	1	0
1	1	0	1

通过表 4.24 可以写出半加器的逻辑表达式：

$$s_o = a \oplus b \tag{4-15}$$
$$c_o = a\,b \tag{4-16}$$

4.7.2　全加器

在二进制的加法中，除考虑两个加数外，还需要考虑低位向高位的进位，这种加法器被称为全加器。全加器的真值表如表 4.25 所示。其中，a_i 为被加数；b_i 为加数；c_i 为低一位的进位。这 3 个数相加生成和 s_o 及进位 c_o，进位 c_{i+1} 将作为高一位的进位输入。

表 4.25　全加器真值表

c_i	a_i	b_i	s_o	c_o
0	0	0	0	0
0	0	1	1	0
0	1	0	1	0
0	1	1	0	1
1	0	0	1	0
1	0	1	0	1
1	1	0	0	1
1	1	1	1	1

根据表 4.25 通过卡诺图可以得到全加器的逻辑表达式：

$$s_o = a_i \oplus b_i \oplus c_i \tag{4-17}$$
$$c_o = a_i b_i + b_i c_i + a_i c_i$$
$$= a_i b_i + (a_i \oplus b_i)c_i \tag{4-18}$$

例 4.19　实现 1 位全加器。

程序 4.19 中的逻辑表达式来自式（4-15）和式（4-16）。1 位全加器的仿真结果如图 4.54 所示。

程序 4.19：1 位全加器程序。

```
module full_add(
    input a,b,ci,
    output reg so,co
```

```
        );
    always@(*)
        begin
            so=a^b^ci;
            co=(a&b)|(a^b)&ci;
        end
endmodule
```

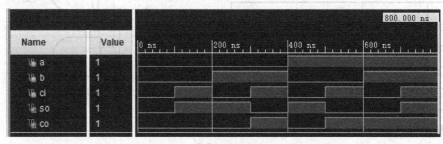

图 4.54　1 位全加器仿真波形图

4.7.3　4 位全加器

4 位全加器框图如图 4.55 所示，从图中可知，4 位全加器可用 4 个 1 位全加器构成，最低位的进位输入被置为 0，之后每位的进位输入均来自低位的进位输出，最高位的进位输出为整个加法运算的进位。

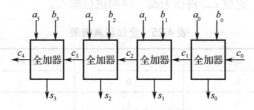

图 4.55　4 位全加器框图

例 4.20　实现 4 位全加器。

程序 4.20a 是根据图 4.55 所示的设计方法给出的 4 位全加器 Verilog HDL 程序。其中，full_add 模块为程序 4.19 实现的 1 位全加器。

程序 4.20a：4 位全加器程序。

```
module full_add4a(
    input [3:0] a,
    input [3:0] b,
    input ci,
    output [3:0] so,
    output co
);
    wire ci1,ci2,ci3;
    full_add F0 (a[0],b[0],ci,so[0],ci1);      //1 位全加器
    full_add F1 (a[1],b[1],ci1,so[1],ci2);
    full_add F2 (a[2],b[2],ci2,so[2],ci3);
    full_add F3 (a[3],b[3],ci3,so[3],co);
endmodule
```

程序 4.20b：利用行为语句描述的 4 位全加器程序。

```
module full_add4b(
    input [3:0] a,
    input [3:0] b,
    input ci,
    output reg [3:0] so,
    output reg co
        );
    always @( * )
    begin
        {co,so} = a + b + ci;
    end
endmodule
```

图 4.56 给出了 4 位全加器的仿真结果。

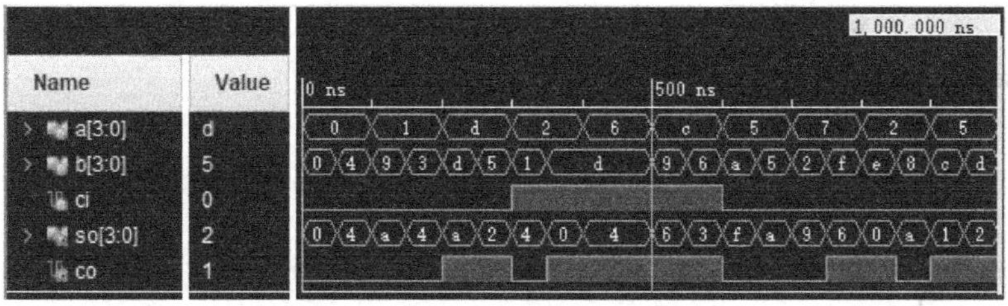

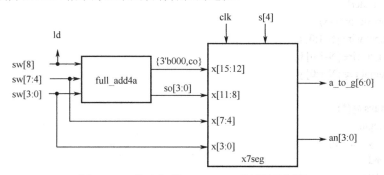

图 4.56　4 位全加器仿真波形图

下面在 EGO1 实验板卡上验证程序 4.20a 中的 full_add4a 模块，为此需要将它和程序 4.12a 中的 x7seg 模块连接起来形成顶层模块。4 位全加器 full_add4a 顶层模块框图如图 4.57 所示。4 个 7 段数码管从左至右分别显示进位 co、两个加数的和 s[3:0]、加数 sw[7:4]、被加数 sw[3:0]。进位 sw[8] 由拨码开关控制并由 LED 指示灯显示是否有低位的进位。

图 4.57　4 位全加器 full_add4a 顶层模块框图

程序 4.20c：4 位全加器顶层模块程序。

```
module full_add4_top(
    input clk,
    input [4:4]s,
    input [8:0] sw,
    output [6:0] a_to_g,
    output [3:0] an,
    output ld
```

```
        );
    wire [15:0] x;
    wire [3:0] so;
    wire co;
    wire clr;
    assign clr = s;
    assign x[15:12] = {3'b000,co};
    assign x[11:8] = so;
    assign x[7:4] = sw[7:4];
    assign x[3:0] = sw[3:0];
    assign ld = sw[8];
    full_add4a A1 (.a(sw[7:4]),
                    .b(sw[3:0]),
                    .ci(sw[8]),
                    .s(so),
                    .co(co)
                    );
    x7seg X1 (.x(x),
            .clk(clk),
            .clr(clr),
            .a_to_g(a_to_g),
            .an(an)
            );
endmodule
```

例 4.21 实现 N 位全加器。

N 位全加器的程序代码如下。当 N=8 时，其仿真波形图如图 4.58 所示。

程序 4.21：N 位全加器程序。

```
module adderN
    #(parameter N=8)
      ( input wire [N-1:0] a,
        input wire [N-1:0] b,
        output reg [N-1:0] y
);
    always @(*)
      begin
        y = a + b;
      end
endmodule
```

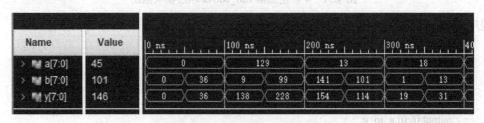

图 4.58　8 位全加器仿真波形图

4.8 减法器

减法器设计与加法器类似。本节将介绍半减器、全减器、N位减法器及4位加/减法器。

4.8.1 半减器

图 4.59 为半减器的逻辑结构图，其中，a 为被减数，b 为减数，可以得到差值 d 及借位 c。表 4.26 为半减器的真值表。

表 4.26 半减器真值表

a	b	d	c
0	0	0	0
0	1	1	1
1	0	1	0
1	1	0	0

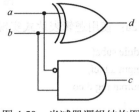

图 4.59 半减器逻辑结构图

通过半减器的真值表可以写出半减器的逻辑表达式：

$$d = a \oplus b \qquad (4\text{-}19)$$
$$c = \bar{a}b \qquad (4\text{-}20)$$

4.8.2 全减器

表 4.27 为全减器的真值表。其中，差值 d 的逻辑表达式为：

$$d_i = a_i - b_i - c_i$$

将全减器和全加器的真值表进行比较，可以看到全减器的差值 d_i 的逻辑表达式与全加器的和 s_i 的逻辑表达式完全一致。因此，全减器和全加器的区别仅在于借位和进位的差异。根据表 4.27 可以得到借位的逻辑表达式为：

$$d_i = a_i \oplus b_i \oplus c_i \qquad (4\text{-}21)$$
$$c_{i+1} = \overline{a_i}b_i + b_ic_i + \overline{a_i}\ c_i$$
$$= \overline{a_i}b_i + (\overline{a_i \oplus b_i})c_i \qquad (4\text{-}22)$$

表 4.27 全减器真值表

c_i	a_i	b_i	d_i	c_{i+1}
0	0	0	0	0
0	0	1	1	1
0	1	0	1	0
0	1	1	0	0
1	0	0	1	1
1	0	1	0	1
1	1	0	0	0
1	1	1	1	1

例 4.22　实现 1 位全减器。

本例中分别用式（4-21）和式（4-22）及行为语句实现 1 位全减器的功能。1 位全减器的仿真波形图如图 4.60 所示。

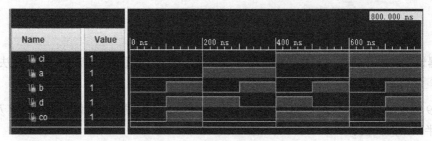

图 4.60　1 位全减器仿真波形图

程序 4.22a：使用逻辑表达式实现的 1 位全减器程序。

```
module suba(
    input a,b,ci,
    output reg d,co
        );
    always@(*)
        begin
            d=a^b^ci;
            co=(~a&b)|(~a^b)&ci;
        end
endmodule
```

程序 4.22b：利用行为语句实现 1 位全减器程序。

```
module subb(
    input a,b,ci,
    output reg d,co
        );
    always@( * )
        begin
            {co,d} = a - b - ci;
        end
endmodule
```

例 4.23　实现 N 位减法器。

程序 4.23 给出了 N 位减法器的 Verilog HDL 程序，其中运用了 parameter 常量声明语句。本例中不考虑借位。如图 4.61 所示为该程序的仿真结果（N=8）。

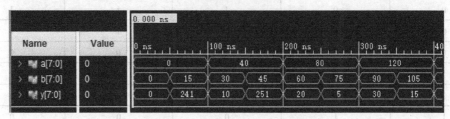

图 4.61　8 位减法器仿真波形图

程序 4.23：N 位减法器程序。

```
module subtractN
#(parameter N=8)
( input wire [N-1:0] a,
```

```
input wire [N-1:0] b,
output reg [N-1:0] y
);
always @(*)
    begin
        y = a - b;
    end
endmodule
```

例 4.24 实现 4 位加/减法器。

4 位/减法器电路图如图 4.62 所示，当 $e=0$ 时，实现全加器功能；当 $e=1$ 时，实现减法器功能。图 4.63 为该 4 位加/减法器的仿真波形图。本例是在程序 4.20a 基础上得到的，当实现减法器功能时，输出信号 c_4 为借位输出的反码。

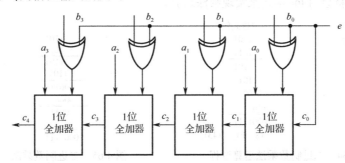

图 4.62　4 位加/减法器电路图

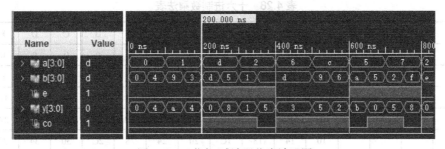

图 4.63　4 位加/减法器仿真波形图

程序 4.24：4 位加/减法器程序。

```
module    addsub4(
    input wire [3:0] a,
    input wire [3:0] b,
    input wire e,
    output wire [3:0] y,
    output wire co
);
    wire [4:0]    c;
    wire [3:0]    bx;
    assign bx = b ^ {4{e}};
    assign c[0]=e;
    assign y = a ^ bx ^ c[3:0];
    assign c[4:1] = a & bx | c[3:0] & (a ^ bx);
```

```
        assign co = c[4];
    endmodule
```

4.9　乘法器

本节我们将学习 4 位二进制乘法器的设计。

二进制数乘法和十进制数乘法十分相似。如图 4.64 所示为二进制数乘法运算过程的例子。其中，1101 与 1011 中的每位相乘，并且每步都将中间结果左移一位，这与十进制的乘法运算方式是一致的。其结果也可以直接表 4.28 中的十六进制数乘法表读出。

如图 4.64 所示的乘法运算也可以写成如图 4.65 所示的形式。在图 4.65 中，我们写出了每步的中间结果。该乘法运算可以用 4 个相同的模块串接而成，如图 4.66 所示。每个模块都包含一个全加器、一个 2 选 1 多路选择器及一个移位器。在例 4.24 中，我们将会用移位的方法实现乘法运算。在例 4.25 中，我们将会用 for 语句来实现乘法运算。

```
                          二进制数
十进制数              1101                                    1101
  13               × 1011                                 × 1011
× 11                 1101                                   1101
  13                 1101                                   1101
  13                 0000                                 100111
─────              1101                                   0000
 143             10001111                                100111
              (8  F)₁₆=(143)₁₀                           1101
                                                      10001111
```

图 4.64　二进制数乘法运算过程　　　　图 4.65　二进制数乘法

表 4.28　十六进制数乘法表

	0	1	2	3	4	5	6	7	8	9	A	B	C	D	E	F
0	0	0	0	0	0	0	0	0	0	0	0	0	0	0	0	0
1		1	2	3	4	5	6	7	8	9	A	B	C	D	E	F
2			4	6	8	A	C	E	10	12	14	16	18	1A	1C	1E
3				9	C	F	12	15	18	1B	1E	21	24	27	2A	2D
4					10	14	18	1C	20	24	28	2C	30	34	38	3C
5						19	1E	23	28	2D	32	37	3C	41	46	4B
6							24	2A	30	36	3C	42	48	4E	54	5A
7								31	38	3F	46	4D	54	5B	62	69
8									40	48	50	58	60	68	70	78
9										51	5A	63	6C	75	7E	87
A											64	6E	78	82	8C	96
B												79	84	8F	9A	A5
C													90	9C	A8	B4
D														A9	B6	C3
E															C4	D2
F																E1

例 4.25 二进制数与常数相乘。

我们知道，将二进制数左移一位相当于乘 2，右移一位相当于除以 2，因此与 2 的任意次幂（如 2^n）的乘积，都可以通过向左移 n 位得到。要将二进制数与某常数相乘，可以把此常数写成 2 的幂之和，这样就可以通过移位相加操作来完成乘法运算。与如图 4.66 所示的乘法器逻辑框图相比，通常这种方式会更高效且占用更少的硬件资源（当被乘数、乘数比较大时，如图 4.66 所示的电路将占用相当多的硬件资源）。

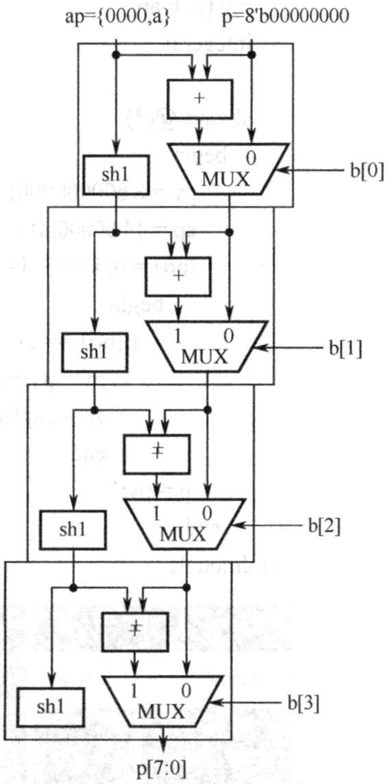

本例将 9 位的二进制数 x[8:0]与十进制数 100 相乘。最大的 9 位二进制数转换为十进制数是 511，它与 100 相乘，得到的结果是 51100，这是一个 16 位的二进制数。因此，我们用十六进制数 p[15:0]来表示乘积结果。首先我们将常数 100 写成如下的形式：

$$100 = 64 + 32 + 4 = 2^6 + 2^5 + 2^2$$

因此，只需将二进制数 x[8:0]左移 6 位、5 位和 2 位的结果相加，即可得到最后的结果。

程序 4.25：实现二进制数与常数（100）相乘的程序。

```verilog
module mult100(
    input wire [8:0] x,
    output wire [15:0] p
);
    assign p = {1'b0,x,6'b000000} + {2'b00,x,5'b00000} + {5'b00000,x,2'b00};
endmodule
```

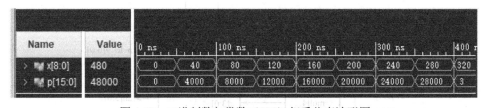

图 4.66　4 位乘法器逻辑框图

图 4.67 给出了程序的仿真波形图。其中，输入的 5 个二进制数对应的十进制值分别是 0，40，80，120，160 及 200，乘以十进制数 100 后得到结果分别为 0，4000，8000，12000，16000 和 20000，证明此程序是正确的。

图 4.67　二进制数与常数（100）相乘仿真波形图

例 4.26 实现 4 位乘法器。

如图 4.66 所示的 4 位乘法器可以用 Verilog HDL 程序来描述。本例中通过 for 语句来重复"打开"每个子模块，以及通过 if 语句来实现多路选择器。该程序的仿真结果如图 4.68 所示。

程序 4.26a：4 位乘法器程序。

```verilog
module mult4(
    input wire [3:0] a,
    input wire [3:0] b,
    output reg [7:0] p
);
    reg [7:0] pv;
```

```
          reg [7:0] ap;
          integer i;

          always @(*)
            begin
              pv = 8'b00000000;
              ap = {4'b0000,a};
              for(i = 0; i <= 3; i = i + 1)
                begin
                  if(b[i] ==1)
                    pv = pv + ap;
                  ap = {ap[6:0],1'b0};
                end
              p = pv;
            end
        endmodule
```

Name	Value	940 ns		960 ns		980 ns		1,000 ns
a[3:0]	6	5			6			
b[3:0]	8	12 13 14 15		0 1		2 3		4
p[7:0]	48	60 65 70 75		0 6		12 18		24

图 4.68   4 位乘法器仿真波形图

我们可以在 EGO1 实验板卡上验证程序 4.26a 中的 mult4 模块，为此需要将它和程序 4.12a 中的 x7seg 模块连接起来形成顶层模块，如图 4.69 所示。被乘数 sw[7:4]和乘数 sw[3:0]由拨码开关输入，并将被乘数 sw[7:4]、乘数 sw[3:0]和加乘的结果分别显示数码管上。程序 4.26b 给出了相应的顶层模块 Verilog HDL 程序。可利用表 4.28 来验证测试结果。

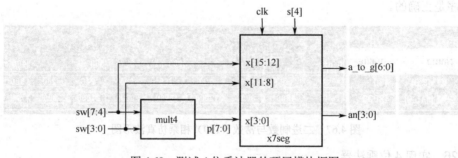

图 4.69   测试 4 位乘法器的顶层模块框图

程序 4.26b：4 位乘法器顶层模块程序。

```
module mult4_top(
  input wire clk,
  input wire [4:4] s,
  input wire [7:0] sw,
  output wire [6:0] a_to_g,
  output wire [3:0] an
);
```

```
        wire [15:0] x;
        wire [7:0] p;
        wire clr;
    assign clr = s;
        assign x[15:12] = sw[7:4];
        assign x[11:8] = sw[3:0];
        assign x[7:0] = p;

        mult4 M1 (.a(sw[7:4]),
                  .b(sw[3:0]),
                  .p(p)
        );
        x7seg X1 (.x(x),
                  .clk(clk),
                  .clr(clr),
                  .a_to_g(a_to_g),
                  .an(an)
        );
    endmodule
```

4.10　除法器

本节将学习二进制除法器，并设计一个 8 位的组合逻辑除法器。其中，用一个 8 位的被除数除以一个 4 位的二进制除数，得到一个 8 位的商及一个 4 位的余数。

二进制数除法运算和十进制数除法运算类似，可以通过长除法来得到，如图 4.70（a）所示。这等价于用十六进制数 D 去除 87，产生商 A 及余数 5。可利用表 4.28 验证这一结果。

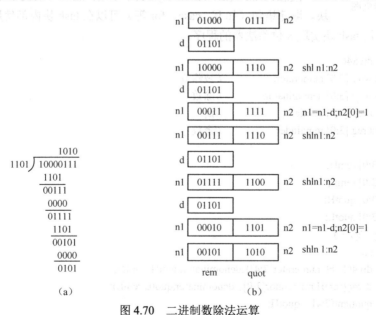

图 4.70　二进制数除法运算

如图 4.70（b）所示为用 div4 算法进行二进制数的除法运算过程。div4 算法的步骤如下。

（1）将被除数以{n1,n2}拼接的形式存储。

（2）存储除数 d。

（3）重复 4 次：将{n1,n2}左移一位。

Verilog HDL 程序如下：

```
if(n1>=d)
  begin
    n1 = n1 - d;
    n2[0] = 1;
  end
```

（4）商和余数的结果如下：

```
quot = n2;
rem = n1[3:0];
```

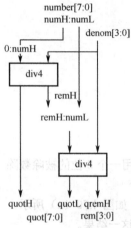

图 4.71　除法器框图

div4 算法的一个问题是，用 4 位的除数去除 8 位的被除数，得到 4 位的商和余数。如果除数太小（小于被除数的高 4 位），那么商将多于 4 位，这就产生了溢出。这时我们需要一个能生成 8 位商及 4 位余数的算法。这可以通过重复调用 div4 算法来得到。首先，用除数去除被除数的高位部分，得到商及余数的高位；然后，高位余数与被除数的低位部分一起构成低位被除数，它除以除数得到商的低位和最终的余数。除法器框图如图 4.71 所示。

例 4.27　用 task 块实现 8 位除法器。

程序 4.27 使用 task 块来实现如图 4.70 所示的 8 位除法运算。其中，task 块用于实现 div4 算法，并生成 4 位的商。通过两次调用这个任务即可实现如图 4.71 所示的除法器。图 4.72 为程序 4.27 的仿真波形图。

注意：task 块必须在 always 块中调用，而 task 块内部不能包含 always 块。顺序语句（如 if、case、for 等）可以在 task 块内部使用。

程序 4.27：用 task 块实现 8 位除法器的程序。

```
module div84(
    input wire [7:0] numerator,         //被除数
    input wire [3:0] denominator,       //除数
    output reg [7:0] quotient,          //商
    output reg [3:0] remainder          //余数
    );
    reg [3:0] remH;
    reg [3:0] remL;
    reg [3:0] quotH;
    reg [3:0] quotL;
    always @( * )
      begin
        div4({1'b0,numerator[7:4]},denominator,quotH,remH);
        div4({remH,numerator[3:0]},denominator,quotL,remL);
        quotient[7:4] = quotH;
        quotient[3:0] = quotL;
        remainder = remL;
      end
    task div4(
```

```verilog
        input [7:0] numer,
        input [3:0] denom,
        output [3:0] quot,
        output [3:0] rem
    );
        begin : D4
            reg [4:0] d;
            reg [4:0] n1;
            reg [3:0] n2;
            d = {1'b0,denom};
            n2 = numer[3:0];
            n1 = {1'b0,numer[7:4]};
            repeat(4)
                begin
                    n1 = {n1[3:0],n2[3]};    //shl n1:n2
                    n2 = {n2[2:0],1'b0};
                    if(n1>=d)
                        begin
                            n1 = n1 - d;
                            n2[0] = 1;
                        end
                end
            quot = n2;
            rem = n1[3:0];
        end
    endtask
endmodule
```

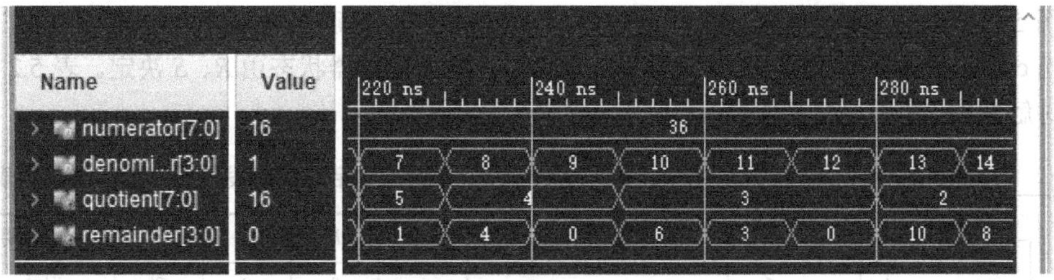

图 4.72   8 位除法器仿真波形图

• 143 •

第5章　时序逻辑电路设计实例

在第4章中，逻辑电路的瞬时输出值都只跟当前的输入变量有关。然而，常用的逻辑电路输出不仅与该时刻的输入变量有关，而且与输入变量前一时刻的状态有关。这就意味着，电路中必须包含一些存储器件来记住这些输入变量的过去值，这样的电路一般会用到锁存器、触发器等。这种用到锁存器和触发器的电路，我们称之为时序电路。

5.1　锁存器和触发器

5.1.1　锁存器

1. 基本 RS 锁存器

如图 5.1 所示为基本 RS 锁存器电路图，它由一对与非门构成。基本 RS 锁存器有两个输入端 $\overline{R}$ 和 $\overline{S}$，两个输出端 Q 和 $\overline{Q}$，其中 $\overline{R}$（Reset）为置 0 端，$\overline{S}$（Set）为置 1 端，Q 和 $\overline{Q}$ 为互补输出端。表 5.1 为基本 RS 锁存器真值表。

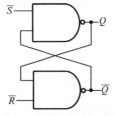

图 5.1　基本 RS 锁存器

表 5.1　基本 RS 锁存器真值表

$\overline{R}$	$\overline{S}$	Q^{n+1}	功能说明
0	0	不定	不允许
0	1	0	置 0
1	0	1	置 1
1	1	Q^n	保持

2. 带时钟触发的 RS 锁存器

如图 5.2 所示的 RS 锁存器电路，是在图 5.1 所示电路的基础上增加了两个与非门。在这个电路中，当 clk=0 时，锁存器保持原来的状态；当 clk=1 时，锁存器状态由 R、S 决定。表 5.2 中给出了带时钟触发的 RS 锁存器真值表。

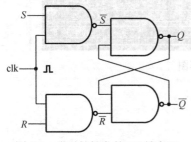

图 5.2　带时钟触发的 RS 锁存器

表 5.2　带时钟触发的 RS 锁存器真值表

clk	R	S	Q^{n+1}	功能说明
1	0	0	Q^n	保持
1	0	1	1	置 1
1	1	0	0	置 0
1	1	1	不定	不允许
0	×	×	Q^n	保持

3. D 锁存器

要消除图 5.2 中的不定状态就必须保证 R 和 S 的逻辑值总是相反的。我们可以通过加一个反相器实现此功能，如图 5.3 所示。这个电路被称为 D 锁存器。在此电路中，D 就相当于图 5.2 中的 S，而 $\overline{D}$ 就相当于 R。因此，当 D 和 clk 都为 1 时，输出 Q^n 为 1（置位）。同样地，当 D 为 0，clk 为 1 时，输出 Q^n 为 0（复位）；只有当时钟 clk 为 0 时，才能进入存储状态。D 锁存器的真值表如表 5.3 所示。

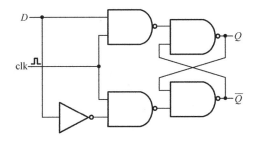

图 5.3 D 锁存器

表 5.3 D 锁存器真值表

clk	D	Q^{n+1}	功能说明
1	0	0	置 0
1	1	1	置 1
0	×	Q^n	保持

5.1.2 触发器

触发器是一种具有存储、记忆二进制码的器件。触发器分为 D 触发器、T'触发器和 JK 触发器等。下面主要学习 D 触发器的结构、原理，以及用 Verilog HDL 语言编写 D 触发器的程序。

如图 5.4 所示的电路是一个正边沿触发的 D 触发器，即在时钟 clk 的上升沿，D 的值被锁存在 Q^n 中。

下面分析如图 5.4 所示电路的原理。与非门 1 和与非门 2 形成一个如图 5.1 所示的 RS 锁存器。当 $\overline{R}$ 和 $\overline{S}$（即图 5.4 中的反馈信号 f5 和 f4）都为 1 时，该锁存器处于存储状态。假设，时钟信号 clk 为 0，D 为 1，那么信号 f5 和 f4 都将为 1，RS 锁存器处于存储状态。同时 f6 将变为 0，f3 为 1。如果时钟信号 clk 为 1，这将会使 f4（$\overline{S}$）变为 0，输出 Q 被置为 1。如果现在输入 D 为 0，而时钟信号 clk 仍然为 1，那么 f6 将变为 1。只要时钟信号 clk 为 1，f.3 也将保持为 1。这就意味着 f4 仍然为 0，因此输出 Q 保持状态 1 不变。也就是说，一旦输出 Q 在时钟信号上升沿被置为 1，那么即使输入 D 变为 0，输出 Q 仍然

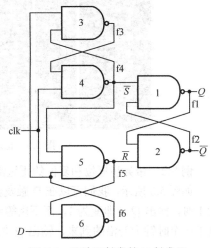

图 5.4 正边沿触发的 D 触发器

保持为 1。而当时钟信号变为 0 时，f5 和 f4 都将为 1，那么输出锁存器处于存储状态，输出 Q 保持为 1。

现在让时钟信号 clk 和 D 都为 0，那么 f5 和 f4 都将为 1，RS 锁存器处于存储状态。此时，信号 f3 和 f6 将分别为 0 和 1。假设，时钟信号 clk 变为 1，则 f5 为 0，输出 Q 被清零。如果现在输入 D 为 1，时钟信号 clk 仍为 1，因为 f5 为 0，所以 f6 将保持为 1，则输出 Q 保持为 0 不变。而当时钟信号变为 0 时，f5 和 f4 都将为 1，那么输出锁存器处于存储状态，输出 Q 保持为 0。

例 5.1 实现正边沿触发的 D 触发器。

程序 5.1：正边沿触发的 D 触发器程序。

```
module flipflop (
    input wire clk,
    input wire D,
    output wire Q,
    output wire notQ
);
    wire f1, f2, f3, f4, f5, f6;
    assign f1 = ~ (f4 & f2);
    assign f2 = ~ (f1 & f5);
```

```
assign f3 = ~ (f6 & f4);
assign f4 = ~ (f3 & clk);
assign f5 = ~ (f4 & clk & f6);
assign f6 = ~ (f5 & D);
assign Q = f1;
assign notQ = f2;
endmodule
```

如图 5.5 所示为程序的仿真结果。

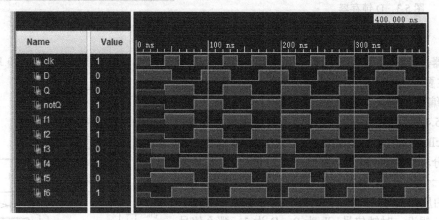

图 5.5　正边沿触发的 D 触发器仿真波形图

例 5.2　带异步置位和复位的正边沿触发的 D 触发器。

如图 5.6 所示，我们可以在 D 触发器电路的基础上增加一个异步的置位和复位信号。当输入 S 为 1 时，输出 Q 立即变为 1，而不用等到下一个时钟上升沿的到来。同样地，当 R 为 1 时，不用等到下一个时钟上升沿的到来，输出 Q 立即变为 0。

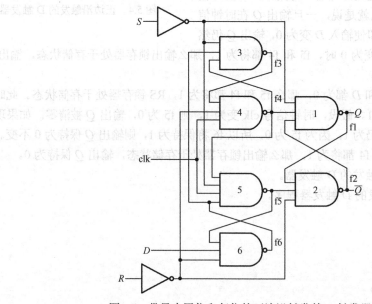

图 5.6　带异步置位和复位的正边沿触发的 D 触发器

带异步置位和复位的正边沿触发的 D 触发器框图如图 5.7 所示，其真值表如表 5.4。

表 5.4　D 触发器真值表

clk	R	S	D	Q^{n+1}
↑	0	0	0	0
↑	0	0	1	1
×	0	1	×	1
×	1	0	×	0
×	1	1	×	不允许
0	0	0	×	Q^n

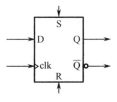

图 5.7　D 触发器框图

程序 5.2：带异步置位和复位的正边沿触发的 D 触发器程序。

```
module flipflopcs (
    input wire clk,
    input wire D,
    input wire S,
    input wire R,
    output Q,
    output notQ
);
    wire f1, f2, f3, f4, f5, f6;
    assign f1 = ~ (f4 & f2 & ~S);
    assign f2 = ~ (f1 & f5 & ~R);
    assign f3 = ~ (f6 & f4 & ~S);
    assign f4 = ~ (f3 & clk & ~R);
    assign f5 = ~ (f4 & clk & f6 & ~S);
    assign f6 = ~ (f5 & D & ~R);
    assign Q = f1;
    assign notQ = f2;
endmodule
```

如图 5.8 所示为带异步置位和复位的正边沿触发的 D 触发器仿真波形图。

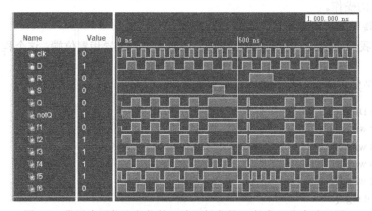

图 5.8　带异步置位和复位的正边沿触发的 D 触发器仿真波形图

例 5.3　用另一种方法实现正边沿触发的 D 触发器。

在例 5.1 和例 5.2 中，我们用与非门描述了一个正边沿触发的 D 触发器。本例用另一种方法设计正边沿触发的 D 触发器。

程序 5.3：正边沿触发的 D 触发器程序。

```
module Dff (
    input wire clk,
    input wire clr,
    input wire D,
    output reg Q
);
    always @ (posedge clk or posedge clr)
        if (clr == 1)
            Q <= 0;
        else
            Q <= D;
endmodule
```

在 always 块中，敏感事件 posedge clk 表示时钟信号 clk 的上升沿（clk 的下降沿则用 negedge clk 表示）。注意：如果 clr 等于 1，那么 Q 将立即变为 0；如果 clr 不为 1，那么 always 块将在时钟信号 clk 的上升沿使 Q 设置为当前的 D 值，这正是一个正边沿触发的 D 触发器的功能。例 5.3 的仿真结果如图 5.9 所示。

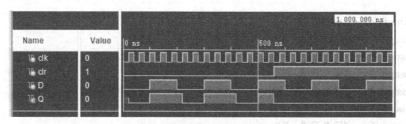

图 5.9　例 5.3 仿真波形图

在例 5.3 中，我们使用了非阻塞赋值运算符"<="代替之前使用的阻塞赋值运算符"="。在前面章节的学习中，我们知道，当使用阻塞赋值运算符"="时，赋值语句立即把当前值赋给了变量。但是，如果我们使用非阻塞赋值运算符"<="，则赋值语句要等到 always 块结束后，才完成对变量进行赋值的操作。

例 5.4　实现带异步清零和置位端的 D 触发器。

在本例中，我们除增加一个异步清零端外，还增加了一个异步置位端。这个程序的仿真结果如图 5.10 所示。

程序 5.4：带异步清零和置位端的 D 触发器程序。

```
module Dffsc (
    input wire clk,
    input wire clr,
    input wire S,
    input wire D,
    output reg Q
);
    always @ (posedge clk or posedge clr or posedge S)
        if (S == 1)
            Q <= 1;
```

```
        else if (clr == 1)
            Q <= 0;
        else
            Q <= D;
endmodule
```

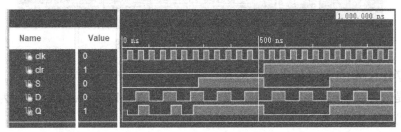

图 5.10   例 5.4 仿真波形图

例 5.5   实现二分频计数器。

如图 5.11 所示，我们把一个 D 触发器的输出端 $\overline{Q}$ 与它的输入端 D 相连。这将会发生什么呢？在每个时钟的上升沿，$\overline{Q}$ 的值都将会被锁存在 Q 中（经过一些传输延时）。我们把输出 Q 记为 Q_0，输出 $\overline{Q}$ 记为 $\overline{Q}_0$。假设 Q_0 的初始值为 0，那么 $\overline{Q}_0$ 的值为 1。在第一个时钟上升沿，$\overline{Q}_0$ 的值 1 将被锁存在 Q_0 中。因此，Q_0 将从 0 变为 1，而 $\overline{Q}_0$ 则从 1 变为 0。这就意味着现在的 D 值为 0，所以在下一个时钟上升沿，Q_0 的值又将变回 0，而 $\overline{Q}_0$ 变回 1。这个过程将不断重复，这样 Q_0 的频率就刚好是时钟频率的一半。在本例中，我们给出了这个二分频计数器的 Verilog HDL 程序，其仿真结果如图 5.12 所示。

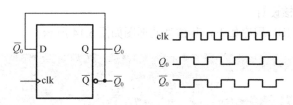

图 5.11   利用 D 触发器设计二分频计数器

程序 5.5：二分频计数器程序。

```
module div2cnt (
    input wire clk,
    input wire clr,
    output reg Q0
);
    wire D;        // D 触发器的输入
    assign D = ~Q0;
    // D 触发器
    always @ (posedge clk or posedge clr)
    if (clr == 1)
        Q0 <= 0;
    else
        Q0 <= D;
endmodule
```

注意：always 块中的语句是顺序执行的，而 always 块之间以及 assign 语句之间是并发执行的。

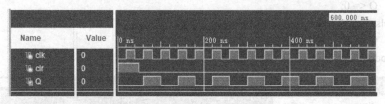

图 5.12　二分频计数器仿真波形图

5.1.3　74LS74 的 IP 核设计及应用

74LS74 是一种双上升沿触发的 D 触发器，其引脚图如图 5.13 所示。其中，$\overline{S}_D$ 为异步置位端，$\overline{R}_D$ 为异步复位端。表 5.5 为 74LS74 的状态转换真值表。

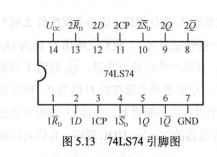

图 5.13　74LS74 引脚图

表 5.5　74LS74 状态转换真值表

CP	$\overline{R}_D$	$\overline{S}_D$	D	Q^{n+1}
×	0	1	×	0
×	1	0	×	1
×	0	0	×	1
↓	1	1	×	Q^n
↑	1	1	0	0
↑	1	1	1	1

1. 74LS74 的 IP 核设计

74LS74 的 Verilog HDL 程序如下，其仿真波形图如图 5.14 所示。

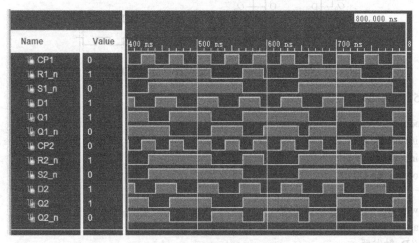

图 5.14　74LS74 仿真波形图

```
module d_ff_74ls74(
    input   R1_n,
    input   S1_n,
    input   CP1,
    input   D1,
    output wire Q1,
```

```
            output wire Q1_n,
    input   R2_n,
    input   S2_n,
    input   CP2,
    input   D2,
    output wire Q2,
    output wire Q2_n
);
    wire q1_reg;
    wire q2_reg;
    FDCPE #(.INIT(1'b0)) u_d_ff1 (
        .Q(q1_reg),                 // 数据输出
        .C(CP1),                    // 时钟输入
        .CE(1'b1),                  // 使能
        .D(D1),                     // 数据输入
        .CLR((!R1_n) && S1_n),      // 异步清零
        .PRE(R1_n && (!S1_n))       // 异步置位、复位
    );
    FDCPE #(.INIT(1'b0)) u_d_ff2 (
        .Q(q2_reg),                 // 数据输出
        .C(CP2),                    // 时钟输入
        .CE(1'b1),                  // 使能
        .D(D2),                     // 数据输入
        .CLR((!R2_n) && S2_n),      // 异步清零
        .PRE(R2_n && (!S2_n))       // 异步置位、复位
    );
    assign Q1     = ((!R1_n) && (!S1_n)) ? 1'b1 : q1_reg;
    assign Q1_n = ((!R1_n) && (!S1_n)) ? 1'b1 : ~q1_reg;
    assign Q2     = ((!R2_n) && (!S2_n)) ? 1'b1 : q2_reg;
    assign Q2_n = ((!R2_n) && (!S2_n)) ? 1'b1 : ~q2_reg;
endmodule
```

2. 利用 74LS74 设计 2-4 分频器

利用 74LS74 实现 2-4 分频器的框图如图 5.15 所示，其中，触发器控制端 $\overline{R}_D$、$\overline{S}_D$ 接逻辑电平 1。

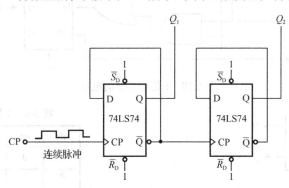

图 5.15　利用 74LS74 实现 2-4 分频器的框图

利用 74LS74 的 IP 核实现 2-4 分频器的电路图如图 5.16 所示，其仿真波形图如图 5.17 所示。
观察图 5.17 可以看出，Q1 的频率为时钟频率的一半，Q2 的频率为 Q1 的频率的一半。

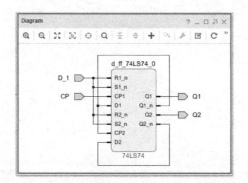

图 5.16　利用 74LS74 的 IP 核实现 2-4 分频器电路图

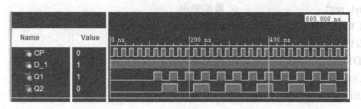

图 5.17　利用 74LS74 的 IP 核实现 2-4 分频器的仿真波形图

5.2　寄存器

寄存器是用来暂时存储二进制数据的电路，由具有存储功能的锁存器或触发器构成。寄存器按功能不同可分为基本寄存器和移位寄存器。基本寄存器主要实现数据的并行输入、并行输出。移位寄存器主要实现数据的串行输入、串行输出。

5.2.1　基本寄存器

1．1 位寄存器

1 位寄存器的电路如图 5.18 所示，框图如图 5.19 所示。当 load 为 1 时，在下一个时钟上升沿来到时，inp 的值将被存储在 Q 中，否则寄存器输出保持不变。其真值表如表 5.6 所示。

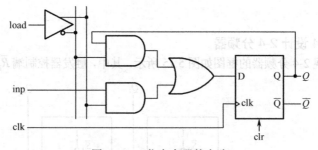

图 5.18　1 位寄存器的电路

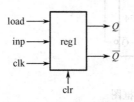

图 5.19　1 位寄存器框图

表 5.6　1 位寄存器真值表

clk	clr	load	inp	Q^{n+1}
×	0	×	×	0
↑	1	1	inp	inp
↑	1	0	×	Q^n
非↑	1	×	×	Q^n

例 5.6 实现 1 位寄存器。

本例给出用两种实现方法实现如图 5.18 所示电路功能的 Verilog HDL 程序。它的仿真结果如图 5.20 所示。

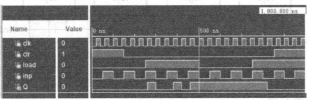

图 5.20　1 位寄存器仿真波形图

程序 5.6a：1 位寄存器程序 1。

```
module reg1bit (
   input wire load,
   input wire clk,
   input wire clr,
   input wire inp,
   output reg Q
);
   wire D;
   assign D = Q & ~load | inp & load;
   // D 触发器
   always @ (posedge clk or posedge clr)
      if (clr == 1)
         Q <= 0;
      else
         Q <= D;
endmodule
```

程序 5.6b：1 位寄存器程序 2。

```
module reg1bitb (
   input wire load,
   input wire clk,
   input wire clr,
   input wire inp,
   output reg Q
);
   // 带 load 信号的 1 位寄存器
   always @ (posedge clk or posedge clr)
   if (clr == 1)
      Q <= 0;
   else if (load == 1)
      Q <= inp;
endmodule
```

2. 4 位寄存器

我们将 4 个如图 5.19 所示的带有 load 和 clk 信号的 1 位寄存器模块组合在一起，构成一个如图 5.21 所示的 4 位寄存器（图中省略了公用的 clr 信号）框图。

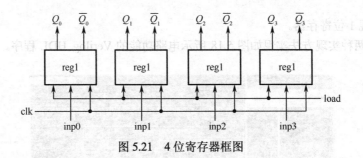

图 5.21　4 位寄存器框图

例 5.7　实现 4 位寄存器。

程序 5.7：4 位寄存器程序。

```verilog
module reg4bit (
    input wire load,
    input wire clk,
    input wire clr,
    input wire [3:0] inp,
    output reg [3:0] Q
);
    // 带 load 信号的 4 位寄存器
    always @ (posedge clk or posedge clr)
        if (clr == 1)
            Q <= 0;
        else if (load == 1)
            Q <= inp;
endmodule
```

4 位寄存器的仿真波形图如图 5.22 所示。

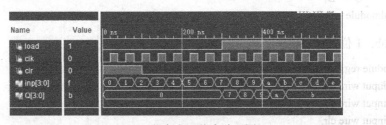

图 5.22　4 位寄存器仿真波形图

3. N 位寄存器

我们可以用 N 个 1 位寄存器构造一个 N 位寄存器。N 位寄存器框图如图 5.23 所示。当 clr 为 0 时，如果 load 为 1，那么在下一个时钟的上升沿，N 位输入 $D[N-1:0]$ 就被锁存到 N 位输出 $Q[N-1:0]$ 中。

例 5.8　实现带有异步清零和加载信号的 N 位寄存器。

程序 5.8：带有异步清零和加载信号的 N 位寄存器程序。

```verilog
module regN
    #(parameter N = 8)
    (input wire load,
    input wire clk,
    input wire clr,
```

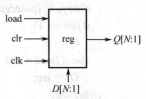

图 5.23　N 位寄存器框图

```
    input wire [N-1:0] D,
    output reg [N-1:0] Q
);
    always @ (posedge clk or posedge clr)
        if (clr == 1)
            Q <= 0;
        else if (load == 1)
            Q <= D;
endmodule
```

当 $N=8$ 时，8 位寄存器的仿真波形图如图 5.24 所示。

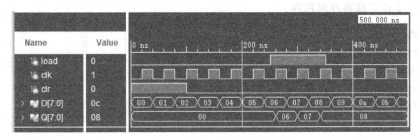

图 5.24 8 位寄存器仿真波形图

5.2.2 移位寄存器

移位寄存器不仅有存储数据的功能，还具有移位的功能。

1. 右移寄存器

如图 5.25 所示是由 4 个 D 触发器组成的 4 位右移寄存器框图。其中，clk 为时钟信号，clr 为清零端，D_{in} 为串行输入端，Q_{out} 为串行输出端，$Q_3 \sim Q_0$ 为并行输出端。

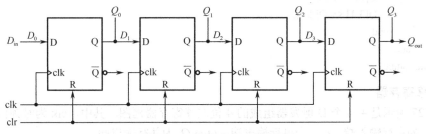

图 5.25 4 位右移寄存器框图

根据图 5.25 的连接方式，可以得到其激励函数为：

$$D_0=D_{in}, \; D_1=Q_0^n, \; D_2=Q_1^n, \; D_3=Q_2^n$$

例 5.9 实现 4 位右移寄存器。

本例中将用 Verilog HDL 程序实现具有右移功能的 4 位寄存器。注意：在 always 块中，要使用非阻塞赋值运算符 "<=" ，而不能使用阻塞赋值运算符 "=" 。前面我们已经讲过，当使用非阻塞赋值运算符 "<=" 时，变量的值为进入 always 块时所拥有的值，即 always 块中赋值操作之前的值。在寄存器正常工作时，我们希望将 Q[0]的原值赋给 Q[1]，即在 always 块开始时所拥有的值，而非在 always 块中来自 Din 的值，所以要使用非阻塞赋值运算符 "<=" 完成这一功能。如果使用阻塞赋值运算符 "=" ，就不能有移位的功能，而仅仅是一个寄存器，即在时钟的上升沿所有的输出都获得 Din 的值。图 5.26 为 4 位右移寄存器仿真波形图。

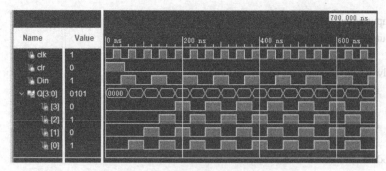

图 5.26   4 位右移寄存器仿真波形图

程序 5.9：4 位右移寄存器程序。

```verilog
module ShiftReg (
    input wire clk,
    input wire clr,
    input wire Din,
    output reg [3:0] Q
);

    // 4 位移位寄存器
    always @ (posedge clk or posedge clr)
        begin
            if (clr == 1)
                Q <= 0;
            else
                begin
                    Q[0] <= Din;
                    Q[3:1] <= Q[2:0];
                end
        end
endmodule
```

2．左移寄存器

如图 5.27 所示是由 4 个 D 触发器组成的 4 位左移寄存器框图。其中，clk 为时钟信号，clr 为清零端，D_{in} 为串行输入端，Q_{out} 为串行输出端，$Q_3 \sim Q_0$ 为并行输出端。

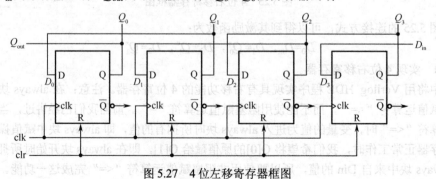

图 5.27   4 位左移寄存器框图

根据图 5.27 的连接方式，可以得到其激励函数为：

$$D_0 = Q_1^n, \quad D_1 = Q_2^n, \quad D_2 = Q_3^n, \quad D_3 = D_{in}$$

例 5.10 实现 4 位左移寄存器。

程序 5.10：4 位左移寄存器程序。

```
module leftShiftreg(
    input wire clk,
    input wire clr,
    input wire Din,
    output reg [3:0] Q
);
    // 4 位移位寄存器
    always @ (posedge clk or posedge clr)
        begin
            if (clr == 1)
                Q <= 0;
            else
                begin
                    Q[3] <= Din;
                    Q[2:0] <= Q[3:1];
                end
        end
endmodule
```

图 5.28 为 4 位左移寄存器仿真波形图。

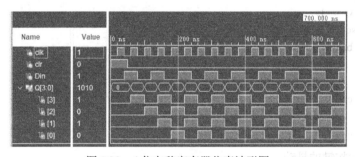

图 5.28 4 位左移寄存器仿真波形图

3. 环形移位寄存器

如果把如图 5.25 所示的右移寄存器的 Q_3 与 D_0 相连，并且在这 4 个 D 触发器中只有一个输出为 1，另外 3 个为 0，则称这样的电路为环形移位寄存器。4 位环形移位寄存器框图如图 5.29 所示。把 clr 信号接到第一个触发器的 S 输入端，而不是 R 输入端，这样就把 Q_0 的值初始化设为 1。在这个环形触发器中，唯一的一个 1 将在 4 个触发器中不断地循环。也就是说，各触发器每 4 个时钟周期输出一次高电平脉冲，该高电平脉冲沿环形路径在触发器中传递。

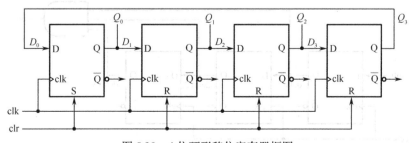

图 5.29 4 位环形移位寄存器框图

例 5.11 实现 4 位环形移位寄存器。

例 5.11 给出了如图 5.29 所示环形移位寄存器的 Verilog HDL 程序。其中，当 clr 等于 1 时，Q 的值被置为 1，即 Q_3、Q_2、Q_1 都为 0，Q_0 为 1。仿真结果如图 5.30 所示。

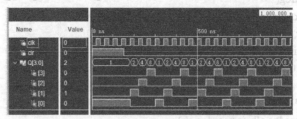

图 5.30　4 位环形移位寄存器仿真波形图

程序 5.11：4 位环形移位寄存器程序。

```
module ring4(
    input wire clk,
    input wire clr,
    output reg [3:0] Q
);
    // 4 位环形移位寄存器
    always @ (posedge clk or posedge clr)
        begin
            if(clr == 1)
                Q <= 1;
            else
                begin
                    Q[0] <= Q[3];
                    Q[3:1] <= Q[2:0];
                end
        end
endmodule
```

例 5.12 消除按键的抖动。

当按下 EGO1 实验板卡上的任何一个按键时，在它们稳定下来之前都会有几毫秒的轻微抖动。这就意味着输入 FPGA 中的并不是清晰的从 0 到 1 的变化，而可能在几毫秒的时间里有从 0 到 1 的来回抖动。在时序电路中，如果在一个时钟信号上升沿到来时发生这种抖动，可能产生严重的错误。因为时钟信号改变的速度要比按键抖动的速度快，这可能把错误的值锁存到寄存器中。所以，在时序电路中使用按键时，消除它们的抖动是非常重要的。

如图 5.31 所示的电路可以用于消除按键输入信号 inp 产生的抖动。输入时钟信号 cclk 的频率必须足够低，这样才能够使按键抖动在 3 个时钟周期结束之前消除。一般会使用频率为 190Hz 的时钟 cclk。

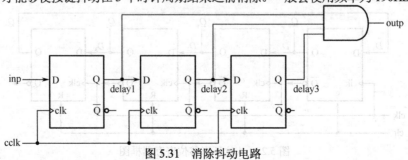

图 5.31　消除抖动电路

程序 5.12：消除抖动程序。

```verilog
module debounce4(
    input wire [3:0] inp,
    input wire cclk,
    input wire clr,
    output wire [3:0] outp
);
    reg [3:0] delay1;
    reg [3:0] delay2;
    reg [3:0] delay3;
    always @ (posedge cclk or posedge clr)
        begin
            if (clr == 1)
                begin
                    delay1 <= 4'b0000;
                    delay2 <= 4'b0000;
                    delay3 <= 4'b0000;
                end
            else
                begin
                    delay1 <= inp;
                    delay2 <= delay1;
                    delay3 <= delay2;
                end
        end
    assign outp = delay1 & delay2 & delay3;
endmodule
```

图 5.32 为消除抖动电路的仿真波形图，可通过观察仿真结果来理解这个电路是如何消除抖动的。在仿真测试程序中，把 inp[0] 作为抖动输入信号，从图中可以看到，在按下按键和释放按键时都出现了抖动，但结果输出信号 outp[0] 是一个没有抖动的干净信号。这是因为，只有输入信号在连续 3 个时钟周期都为 1 时，输出才为 1；反之，输出将保持为 0。因此，使用一个低频率的时钟信号 cclk，就是为了确保所有的抖动都被消除。

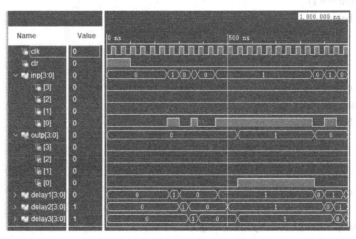

图 5.32　消除抖动电路仿真波形图

例 5.13 实现时钟脉冲电路。

如图 5.33 所示电路可以产生一个单脉冲。与如图 5.31 所示的消除抖动电路唯一不同之处的是，其与门的最后一个输入是 $\overline{delay3}$。其仿真结果如图 5.34 所示。

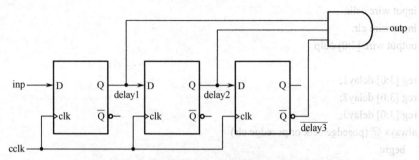

图 5.33 时钟脉冲电路

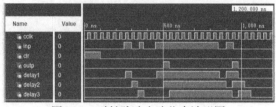

图 5.34 时钟脉冲电路仿真波形图

程序 5.13：实现时钟脉冲电路的程序。

```
module clock_pulse (
    input wire inp,
    input wire cclk,
    input wire clr,
    output wire outp
);
    reg delay1;
    reg delay2;
    reg delay3;
    always @ (posedge cclk or posedge clr)
        begin
            if (clr == 1)
                begin
                    delay1 <= 0;
                    delay2 <= 0;
                    delay3 <= 0;
                end
            else
                begin
                    delay1 <= inp;
                    delay2 <= delay1;
                    delay3<= delay2;
                end
        end
    assign outp = delay1 & delay2 & ~delay3;
endmodule
```

5.2.3　74LS194 的 IP 核设计及应用

74LS194 是 4 位同步双向移位寄存器。其输入有串行左移输入、串行右移输入和 4 位并行输入三种方式。其引脚图如图 5.35 所示，其功能表见表 5.7。

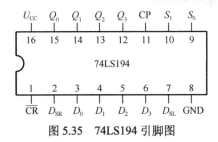

图 5.35　74LS194 引脚图

表 5.7　74LS194 功能表

功能	输　入										输　出			
	$\overline{CR}$	S_1	S_0	CP	D_{SL}	D_{SR}	D_0	D_1	D_2	D_3	Q_0^{n+1}	Q_1^{n+1}	Q_2^{n+1}	Q_3^{n+1}
复位	0	×	×	×	×	×	×	×	×	×	0	0	0	0
保持	1	×	×	0	×	×	×	×	×	×	Q_0^n	Q_1^n	Q_2^n	Q_3^n
送数	1	1	1	↑	×	×	D_0	D_1	D_2	D_3	D_0	D_1	D_2	D_3
左移	1	1	0	↑	1	×	×	×	×	×	Q_1^n	Q_2^n	Q_3^n	1
左移	1	1	0	↑	0	×	×	×	×	×	Q_1^n	Q_2^n	Q_3^n	0
右移	1	0	1	↑	×	1	×	×	×	×	1	Q_0^n	Q_1^n	Q_2^n
右移	1	0	1	↑	×	0	×	×	×	×	0	Q_0^n	Q_1^n	Q_2^n
保持	1	0	0	×	×	×	×	×	×	×	Q_0^n	Q_1^n	Q_2^n	Q_3^n

1. 74LS194 的 IP 核设计

实现移位寄存器 74LS194 的 Verilog HDL 程序如下：

```
module reg_74LS194(
    input CR_n,
    input CP,
    input S0, S1,
    input Dsl, Dsr,
    input D0,D1, D2, D3,
    output Q0, Q1, Q2, Q3
    );
reg [0 : 3] q_reg = 4'b0000;
wire [1 : 0] s_reg;
assign s_reg = {S1 , S0};
always @ (posedge CP or negedge CR_n)
    begin
        if (!CR_n)
            q_reg <= 4'b0000;
        else
            case (s_reg)
                2'b00 : q_reg <= q_reg;
```

```
                2'b01 : q_reg <= {Dsr , q_reg[0 : 2]};
                2'b10 : q_reg <= {q_reg[1 : 3] , Dsl};
                2'b11 : q_reg <= {D0 , D1 , D2 , D3};
                default : q_reg <= 4'b0000;
            endcase
        end
    assign Q0 = q_reg[0];
    assign Q1 = q_reg[1];
    assign Q2 = q_reg[2];
    assign Q3 = q_reg[3];
endmodule
```

其仿真结果如图 5.36 所示。

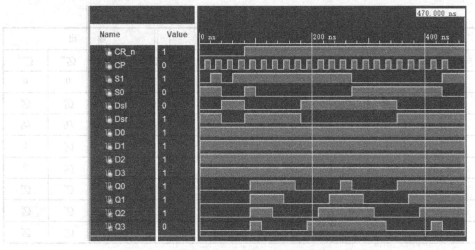

图 5.36　74LS194 的 IP 核的波形仿真图

2．74LS194 的简单应用

利用 74LS194 构成 8 位双向移位寄存器的电路如图 5.37 所示，其中，当 G=0 时，数据右移；当 G=1 时，数据左移。8 位双向移位寄存器的仿真结果如图 5.38 所示。

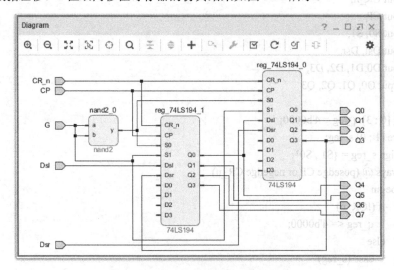

图 5.37　8 位双向移位寄存器的电路

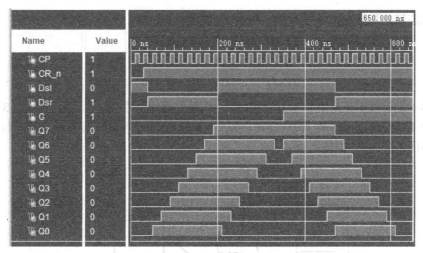

图 5.38　8 位双向移位寄存器仿真波形图

5.3　计数器

计数器在数字系统中主要作用是记录脉冲的个数，以实现计数、定时、产生节拍脉冲、脉冲序列等功能。计数器由基本的计数单元和一些控制门组成，计数单元则由一系列具有存储信息功能的 D 触发器构成。计数器的种类繁多，按数的进制不同，计数器可分为二进制、十进制、N 进制计数器。

5.3.1　二进制计数器

二进制计数器就是按照二进制规律进行计数的计数器。

1．3 位二进制计数器

3 位二进制计数器（加法），即从 000 计到 111。图 5.39 为 3 位二进制计数器的状态转换图。在每一个时钟上升沿，计数器就会从一个状态转移到另一个状态。如图 5.39 所示的状态转换真值表见表 5.8。

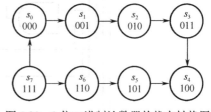

图 5.39　3 位二进制计数器的状态转换图

表 5.8　3 位二进制计数器的状态转换真值表

	现　　态			次　　态		
	Q_2	Q_1	Q_0	D_2	D_1	D_0
s_0	0	0	0	0	0	1
s_1	0	0	1	0	1	0
s_2	0	1	0	0	1	1
s_3	0	1	1	1	0	0
s_4	1	0	0	1	0	1
s_5	1	0	1	1	1	0
s_6	1	1	0	1	1	1
s_7	1	1	1	0	0	0

根据状态转换真值表，可写出 D_2、D_1 和 D_0 的逻辑表达式，其结果如下：

$$D_2 = \overline{Q_2}Q_1Q_0 + Q_2\overline{Q_1} + Q_2\overline{Q_0} \qquad (5\text{-}1)$$

$$D_1 = \overline{Q_1}Q_0 + Q_1\overline{Q_0} \qquad (5\text{-}2)$$

$$D_0 = \overline{Q_0} \qquad (5\text{-}3)$$

计数器中的计数单元是由 D 触发器构成的，D 触发器的个数决定了计数的位数。3 位二进制计数器由 3 个 D 触发器构成，结合式（5-1）至式（5-3）可以得到如图 5.40 所示的 3 位二进制计数器逻辑电路图。

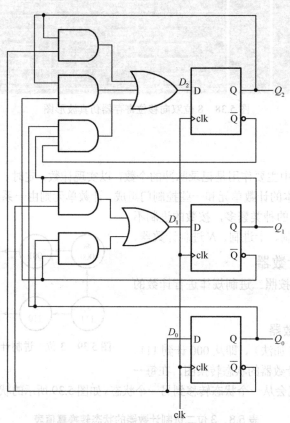

图 5.40　3 位二进制计数器的逻辑电路图

例 5.14　实现 3 位二进制计数器。

根据式（5-1）至式（5-3）编写 3 位二进制计数器的程序如下。

注意： 程序中的输入信号只有时钟和清零信号。在不清零的情况下，只要时钟连续输入，输出就不断地从 000 至 111 循环计数。

程序 5.14a：利用逻辑表达式设计 3 位二进制计数器的程序。

```
module count3a (
    input wire clr,
    input wire clk,
    output reg [2:0] Q
);
    wire [2:0] D;
    assign D[2] = ~Q[2] & Q[1] & Q[0] | Q[2] & ~Q[1] | Q[2] & ~Q[0];
    assign D[1] = ~Q[1] & Q[0] | Q[1] & ~Q[0];
```

```
assign D[0] = ~Q[0];
// 3 个 D 触发器
always @ (posedge clk or posedge clr)
    if (clr == 1)
        Q <= 0;
    else
        Q <= D;
endmodule
```

在 Verilog HDL 中，实现一个任意位的计数器非常容易。一个计数器的行为就是在每个时钟的上升沿使输出加 1。程序 5.14b 和程序 5.14a 的功能一样，可以实现一个 3 位的计数器。注意：在程序 5.14b 中，我们不是通过逻辑表达式编写程序，而是在 always 块中，利用算术运算符在每个时钟上升沿使 Q 加 1 来实现加法计数功能。

程序 5.14b：利用算术运算符实现 3 位二进制计数器的程序。

```
module count3b (
    input wire clr,
    input wire clk,
    output reg [2:0] Q
);
    // 3 位二进制计数器
    always @ (posedge clk or posedge clr)
    begin
        if (clr == 1)
                Q <= 0;
            else
                Q <= Q + 1;
    end
endmodule
```

程序 5.14a 和程序 5.14b 所得的仿真结果是一样的，如图 5.41 所示。观察图 5.41 可以发现，Q[0]的波形频率是时钟频率的一半，Q[1]的波形频率是 Q[0]频率的一半，Q[2]的波形频率是 Q[1]频率的一半。这样，信号 Q[2]的频率就是时钟频率的 1/8。所以，我们称这种 3 位计数器为 8 分频计数器。

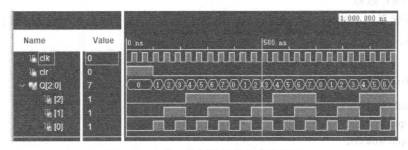

图 5.41　3 位二进制计数器仿真波形图

2．N 位二进制计数器

例 5.15　实现 N 位二进制计数器。

本例将使用 parameter 语句，实现一个通用的 N 位计数器。这里取 N 的值为 8。8 位计数器将从 00000000 计数到 11111111，它的仿真结果如图 5.42 所示。

程序 5.15：N 位二进制计数器程序。

```
module countN
# (parameter N =8)
    (input wire clr,
     input wire clk,
     output reg [N-1:0] Q
);
// N 位二进制计数器
    always @ (posedge clk or posedge clr)
        begin
            if (clr == 1)
                Q <= 0;
            else
                Q <= Q + 1;
        end
endmodule
```

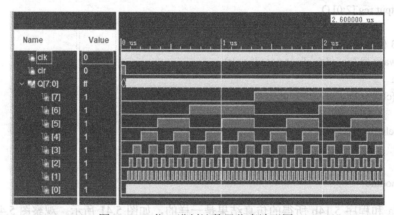

图 5.42　8 位二进制计数器仿真波形图

5.3.2　N 进制计数器

1. 五进制计数器

五进制计数器的功能是 0~4 重复计数。也就是说，它一共要经历 5 个状态，输出从 0 变到 4 然后再回到 0。

例 5.16　实现五进制计数器。

程序 5.16：五进制计数器程序。

```
module mod5cnt (
    input wire clr,
    input wire clk,
    output reg [2:0] Q
);
    // 模-5 计数器
    always @ (posedge clk or posedge clr)
        begin
            if (clr == 1)
```

```
                Q <= 0;
            else if (Q == 4)
                Q <= 0;
            else
                Q <= Q + 1;
        end
    endmodule
```

其仿真结果如图 5.43 所示。

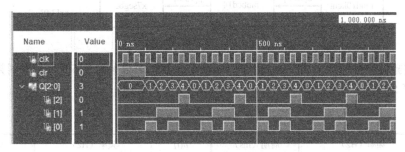

图 5.43　五进制计数器仿真波形图

2．10k 进制计数器

10k 进制计数器的功能是从 0 到 9999 重复计数（注：用 k 表示 1000，10k 则为 10000）。

例 5.17　实现 10k 进制计数器。

程序 5.17a：10k 进制计数器程序。

```
module mod10kcnt (
    input wire clr,
    input wire clk,
    output reg [13:0] q
);

// 10k 计数器
    always @ (posedge clk or posedge clr)
        begin
            if (clr == 1)
                q <= 0;
            else if (q == 9999)
                q <= 0;
            else
                q <= q + 1;
        end
    endmodule
```

使用 EGO1 实验板卡验证程序 5.17a，用 7 段数码管显示十进制数 0～9999，其顶层模块框图如图 5.44 所示。图 5.44 包括 mod10kcnt（10k 进制计数器）模块、clkdiv（时钟分频器）模块、binbcd14（14 位二进制-BCD 码转换器）模块、x7segbc（7 段数码管显示）模块，它们对应的 Verilog HDL 程序分别为程序 5.17a、程序 5.17b、程序 5.17c、程序 5.17d，顶层模块（mod10kcnt_top）对应的 Verilog HDL 程序为程序 5.17e。

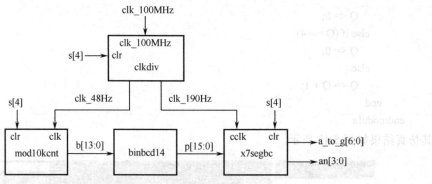

图 5.44　顶层模块框图

EGO1 实验板卡引脚 P17 的时钟频率为 100MHz，我们可以参照表 5.9 得到不同频率的时钟分频器。在程序 5.17b 中利用时钟分频产生 190Hz 和 48Hz 的时钟。

表 5.9　时钟分频器

q(i)	频率（Hz）	周期（ms）	q(i)	频率（Hz）	周期（ms）
I	100 000 000.00	0.000 01	12	12 207.03	0.081 92
0	50 000 000.00	0.000 02	13	6 103.52	0.163 84
1	25 000 000.00	0.000 04	14	3 051.76	0.327 68
2	12 500 000.00	0.000 08	15	1 525.88	0.655 36
3	6 250 000.00	0.000 16	16	962.94	1.310 72
4	3 125 000.00	0.000 32	17	381.47	2.621 44
5	1 562 500.00	0.000 64	18	190.73	5.242 88
6	718 250.00	0.001 28	19	95.37	10.485 76
7	390 625.00	0.002 56	20	47.68	20.971 52
8	195 312.50	0.005 12	21	23.84	41.943 04
9	97 656.25	0.010 24	22	11.92	83.886 08
10	48 828.13	0.020 48	23	5.96	167.772 16
11	24 414.06	0.040 96	24	2.98	355.544 32

程序 5.17b：时钟分频器程序。

```
module clkdiv (
    input wire clk_100MHz,
    input wire clr,
    output wire clk_190Hz,
    output wire clk_48Hz
);
    reg [24:0] q;    // 25 位计数器
    always @ (posedge clk_100MHz or posedge clr)
        begin
            if (clr == 1)
                q <= 0;
            else
```

```verilog
            q <= q + 1;
        end
    assign clk_190Hz = q[18];    // 190 Hz
    assign clk_48Hz = q[20];     // 47.7 Hz
    endmodule
```

程序 5.17c：14 位二进制-BCD 码转换器程序。

```verilog
    module binbcd14 (
        input wire [13:0] b,
        output reg [16:0] p
    );
        // 中间变量
        reg [32:0] z;
        integer i;
        always @ ( * )
            begin
                for (i = 0; i <= 32; i = i+1)
                    z[i] = 0;
                z[16:3] = b;    // b 左移 3 位
                repeat (11)                         // 重复 11 次
                    begin
                        if (z[17:14] > 4)           // 如果个位大于 4
                            z[17:14] = z[17:14] + 3; // 加 3
                        if (z[21:18] > 4)           // 如果十位大于 4
                            z[21:18] = z[21:18] + 3; // 加 3
                        if (z[25:22] > 4)           // 如果百位大于 4
                            z[25:22] = z[25:22] + 3; // 加 3
                        if (z[29:26] > 4)           // 如果千位大于 4
                            z[29:26] = z[29:26] + 3; // 加 3
                        z[32:1] = z[31:0];          // 左移一位
                    end
                p = z[30:14];                       // BCD 输出
            end
    endmodule
```

二进制-BCD 码转换器的详细介绍请参考 4.6.1 节。

程序 5.17d：输入时钟信号 cclk 为 190Hz 的 7 段数码管显示程序。

```verilog
    module x7segbc (
        input wire [15:0] x,
        input wire cclk,
        input wire clr,
        output reg [6:0] a_to_g,
        output reg [3:0] an
    );
        reg [1:0] s;
        reg [3:0] digit;
        wire [3:0] aen;
        assign aen[3] = x[15] | x[14] | x[13] | x[12];
```

```verilog
assign aen[2] = x[15] | x[14] | x[13] | x[12]| x[11] | x[10] | x[9] | x[8];
assign aen[1] = x[15] | x[14] | x[13] | x[12]| x[11] | x[10] | x[9] | x[8]| x[7] | x[6] | x[5] | x[4];
assign aen[0] = 1;
always @ ( * )
    case (s)
        0: digit = x[3:0];
        1: digit = x[7:4];
        2: digit = x[11:8];
        3: digit = x[15:12];
        default: digit = x[3:0];
    endcase
// hex7seg
always @ ( * )
    case (digit)
        0: a_to_g = 7'b1111110;
        1: a_to_g = 7'b0110000;
        2: a_to_g = 7'b1101101;
        3: a_to_g = 7'b1111001;
        4: a_to_g = 7'b0110011;
        5: a_to_g = 7'b1011011;
        6: a_to_g = 7'b1011111;
        7: a_to_g = 7'b1110000;
        8: a_to_g = 7'b1111111;
        9: a_to_g = 7'b1111011;
        'hA: a_to_g = 7'b1110111;
        'hB: a_to_g = 7'b0011111;
        'hC: a_to_g = 7'b1001110;
        'hD: a_to_g = 7'b0111101;
        'hE: a_to_g = 7'b1001111;
        'hF: a_to_g = 7'b1000111;
        default: a_to_g = 7'b1111110;    // 0
    endcase
// 数字选择
always @ ( * )
    begin
        an = 4'b0000;
        if (aen[s] == 1)
            an[s] = 1;
    end
// 计数器
always @ (posedge cclk or posedge clr)
    begin
        if (clr ==1)
            s <= 0;
        else
            s <= s + 1;
    end
endmodule
```

· 170 ·

程序 5.17d 可以将有效数字前面的无效 0 消隐，例如，要显示十进制数 12，只显示两位数"12"，而不是显示 4 位数"0012"。通过 aen[3:0]的逻辑表达式来完成这个功能。aen[3]、aen[2]、aen[1]、aen[0]分别对应一个数码管，若为 1 则对应数码管不会消隐。aen[3:0]的取值依赖于 x[15:0]的值。例如，如果 x[15:0]的高 4 位 x[15:12]中的任何一位为 1，那么 aen[3]为 1，4 个数码管全显示数值。同样地，如果 x[15:0]的高 8 位 x[15:8]中的任何一位为 1，那么 aen[2]为 1；如果 x[15:0]的高 12 位 x[15:4]中的任何一位为 1，那么 aen[1]为 1。注意：由于个位数永远需要显示，因此 aen[0]总是为 1，不会消隐。

程序 5.17e：顶层模块程序。

```
module mod10kcnt_top(
    input wire clk_100MHz,
    input wire [4:4] s,
    output wire [6:0] a_to_g,
    output wire [3:0] an
);
    wire [16:0] p;
    wire clk_48Hz, clk_190Hz;
    wire [13:0] b;
    wire clr;
    assign clr = s;
    clkdiv U1 ( .clk_100MHz(clk_100MHz),
                .clr(clr),
                .clk_190Hz(clk_190Hz),
                .clk_48Hz(clk_48Hz)
    );
    mod10kcnt U2 ( .clr(clr),
                   .clk(clk_48Hz),
                   .q(b)
                 );
    binbcd14 U3 ( .b(b),
                  .p(p)
                );
    x7segbc U4 ( .x(p[15:0]),
                 .cclk(clk_190Hz),
                 .clr(clr),
                 .a_to_g(a_to_g),
                 .an(an)
               );
endmodule
```

5.3.3　任意形式波形的实现

如果将计数器的输出作为一个组合电路的输入，就可以产生特定形式的波形。例如，产生 Morse（摩尔）码中字符'A'的电码（'A'的电码符号为"·—"，画"—"的时间长度是点"·"的 3 倍）。图 5.45 给出了使 3 位计数器产生 Morse 码字符'A'的框图，其中模块 C 为组合模块。模块 C 的输出为表 5.10 所示真值表的输出 A。根据 5.10 所示真值表，可得 Morse 码字符'A'的逻辑表达式为：

$$A = \overline{Q_1}Q_0 + Q_2\overline{Q_0} \tag{5-4}$$

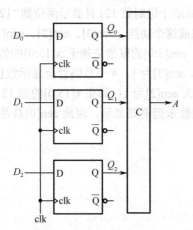

图 5.45　利用 3 位计数器产生 Morse 码框图

表 5.10　利用 3 位计数器产生 Morse 码中字符'A'真值表

状态	Q_2	Q_1	Q_0	A
s_0	0	0	0	0
s_1	0	0	1	1（点.）
s_2	0	1	0	0
s_3	0	1	1	0
s_4	1	0	0	0
s_5	1	0	1	1（画—）
s_6	1	1	0	0
s_7	1	1	1	0

例 5.18　生成 Morse 码中字符'A'的电码。

本例将利用 3 位计数器和式（5-4）生成 Morse 码中字符'A'的电码。将式（5-4）加入程序 5.14b 的代码中，就可以得到程序 5.18，其仿真结果如图 5.46 所示。如果把输出连接到一个 LED 上，那么 LED 将连续显示字符'A'的 Morse 码。

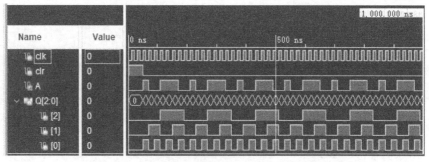

图 5.46　生成 Morse 码字符'A'的电码仿真波形图

程序 5.18：生成 Morse 码中字符'A'的电码的程序。

```
module morsea (
    input wire clr,
    input wire clk,
    output wire A
);
    reg [2:0] Q;
    // 3 位二进制计数器
    always @ (posedge clk or posedge clr)
        begin
            if (clr == 1)
                Q <= 0;
            else
                Q<= Q + 1;
        end
    assign a = ~Q[1] & Q[0] | Q[2] & ~Q[0];
endmodule
```

5.3.4　74LS161 的 IP 核设计及应用

74LS161 是可预置 4 位二进制数的同步加法计数器。74LS161 的引脚图如图 5.47 所示，其功能表如表 5.11 所示。其中 $\overline{CR}$ 为异步复位端，低电平有效；CP 为时钟脉冲输入端；$\overline{LD}$ 为并行输入控制端。

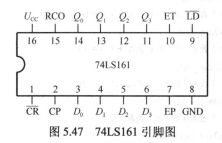

图 5.47　74LS161 引脚图

表 5.11　74LS161 功能表

工作方式	输入						输出
	$\overline{CR}$	CP	EP	ET	$\overline{LD}$	D_n	Q_n
复位	0	×	×	×	×	×	0
置数	1	↑	×	×	0	1/0	1/0
保持	1	×	0	0	1	×	保持
	1	×	0	1	1	×	保持
	1	×	1	0	1	×	保持
计数	1	↑	1	1	1	×	计数

1. 74LS161 的 IP 核设计

实现计数器 74LS161 的 Verilog HDL 程序如下：

```
module ls161(
    input    CR_n,
    input    CP,
    input    D0,
    input    D1,
    input    D2,
    input    D3,
    input    LD_n,
    input    EP,
    input    ET,
    output wire Q0,
    output wire Q1,
    output wire Q2,
    output wire Q3
    );
wire [3:0] Data_in;
reg [3:0] Data_out;
assign Data_in = {D3,D2,D1,D0};
always @(posedge CP or negedge CR_n)
```

```
            begin
                if(CR_n == 0)
                    Data_out <= 0;
                else if(LD_n == 0)
                    Data_out <= Data_in;
                else if(LD_n == 1 && EP == 0 && ET == 0)
                    Data_out <= Data_out;
                else if(LD_n == 1 && EP == 0 && ET == 1)
                    Data_out <= Data_out;
                else if(LD_n == 1 && EP == 1 && ET == 0)
                    Data_out <= Data_out;
                else if(LD_n == 1 && EP == 1 && ET == 1)
                    Data_out <= Data_out + 1;
            end
        assign Q0 = Data_out[0];
        assign Q1 = Data_out[1];
        assign Q2 = Data_out[2];
        assign Q3 = Data_out[3];
    endmodule
```
其仿真结果如图 5.48 所示。

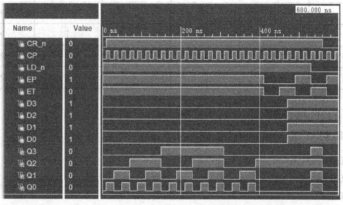

图 5.48　74LS161 仿真波形图

2．74LS161 的 IP 核简单应用

利用 74LS161 的异步清零功能设计六进制计数器的电路图如图 5.49 所示。其中，D0～D3 接低电平，LD_n、EP、ET 接高电平。六进制计数器仿真波形图如图 5.50 所示。

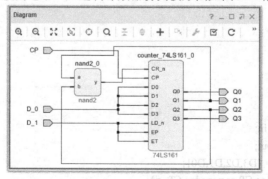

图 5.49　利用 74LS161 设计六进制计数器的电路图

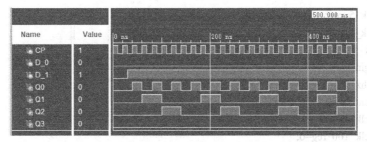

图 5.50　利用 74LS161 设计六进制计数器的仿真波形图

使用 EGO1 实验板卡验证六进制计数器的电路图如图 5.51 所示，其中模块 clk_div 为时钟分频器。EGO1 实验板卡的时钟频率为 100MHz，以此时钟作为计数器 74LS161 的时钟输入，人的肉眼是不能识别计数器输出的变化的，所以要设计一个频率足够低的时钟。图 5.51 中 clk_div 的 IP 核在输入时钟为 100MHz 的情况下能够输出 1Hz、5Hz、10Hz、20Hz、50Hz 和 100Hz 的时钟；hex7seg 的 IP 核为利用 7 段数码管显示计数器输出结果模块。clk_div 和 hex7seg 的 Verilog HDL 程序如下。

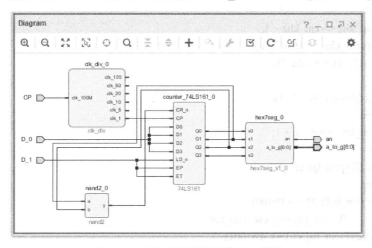

图 5.51　六进制计数器的验证电路图

（1）clk_div 的 IP 核

```
module clk_div_IP(
    input   clk_100M,
    output clk_100,
    output clk_50,
    output clk_20,
    output clk_10,
    output clk_5,
    output clk_1
    );
    reg [15 : 0] cnt_khz;
    reg [11 : 0] cnt_hz;
    reg clk_1k;
    reg clk_100_reg;
    reg clk_50_reg;
    reg clk_20_reg;
    reg clk_10_reg;
```

```verilog
        reg clk_5_reg;
        reg clk_1_reg;
        initial
          begin
        cnt_khz=0;
            cnt_hz=0;
            clk_1k=0;
            clk_100_reg=0;
            clk_50_reg=0;
```

使用 EGO1 实验板卡编程实现该频率发生器的电路框图如图 5.51 所示，并将第一级 clk_div 为时钟分频器。EGO1 实验板卡的时钟频率为 100MHz，因此对作为分频器 clk_div 的电路进行输入、人机界面都不需再进行复杂的变化。因以要通过一个一个频率及寄存化的问题。将作为 clk_div 的 IP 核在输入时钟为 100MHz 的情况下不能够输出如 1kHz、5Hz、10Hz、20Hz、50Hz 和 100Hz（其时钟）；hex7seg 的 IP 核为实现了 7 段数码管显示输出数据的功能。将 clk_div 的中……输出结果如下：

```verilog
            clk_20_reg=0;
            clk_10_reg=0;
            clk_5_reg=0;
            clk_1_reg=0;
          end
        always @ (posedge clk_100M)
          begin
            cnt_khz <= cnt_khz + 1;
            if (cnt_khz == 16'hC34F)
                clk_1k <= ~clk_1k;
        end
        always @ (posedge clk_1k)
          begin
            cnt_hz <= cnt_hz + 1;
          end
        always @ (posedge clk_1k)
          begin
            if (cnt_hz[2:0] == 3'b100)
                clk_100_reg <= ~clk_100_reg;
            else if (cnt_hz[3:0] == 4'b1001)
                clk_50_reg <= ~clk_50_reg;
            else if (cnt_hz[4:0] == 5'b11000)
                clk_20_reg <= ~clk_20_reg;
            else if (cnt_hz[5:0] == 6'b110001)
                clk_10_reg <= ~clk_10_reg;
            else if (cnt_hz[6:0] == 7'b1100011)
                clk_5_reg <= ~clk_5_reg;
            else if (cnt_hz[8:0] == 9'b11_1110_011)
                clk_1_reg <= ~clk_1_reg;
          end
        assign clk_100 = clk_100_reg;
        assign clk_50  = clk_50_reg;
        assign clk_20  = clk_20_reg;
        assign clk_10  = clk_10_reg;
        assign clk_5   = clk_5_reg;
        assign clk_1   = clk_1_reg;
    endmodule
```

（1）clk_div 的 IP 核

```verilog
module clk_div (IP)
    input clk_100M,
    output clk_100,
    output clk_50,
    output clk_20,
    output clk_10,
    output clk_5,
    output clk_1
);
    reg [15:0] cnt_khz;
    reg [11:0] cnt_hz;
    reg clk_1k;
    reg clk_100_reg;
    reg clk_50_reg;
    reg clk_20_reg;
    reg clk_10_reg;
```

图 5.51　频率发生器电路框图

（2）hex7seg 的 IP 核

```verilog
module hex7seg_IP (
  input wire    x0,x1,x2,x3,
  output wire   an,
  output reg [6:0] a_to_g
);

  wire [3:0]x;
  assign x={x3,x2,x1,x0};
  assign an=1;
  always @ ( * )
  case (x)
    0: a_to_g = 7'b1111110;
    1: a_to_g = 7'b0110000;
    2: a_to_g = 7'b1101101;
    3: a_to_g = 7'b1111001;
    4: a_to_g = 7'b0110011;
    5: a_to_g = 7'b1011011;
    6: a_to_g = 7'b1011111;
    7: a_to_g = 7'b1110000;
    8: a_to_g = 7'b1111111;
    9: a_to_g = 7'b1111011;
    'hA: a_to_g = 7'b1110111;
    'hB: a_to_g = 7'b0011111;
    'hC: a_to_g = 7'b1001110;
    'hD: a_to_g = 7'b0111101;
    'hE: a_to_g = 7'b1001111;
    'hF: a_to_g = 7'b1000111;
    default: a_to_g = 7'b1111110;   // 0
  endcase
endmodule
```

5.4 脉冲宽度调制

脉冲宽度调制（Pulse Width Modulation，PWM）是利用微处理器的数字输出来对模拟电路进行控制的一种非常有效的技术。常用 PWM 信号控制电动机的速度或位置。本节将介绍如何产生 PWM 信号。

例 5.19 实现脉冲宽度调制器。

本例中，我们将介绍如何使用 Verilog HDL 程序产生脉冲宽度调制信号。它的基本思想是，使用一个计数器，当计数值 count 小于 duty 时，让 pwm 信号为 1；而当 count 大于等于 duty 时，让 pwm 信号为 0。当 count 的值等于 period-1 时，计数器将复位。

程序 5.19：实现脉冲宽度调制器的程序。

```verilog
module pwmN
# (parameter N = 4)
  (input wire clk,
   input wire clr,
   input wire [N-1:0] duty,
```

```
        input wire [N-1:0] period,
        output reg pwm
    );
        reg [N-1:0] count;
        always @ (posedge clk or posedge clr)
            if (clr ==1)
                count <= 0;
            else if (count == period - 1)
                count <= 0;
            else
                count <= count + 1;
        always @ ( * )
            if (count < duty)
                pwm <= 1;
            else
                pwm <= 0;
    endmodule
```

图 5.52 为例 5.19 的仿真波形图。图中 duty 分别为 1 和 2。当计数值 count 小于 duty 时，pwm 信号为 1，否则 pwm 信号为 0。period 为十六进制数 F，当 count 值等于十六进制数 E（period-1）时，在下一个时钟上升沿到来时，count 清零。

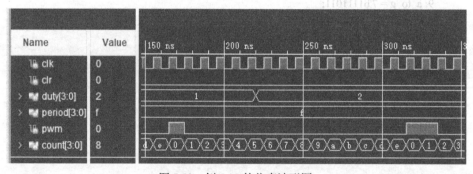

图 5.52　例 5.19 的仿真波形图

例 5.20　产生频率为 2kHz 的 PWM 信号。

假设我们希望产生一个频率为 2 kHz 的 PWM 信号，那么它的周期就为 0.5ms。FPGA 实验板卡提供 100MHz 的时钟频率，而从表 5.9 中可以看出，q[15]的周期为 0.65536ms，刚刚超 0.5ms。因此，我们可以用一个频率为 390.625kHz 的时钟（q[7]）驱动 8 位计数器去控制这个 PWM 信号。这样，就可以得到周期为 0.5ms 的 PWM 信号，即

$$period = (0.5 / 0.65536) \times 255 = 195（十六进制数 C3）$$

duty 的值可以在 00H～C3H 范围内变化。如图 5.53 所示的仿真结果中使用的是一个时钟频率为 390.625kHz 的 8 位计数器，可以看出，产生了一个频率为 2 kHz 的 PWM 信号。

程序 5.20：产生频率为 2 kHz 的 PWM 信号的程序。

```
    module PWM_2k(
        input wire clk,
        input wire clr,
        input wire [7:0] duty,
        output reg pwm
```

```
        );
    wire clk_390k;
    reg [7:0] count;
    reg [25:0]q;
    always@(posedge clk or posedge clr)
        begin
            if(clr==1)
                q<=0;
            else
                q<=q+1;
        end
    assign clk_390k=q[7];
    always @ ( clk_390k or posedge clr)
if (clr ==1)
    count <= 0;
else if (count == 194)
    count <= 0;
else
    count <= count + 1;
always @ ( * )
    if (count < duty)
        pwm <= 1;
    else
        pwm <= 0;
endmodule
```

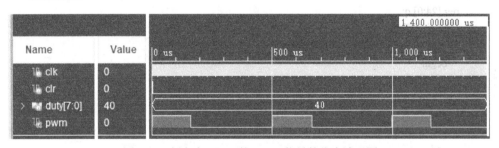

图 5.53　频率为 2 kHz 的 PWM 信号的仿真波形图

5.5　时序逻辑电路综合设计

本节将介绍三个可用 EGO1 实验板卡实现的时序电路例程。

● 例 5.21 将描述如何把拨码开关输入的数据存储到寄存器中；

● 例 5.22 将描述如何使用两个按键把一个二进制数据移入移位寄存器中；

● 例 5.23 将描述如何在 7 段数码管上显示小于 9999 的全部 Fibonacci 数列。

例 5.21　把拨码开关输入的数据存储到寄存器中。

在本例中，我们将实现把拨码开关输入的数据存储到一个 8 位寄存器中。其中，时钟分频模块 clkdiv 见程序 5.21a，用于产生模块 clock_pulse 和 x7segbc 的时钟信号。程序 5.21b 使用程序 5.13 中的 clock_pulse 模块，用 s[0]作为输入；使用程序 5.8 中的 regN 模块，用 s[1]作为加载信号；使用程序 5.17d 中的模块 x7segbc，在 7 段数码管上显示寄存器存储的十六进制数值。顶层模块框图如图 5.54 所示。

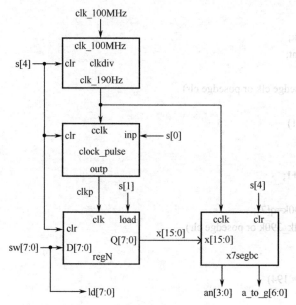

图 5.54 例 5.21 顶层模块框图

程序 5.21a：时钟分频器程序。

```
module clkdiv (
    input wire clk_100MHz,
    input wire clr,
    output wire clk_190Hz
);
    reg [24:0] q;
    // 25 位计数器
    always @ (posedge clk_100MHz or posedge clr)
        begin
            if (clr == 1)
                q <= 0;
            else
                q <= q + 1;
        end
    assign clk_190Hz = q[18];    // 190 Hz
endmodule
```

程序 5.21b：将拨码开关输入的数据加载到寄存器中的程序。

```
module sw_reg_top (
    input wire clk_100MHz,
    input wire [4:0] s,
    input wire [7:0] sw,
    output wire [7:0] ld,
    output wire [6:0] a_to_g,
    output wire [3:0] an
);
    wire [7:0] q;
    wire clk_190Hz, clkp;
```

```
wire [15:0] x;
wire clr;
assign clr = s[4];
assign x = {8'b00000000,q};
assign ld = sw;
clkdiv U1 ( .clk_100MHz(clk_100MHz),
                .clr(clr),
                .clk_190Hz(clk_190Hz)
);
clock_pulse U2 ( .inp(s[0]),
                .cclk(clk_190Hz),
                .clr(clr),
                .outp(clkp)
);
regN U3 ( .load(~s[1]),              //load=1,q=d;load=0,q=q
                .clk(clkp),
                .clr(clr),
                .D(sw),
                .Q(q)
);
x7segbc U4 ( .x(x),
                .cclk(clk_190Hz),
                .clr(clr),
                .a_to_g(a_to_g),
                .an(an)
);
endmodule
```

在用 EGO1 实验板卡验证此功能时应注意，我们用拨码开关输入要存储在寄存器中的值后，8个 LED 会立即显示当前的开关值，但是直到按下按键 s[0]产生单脉冲后，7 段数码管显示才会改变，寄存器中的内容才会被存储，7 段数码管才会显示对应开关设置值的十六进制数。

EGO1 实验板卡上 5 个按键 s[0]～s[4]的引脚约束文件：

```
set_property -dict {PACKAGE_PIN R11 IOSTANDARD LVCMOS33} [get_ports {s[0]}]
set_property -dict {PACKAGE_PIN R17 IOSTANDARD LVCMOS33} [get_ports {s[1]}]
set_property -dict {PACKAGE_PIN R15 IOSTANDARD LVCMOS33} [get_ports {s[2]}]
set_property -dict {PACKAGE_PIN V1 IOSTANDARD LVCMOS33} [get_ports {s[3]}]
set_property -dict {PACKAGE_PIN U4 IOSTANDARD LVCMOS33} [get_ports {s[4]}]
```

例 5.22 把数据移入移位寄存器中。

本例将设计一个输入数据可以改变的 8 位移位寄存器。输入的二进制数数据由两个按键 s[0]和 s[1]控制。其中，如果按下 s[0]，将输入一个 0；如果按下 s[1]，将输入一个 1。如图 5.55 所示为本例的顶层模块框图。我们使用程序 5.21a 中的 clkdiv 模块产生 190Hz（clk_190）时钟信号。使用程序 5.13 中的 clock_pulse 模块产生脉冲信号，把 s[0]和 s[1]作为 clock_pulse 模块的输入，并且无论按下 s[0]还是 s[1]，都将会产生一个时钟脉冲。但是，移入移位寄存器的输入是来自 s[1]的值（当输入二进制数 0 时，s[0]=1，此时 s[1]=0，表示输入 0；当输入二进制数 1 时，s[0]=0，此时 s[1]=1，表示输入 1）。模块 shift_reg8 为一个 8 位的移位寄存器，din 的值将被移入最低位 q[0]中。程序 5.22a 的仿真结果如图 5.56 所示。

程序 5.22a：8 位移位寄存器程序。

```
module shift_reg8 (
    input wire clk,
    input wire clr,
    input wire din,
    output reg [7:0] q
);
    // 8 位移位寄存器
    always @ (posedge clk or posedge clr)
        begin
            if(clr ==1)
                q <= 0;
            else
                begin
                    q[0] <= din;
                    q[7:1] <= q[6:0];
                end
        end
endmodule
```

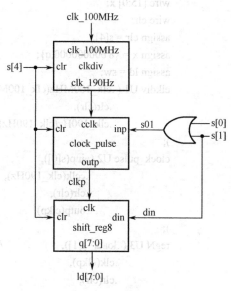

图 5.55　顶层模块框图

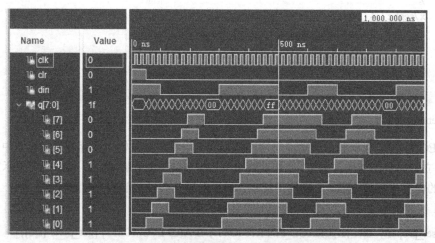

图 5.56　8 位移位寄存器的仿真波形图

程序 5.22b：8 位移位寄存器顶层模块程序。

```
module shift_reg8_top (
    input wire clk_100MHz,
    input wire [4:0] s,
    output wire [7:0] ld
);
    wire clr,clk_190Hz, clkp, s01;
    assign clr = s;
    assign s01 = s[0] | s[1];
    clkdiv U1 ( .clk_100MHz(clk_100MHz),
                .clr(clr),
                .clk_190Hz(clk_190Hz)
    );
```

```
        clock_pulse U2 ( .inp(s01), //当 s[0]按下时移入一个 0，当 s[1]按下时移入一个 1
                        .cclk(clk_190Hz),
                        .clr(clr),
                        .outp(clkp)
        );
        shift_reg8 U3 ( .clk(clkp),
                        .clr(clr),
                        .din(s[1]),
                        .q(ld)
        );
    endmodule
```

例 5.23　计算 Fibonacci 数列。

本例中，我们将学习如何计算 Fibonacci 数列（0, 1, 1, 2, 3, 5, 8, 13, 21, 34, …），并用 4 个 7 段数码管显示 9999 以内的全部 Fibonacci 数列。计算 Fibonacci 数列的公式如下：

$$\begin{cases} F(0) = 0 \\ F(1) = 1 \\ F(n+2) = F(n) + F(n+1) \quad n \geqslant 0 \end{cases} \tag{5-5}$$

Fibonacci 数列从 0 和 1 开始，下一个数字就是前两个数字之和。这就需要存储前面的两个数字。我们使用两个寄存器 fn 和 fn1 完成数字的存储。如图 5.57 所示是计算 Fibonacci 数列的框图。当信号 clr=1 时，给两个寄存器 fn 和 fn1 赋初值 0 和 1。在时钟的上升沿，fn 的值更新为 fn1 原来的值；fn1 的值更新为 fn 与 fn1 的和 fn2（fn2 = fn + fn1）。一旦 fn1 超出 9999，那么输出 f = fn 将是 Fibonacci 数列在小于 9999 这个范围内最大的值。

由于十进制数 9999 等于十六进制数 270E 或二进制数 10011100001111，因此，程序 5.23a 中的寄存器 f 必须是 14 位的。程序 5.23a 实现 Fibonacci 数列的计算，其仿真结果如图 5.58 所示。

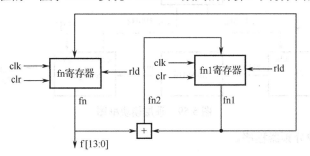

图 5.57　计算 Fibonacci 数列的框图

程序 5.23a：计算 Fibonacci 数列的程序。

```
    module fib (
        input wire clk,
        input wire clr,
        output wire [13:0] f
    );
        reg [13:0] fn, fn1;
        always @ (posedge clk or posedge clr)
            begin
                if (clr == 1)
                    begin
```

```
                fn <= 0;
                fn1 <= 1;
            end
        else if (fn1 < 9999)
            begin
                fn <= fn1;
                fn1 <= fn + fn1;
            end
        end
    assign f = fn;
endmodule
```

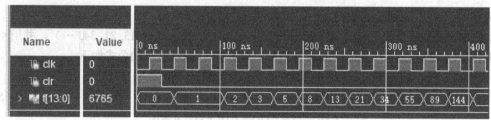

图 5.58　Fibonacci 数列仿真波形图

程序 5.23b 为 clkdiv 模块，可产生 3Hz（clk_3Hz）和 190Hz（clk_190Hz）的时钟信号。程序 5.23c 为顶层模块程序，其框图如图 5.59 所示。

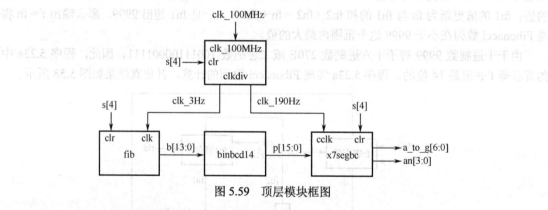

图 5.59　顶层模块框图

程序 5.23b：时钟分频器程序。

```
module clkdiv (
    input wire clk_100MHz,
    input wire clr,
    output wire clk_190Hz,
    output wire clk_3Hz
);
    reg [24:0] q;

    // 25 位计数器
    always @ (posedge clk_100MHz or posedge clr)
        begin
            if (clr == 1)
                q <= 0;
```

```
                        else
                            q <= q + 1;
                    end
                assign clk_190Hz = q[18];    // 190 Hz
                assign clk_3Hz = q[24];      // 3 Hz
            endmodule
```

程序 5.23c：顶层模块程序。

```
        module fib_top (
            input wire clk_100MHz,
            input wire [4:4] s,
            output wire [6:0] a_to_g,
            output wire [3:0] an
        );
            wire [16:0] p;
            wire clr,clk_3Hz,clk_190Hz;
            wire [13:0] b;
            assign clr = s;
            clkdiv U1 ( .clk_100MHz(clk_100MHz),
                        .clr(clr),
                        .clk_3Hz(clk_3Hz),
                        .clk_190Hz(clk_190Hz)
            );
            fib U2 ( .clk(clk_3Hz),
                     .clr(clr),
                     .f(b)
            );
            binbcd14 U3 ( .b(b),
                          .p(p)
            );
            x7segbc U4 ( .x(p[15:0]),
                         .cclk(clk_190Hz),
                         .clr(clr),
                         .a_to_g(a_to_g),
                         .an(an)
            );
        endmodule
```

第6章 数字逻辑电路设计及接口实例

6.1 有限状态机

有限状态机（Finite State Machine，FSM），简称状态机，是表示有限多个状态，以及在这些状态之间转移和动作的数学模型。状态机主要分为 Moore 状态机和 Mealy 状态机。

6.1.1 Moore 状态机和 Mealy 状态机

1．Moore 状态机

Moore 状态机的输出只和当前状态有关而与输入无关，其示意图如图 6.1 所示。

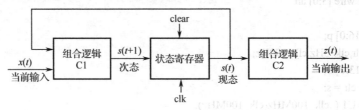

图 6.1　Moore 状态机

2．Mealy 状态机

Mealy 状态机的输出不仅和当前状态有关，而且和输入也有关，其示意图如图 6.2 所示。

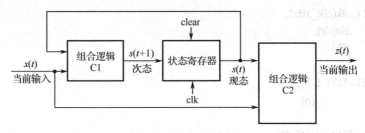

图 6.2　Mealy 状态机

6.1.2 有限状态机设计实例

例 6.1　实现 1101 序列检测器。

本例中将分别采用 Moore 状态机和 Mealy 状态机设计 1101 序列检测器。1101 序列检测器的框图如图 6.3 所示。要求：当检测到输入序列 din 为 1101 时，dout 为 1，否则为 0。

（1）Moore 状态机设计方法

Moore 状态机的状态转换图如图 6.4 所示。注意：当状态为 S_4 时，如果输入为 1，则返回状态 S_2；如果输入为 0，则返回初始状态 S_0。

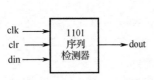

图 6.3　1101 序列检测器框图

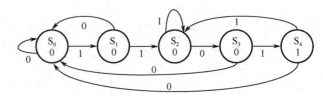

图 6.4　Moore 状态机检测 1101 序列状态转换图

程序 6.1a：用 Moore 状态机设计 1101 序列检测器的程序。

```verilog
module seqdetea(
    input wire clk,
    input wire clr,
    input wire din,
    output reg dout
);
    reg [2:0] present_state, next_state;
    parameter S0 = 3'b000, S1 = 3'b001, S2 = 3'b010, S3 = 3'b011, S4 = 3'b100;   // states
//状态寄存器
    always @(posedge clk or posedge clr)
      begin
        if( clr == 1)
          present_state <= S0;
        else
          present_state <= next_state;
      end
//C1 模块
    always @(*)
      begin
        case(present_state)
          S0: if(din == 1)
                next_state <= S1;
              else
                next_state <= S0;
          S1: if(din == 1)
                next_state <= S2;
              else
                next_state <= S0;
          S2: if(din == 0)
                next_state <= S3;
              else
                next_state <= S2;
          S3: if(din == 1)
                ext_state <= S4;
              else
                next_state <= S0;
          S4: if(din == 0)
                next_state <= S0;
              else
                next_state <= S2;
          default: next_state <= S0;
        endcase
      end
//C2 模块
    always @( * )
      begin
        if(present_state == S4)
```

```
                    dout = 1;
                else
                    dout = 0;
            end
        endmodule
```

在程序 6.1a 中，首先用 parameter 语句定义了 5 个状态，S0（000）、S1（001）、S2（010）、S3（011）、S4（100），这 5 个状态将作为状态寄存器的输出。C1 模块中的 always 块使用 case 语句实现如图 6.4 所示的状态转换功能。C2 模块中的 always 块则根据当前状态判断输出结果。其仿真结果如图 6.5 所示。

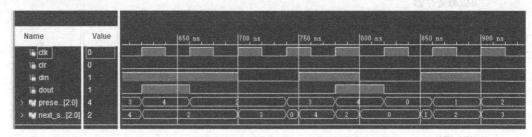

图 6.5　Moore 状态机检测 1101 序列的仿真波形图

（2）Mealy 状态机设计方法

用 Mealy 状态机设计 1101 序列检测器的状态转换图如图 6.6 所示。与如图 6.4 所示的 Moore 状态机不同，采用 Mealy 状态机设计 1101 序列只有 4 个状态，所以只需要用 2 位二进制数对状态进行编码即可。注意：当状态为 S_3（检测到序列 110）且输入为 1 时，在下一个时钟上升沿，状态将变为 S_1，输出变为 0。也就是说，输出不会一直被锁存为 1。如果我们希望在状态变为 S_1 时，输出值被锁存，则可以为输出添加一个触发器。这样，当状态为 S_3 且输入变为 1 时，状态机输出将为 1；在下一个时钟上升沿到来时，状态变为 S_1，输出值 1 保持不变。程序 6.1b 的仿真结果如图 6.7 所示。

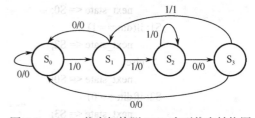

图 6.6　Mealy 状态机检测 1101 序列状态转换图

程序 6.1b：用 Mealy 状态机设计 1101 序列检测器的程序。

```
        module seqdetb(
            input wire clk,
            input wire clr,
            input wire din,
            output reg dout
        );
            reg [1:0] present_state, next_state;
            parameter S0 = 3'b00, S1 = 3'b01, S2 = 3'b10, S3 = 3'b11;
            //状态寄存器
            always @(posedge clk or posedge clr)
                begin
                    if( clr == 1)
                        present_state <= S0;
```

```verilog
          else
              present_state <= next_state;
  end
//C1 模块
always @(*)
    begin
      case(present_state)
      S0: if(din == 1)
              next_state <= S1;
          else
              next_state <= S0;
      S1: if(din == 1)
              next_state <= S2;
          else
              next_state <= S0;
      S2: if(din == 0)
              next_state <= S3;
          else
              next_state <= S2;
      S3: if(din == 1)
              next_state <= S1;
          else
              next_state <= S0;
      default: next_state <= S0;
      endcase
    end
//C2 模块
always @( posedge clk or posedge clr)
    begin
      if( clr == 1)
        dout <= 0;
      else
        if((present_state == S3) && (din==1))
        dout <= 1;
      else
          dout <= 0;
    end
endmodule
```

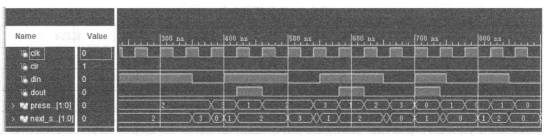

图 6.7　Mealy 状态机检测 1101 序列仿真波形图

（3）Mealy 状态机检测 1101 序列顶层模块

使用 EGO1 实验板卡验证程序 6.1b。其顶层模块框图如图 6.8 所示。其中，模块 clkdiv 和 clock_pulse 分别见程序 5.21a 和程序 5.13，s[1] 和 s[0]用于输入 1 和 0。

程序 6.1c：Mealy 状态机检测 1101 序列顶层模块程序。

```
module seqdeta_top(
    input wire clk_100MHz,
    input wire [4:0] s,
    output wire ld
);
    wire clr,clk_190Hz, clkp, s01;
    assign clr = s;
    assign s01 = s[0] | s[1];
    clkdiv U1 (.clk(clk_100MHz),
            .clr(clr),
            .clk_190Hz(clk_190Hz)
    );
    clock_pulse U2 (.inp(s01),
                .cclk(clk_190Hz),
                .clr(clr),
    .outp(clkp)
    );
    seqdetb U3 (.clk(clkp),
            .clr(clr),
            .din(s[1]),
            .dout(ld)
    );
endmodule
```

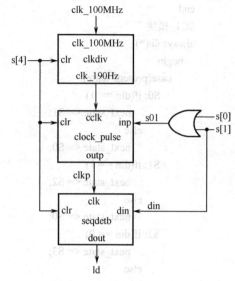

图 6.8　Mealy 状态机检测 1101 序列顶层模块框图

例 6.2　实现交通信号灯。

本例为一个十字路口（南北和东西方向）交通信号灯的程序设计，其中南北和东西方向都有红、黄、绿三种颜色的信号灯。表 6.1 给出了信号灯的状态表，图 6.9 为信号灯的状态转换图。如果我们用频率为 3Hz 的时钟来驱动电路，那么延迟 1s 可以用 3 个时钟得到。类似地，用 15 个时钟可以得到 5s 的延迟。图 6.9 中的计数器 count 用于延迟计数，在状态转移时将归零，并重新开始计数。

表 6.1　信号灯状态表

状　　态	南北方向信号灯	东西方向信号灯	延迟/s
0	绿	红	5
1	黄	红	1
2	红	红	1
3	红	绿	5
4	红	黄	1
5	红	红	1

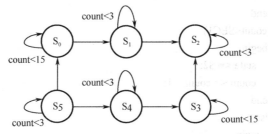

图 6.9 信号灯的状态转换图

程序 6.2a：信号灯程序。

```verilog
module traffic(
   input wire clk_3Hz,
   input wire clr,
   output reg [5:0] lights
);
   reg [2:0] state;
   reg [3:0] count;
   parameter S0 = 3'b000, S1 = 3'b001, S2 = 3'b010, //states
             S3 = 3'b011, S4 = 3'b100, S5 = 3'b101;
   parameter SEC5 = 4'b1110, SEC1 = 4'b0010;
   always @(posedge clk_3Hz or posedge clr)
     begin
       if(clr==1)
         begin
           state <= S0;
           count <= 0;
         end
       else
         case(state)
           S0: if(count<SEC5)
                 begin
                   state <= S0;
                   count <= count + 1;
                 end
               else
                 begin
                   state <= S1;
                   count <= 0;
                 end
           S1: if(count<SEC1)
                 begin
                   state <= S1;
                   count <= count + 1;
                 end
               else
                 begin
                   state <= S2;
                   count <= 0;
```

```verilog
                end
        S2: if(count<SEC1)
                begin
                    state <= S2;
                    count <= count + 1;
                end
            else
                begin
                    state <= S3;
                    count <= 0;
                end
        S3: if(count<SEC5)
                begin
                    state <= S3;
                    count <= count + 1;
                end
            else
                begin
                    state <= S4;
                    count <= 0;
                end
        S4: if(count<SEC1)
                begin
                    state <= S4;
                    count <= count + 1;
                end
            else
                begin
                    state <= S5;
                    count <= 0;
                end
        S5: if(count<SEC1)
                begin
                    state <= S5;
                    count <= count + 1;
                end
            else
                begin
                    state <= S0;
                    count <= 0;
                end
        default state <= S0;
    endcase
end
always @( * )
  begin
    case(state)
        S0: lights = 6'b100001;    //6'h21
```

```
        S1: lights = 6'b100010;   //6'h22
        S2: lights = 6'b100100;   //6'h24
        S3: lights = 6'b001100;   //6'h0c
        S4: lights = 6'b010100;   //6'h14
        S5: lights = 6'b100100;   //6'h24
        default lights = 6'b100001;
    endcase
  end
endmodule
```

在程序 6.2a 中，第二个 always 块使用 case 语句实现了在不同状态下对东西和南北方向红、黄、绿信号灯的控制。程序 6.2a 的仿真结果如图 6.10 所示。

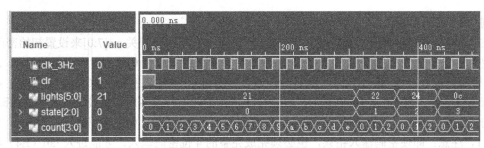

图 6.10　信号灯仿真波形图

程序 6.2b 中的 clkdiv 模块能产生频率为 3Hz 的时钟，程序 6.2c 给出了整个设计的顶层模块程序。

程序 6.2b：时钟分频器程序。

```
module clkdiv(
    input wire clk_100MHz,
    input wire clr,
    output wire clk_3Hz
);
    reg [24:0] q;
    //   25-bit counter
    always @(posedge clk_100MHz or posedge clr)
      begin
        if(clr == 1)
          q <= 0;
        else
          q <= q + 1;
      end
    assign clk_3Hz = q[24];      // 3 Hz
endmodule
```

程序 6.2c：信号灯顶层模块程序。

```
module traffic_lights_top(
    input wire clk_100MHz,
    input wire [4:4] s,
    output wire [5:0] ld
```

```
    );
        wire clr, clk_3Hz;
        assign clr = s;
        clkdiv U1 (.clk(clk_100MHz),
                    .clr(clr),
                    .clk_3Hz(clk_3Hz)
        );
        traffic U2 (.clk_3Hz(clk_3Hz),
                    .clr(clr),
                    .lights(ld)
        );
    endmodule
```

例 6.3　密码锁设计。

在本例中，将把序列检测器扩展为一个密码锁电路。利用拨码开关 sw[7:0] 来设置初始密码（密码设定为 4 个 2 位的二进制密码，sw[7:6]、sw[5:4]、sw[3:2] 和 sw[1:0] 分别对应密码的第 1、2、3、4 位，密码只能设定为 00、01、10 和 11），通过按键 s[3:0] 来输入密码（s[0]、s[1]、s[2]、s[3] 对应的密码值分别为 00、01、10 和 11）。如图 6.11 所示的状态转换图用于比较输入密码与拨码开关设置的密码是否一致。如果密码是正确的，则 pass 为 1，fail 为 0；如果密码错误，则 pass 为 0，fail 为 1。注意：即使密码输入错误，也必须完成完整的 4 位密码输入，才能进入 fail（E4）状态。

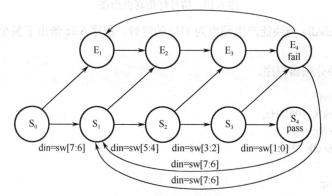

图 6.11　密码锁的状态转换图

程序 6.3a：密码锁程序。

```
    module doorlock(
        input wire cclk,
        input wire clr,
        input wire [7:0] sw,
        input wire [1:0] din,
        output reg pass,
        output reg fail
        );
        reg [3:0] present_state, next_state;
        parameter S0 = 4'b0000, S1 = 4'b0001, S2 = 4'b0010, S3 = 4'b0011,
                S4 = 4'b0100, E1 = 4'b0101, E2 = 4'b0110, E3 = 4'b0111, E4 = 4'b1000;
        // 状态寄存器
        always @(posedge cclk or posedge clr)
```

```
        begin
          if(clr==1)
            present_state <= S0;
          else
            present_state <= next_state;
        end
//C1 模块
  always @(*)
    begin
      case(present_state)
        S0: if(din == sw[7:6])
              next_state <= S1;
            else
              next_state <= E1;
        S1: if(din == sw[5:4])
              next_state <= S2;
            else
              next_state <= E2;
        S2: if(din == sw[3:2])
              next_state <= S3;
            else
              next_state <= E3;
        S3: if(din == sw[1:0])
              next_state <= S4;
            else
              next_state <= E4;
        S4: if(din == sw[7:6])
              next_state <= S1;
            else
              next_state <= E1;
        E1: next_state <= E2;
        E2: next_state <= E3;
        E3: next_state <= E4;
        E4: if(din == sw[7:6])
              next_state <= S1;
            else
              next_state <= E1;
        default: next_state <= S0;
      endcase
    end
//C2 模块
always @(*)
  begin
    if(present_state == S4)
      pass = 1;
    else
      pass = 0;
    if(present_state == E4)
```

```
                    fail = 1;
              else
                    fail = 0;
          end
    endmodule
```

程序 6.3a 的仿真波形图如图 6.12 所示。在仿真测试时，假设密码为"2-0-1-2"，观察图 6.12 可以看到，当密码正确时，pass 为 1，不正确时为 0，符合密码锁设计要求。

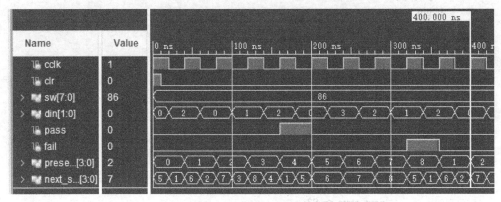

图 6.12　密码锁仿真波形图

使用 EGO1 实验板卡验证程序 6.3a。其顶层模块框图如图 6.13 所示。其中，模块 clkdiv 和 clock_pulse 分别见程序 5.21a 和程序 5.13。

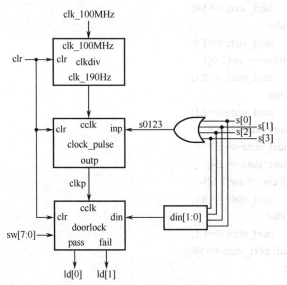

图 6.13　密码锁顶层模块框图

程序 6.3b：密码锁顶层模块程序。

```
    module doorlock_top(
        input wire clk_100MHz,
        input wire [7:0] sw,
        input wire [4:0] s,
        output wire [1:0] ld
        );
```

```verilog
    wire clr,clk_190Hz,clkp,s0123;
    reg [1:0] din;
    assign clr = s[4];
    assign s0123 = s[0] | s[1] | s[2]| s[3];
    always@(*)
      begin
        case(s)
          8:din=2'b11;
          4:din=2'b10;
          2:din=2'b01;
          0:din=2'b00;
          default:din=2'b00;
        endcase
  end
    clkdiv U1 (.clk_100MHz(clk_100MHz),
              .clr(clr),
              .clk_190Hz(clk_190Hz)
    );
    clock_pulse U2 (.inp(s0123),
                    .cclk(clk_190Hz),
                    .clr(clr),
                    .outp(clkp)
    );
    doorlock U3 (.cclk(clkp),
                 .clr(clr),
                 .sw(sw),
                 .din(din),
                 .pass(ld[0]),
                 .fail(ld[1])
    );
  endmodule
```

6.2　求最大公约数

本节将学习欧几里得最大公约数（Greatest Common Divisor，GCD）算法。程序 6.4 为实现欧几里得 GCD 算法的 Verilog HDL 代码，但该代码中存在一些问题，后面将进行分析。该程序仿真结果如图 6.14 所示。

例 6.4　欧几里得 GCD 算法 1。

程序 6.4：实现欧几里得 GCD 算法 1 的程序。

```verilog
module gcd1(
  input wire [3:0] x,
  input wire [3:0] y,
  output reg [3:0] gcd
);
  reg [3:0] xs,ys;
  always @(*)
    begin
```

```
            xs = x;
            ys = y;
            while(xs != ys)
              begin
                if(xs < ys)
                    ys = ys - xs;
                else
                    xs = xs - ys;
              end
            gcd = xs;
        end
    endmodule
```

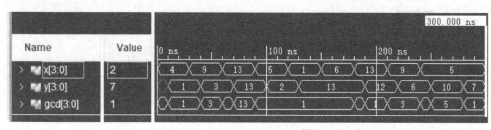

图 6.14　程序 6.4 的仿真波形图

如果试着将程序 6.4 进行综合，将会得到错误提示。这是为什么呢？问题出在 while 语句上，因为在程序开始运行之前没有办法得知具体的循环次数。当输入值在程序运行过程中变化时，没有办法在电路设计之初就确定程序的循环次数。所以该程序综合后会有错误提示。

6.2.1　GCD 算法

本节将介绍一种新的方法实现 GCD 算法，即采用数字处理器实现 GCD 算法。该算法能够很好地解决程序 6.4 所遇到的问题。如图 6.15 所示为数字处理器的通用结构图。其中，控制单元（Control Unit）一般由状态机组成，以完成对时序的控制；数据通道（Datapath）由寄存器、多路选择器和不同的组合逻辑模块组成。数字处理器的数据通道将一些输出信号送入控制单元中，如各种条件标志；而控制单元为数据通道提供各种控制信号，如寄存器信号 load、多路选择器信号 select 等。

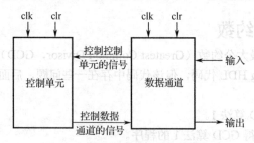

图 6.15　数字处理器的通用结构图

下面介绍构建数据通道的步骤。

（1）为算法中的每个变量都设计一个寄存器（矩形符号，输入信号在顶端，输出信号在底端），如图 6.16 所示，包含三个变量 x、y、gcd。每个寄存器都应包含 clr、clk 和 ld 信号。当 clr 为高电平时，给寄存器输出赋初值（一般为 0）。当 load 为高电平时，在时钟上升沿，存储输入信号。

（2）定义组合逻辑模块，以实现算法所需的算术、逻辑操作。

（3）将寄存器输出端连接到合适的算术和逻辑操作单元的输入端，将算术、逻辑操作的输出端连接到合适的寄存器输入端。如果一个寄存器的输入端有多个信号，则可以添加多路选择器。

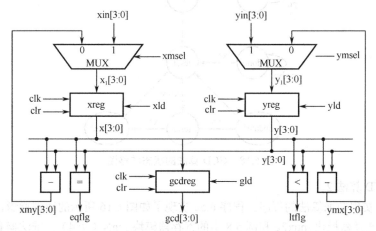

图 6.16　GCD 算法中的数据通道

注意： 数据通道只能决定什么寄存器存储哪些数据，而没有任何的时序信息。所有的时序信息都由控制单元通过状态机来提供。

图 6.16 中的数据通道包含三个寄存器、两个多路选择器、两个减法器和两个数值比较器。信号 clk、clr、xin[3:0]、yin[3:0]来自外部，而数据通道的输入信号 xmsel、ymsel、xld、yld 和 gld 则来自控制单元，如图 6.17 所示。数据通道的输出 eqflg 和 ltflg 被送入控制单元中，而 gcd[3:0]则连接到电路的输出端 gcd_out[3:0]。图 6.17 中的输入信号 go 用于启动算法，可以由 EGO1 实验板卡上的按键提供。clr 信号同样由按键设置，而 xin[3:0]和 yin[3:0]输入信号来自 EGO1 实验板卡上的拨码开关，输出信号 gcd_out[3:0]可以连接到 7 段数码管上。

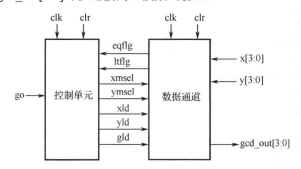

图 6.17　GCD 算法中的数据通道和控制单元

图 6.18 为欧几里得 GCD 算法的状态转换图，状态机开始时处于 start 状态，等待 go 输入信号，当信号 go 变为高电平时，状态机进入状态 input1。在 input1 状态中，信号 xmsel、ymsel、xld 和 yld 被置 1，输入信号 xin 和 yin 在时钟上升沿存储到寄存器 xreg 和 yreg 中。状态机进入状态 test1，此时数据通道输出的 eqflg 将决定接下来的状态。如果 eqflg 为 1，则意味着 x=y，下一个状态为 done，如图 6.18 所示；如果 eqflg 不等于 1，则下一个状态为 test2。在 test2 状态中，将比较 x 和 y 的大小，如果 x<y，则标志信号 ltflg 为 1，控制单元中的状态机将转移到状态 update1，计算 y=y-x。此时，将 ymsel 置 0，yld 置 1，y-x 的值被存储到寄存器 y 中。完成计算后，状态机将返回状态 test1，测试 x 和 y 是否相等。如果在状态 test2 中，状态标志 ltflg 为 0，则意味着 x 大于 y。此时，需要计算 x=x-y，为此将 xmsel 置 0，xld 置 1，x-y 存储到寄存器 x 中。如果算法进入 done 状态，则将 gld 设为 1，状态机一直停留在 done 状态，并一直存储 x 的值到 gcd 输出。

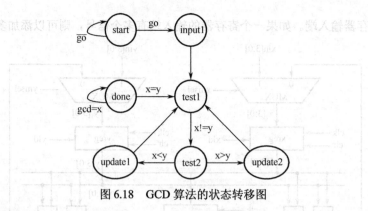

图 6.18　GCD 算法的状态转移图

例 6.5　GCD 算法 2。

本例给出了实现前面算法的程序。程序 6.5a 实现了如图 6.16 所示的数据通道，程序中使用了例 4.7 中的多路选择器模块 mux2g 和例 5.8 中的寄存器模块 regN（N=4）；减法器和数值比较器则用相应的运算实现。程序 6.5b 给出了控制单元的程序代码，它以 Moore 状态机的方式实现如图 6.18 所示的状态转换。在程序 6.5c 中将控制单元和数据通道连接在一起，形成完整的 GCD 算法。

程序 6.5a：GCD 算法 2 数据通道程序。

```
module gcd_datapath(
    input wire clk,
    input wire clr,
    input wire xmsel,
    input wire ymsel,
    input wire xld,
    input wire yld,
    input wire gld,
    input wire [3:0] xin,
    input wire [3:0] yin,
    output wire [3:0] gcd,
    output reg eqflg,
    output reg ltflg
);
    wire [3:0] xmy,ymx,gcd_out;
    wire [3:0] x,y,x1,y1;
    assign xmy = x - y;
    assign ymx = y - x;
    always @(*)
        begin
            if(x == y)
                eqflg = 1;
            else
                eqflg = 0;
        end
    always @(*)
        begin
            if(x<y)
                ltflg = 1;
```

```verilog
            else
                ltflg = 0;
        end
    mux2g #(.N(4))
        M1 (.a(xmy),
            .b(xin),
            .s(xmsel),
            .y(x1)
    );
    mux2g #( .N(4))
        M2 (.a(ymx),
            .b(yin),
            .s(ymsel),
            .y(y1)
    );
    regN #( .N(4))
        R1 (.load(xld),
            .clk(clk),
            .clr(clr),
            .D(x1),
            .Q(x)
    );
    regN #(.N(4))
        R2 (.load(yld),
            .clk(clk),
            .clr(clr),
            .D(y1),
            .Q(y)
    );
    regN #(.N(4))
        R3 (.load(gld),
            .clk(clk),
            .clr(clr),
            .D(x),
            .Q(gcd_out)
    );
    assign gcd = gcd_out;
endmodule
```

程序 6.5b：GCD 算法 2 控制单元程序。

```verilog
module gcd_control(
    input wire clk,
    input wire clr,
    input wire go,
    input wire eqflg,
    input wire ltflg,
    output reg xmsel,
    output reg ymsel,
```

```verilog
        output reg xld,
        output reg yld,
        output reg gld
);
    reg [2:0] present_state, next_state;
    parameter start = 3'b000, input1 = 3'b001, test1 = 3'b010,
              est2 = 3'b011, update1 = 3'b100, update2 = 3'b101,
              done = 3'b110;   //states
// 状态寄存器
    always @(posedge clk or posedge clr)
      begin
        if(clr == 1)
          present_state <= start;
        else
          present_state <= next_state;
      end
//C1 模块
    always @(*)
      begin
        case(present_state)
          start: if(go == 1)
                   next_state = input1;
                 else
                   next_state = start;
          input1: next_state = test1;
          test1: if(eqflg == 1)
                   next_state = done;
                 else
                   next_state = test2;
          test2: if(ltflg == 1)
                   next_state   = update1;
                 else
                   next_state   = update2;
          update1: next_state = test1;
          update2: next_state = test1;
          done: next_state = done;
          default next_state   = start;
        endcase
      end
//C2 模块
    always @(*)
      begin
        xld = 0; yld = 0; gld = 0;
        xmsel = 0; ymsel = 0;
        case(present_state)
          input1:
            begin
              xld = 1; yld = 1;
```

· 202 ·

```
                xmsel = 1; ymsel = 1;
            end
        update1: yld = 1;
        update2: xld = 1;
        done: gld = 1;
        default;
        endcase
    end
endmodule
```

程序 6.5c：完整的 GCD 算法 2 程序。

```
module gcd2(
    input wire clk,
    input wire clr,
    input wire go,
    input wire [3:0] xin,
    input wire [3:0] yin,
    output wire [3:0] gcd_out
);
    wire eqflg,ltflg,xmsel,ymsel;
    wire xld,yld,gld;
    gcd_datapath U1(.clk(clk),
                    .clr(clr),
                    .xmsel(xmsel),
                    .ymsel(ymsel),
                    .xld(xld),
                    .yld(yld),
                    .gld(gld),
                    .xin(xin),
                    .yin(yin),
                    .gcd(gcd_out),
                    .eqflg(eqflg),
                    .ltflg(ltflg)
    );
    gcd_control U2(.clk(clk),
                    .clr(clr),
                    .go(go),
                    .eqflg(eqflg),
                    .ltflg(ltflg),
                    .xmsel(xmsel),
                    .ymsel(ymsel),
                    .xld(xld),
                    .yld(yld),
                    .gld(gld)
    );
endmodule
```

图 6.19 为程序 6.5c 的仿真结果。图中给出了求解数字 8 和 2 的最大公约数的运算过程和结果，还给出了数据通道产生的 x 和 y 信号，以及控制单元产生的 present_state 和 next_state 信号，有助于对运算过程的理解。

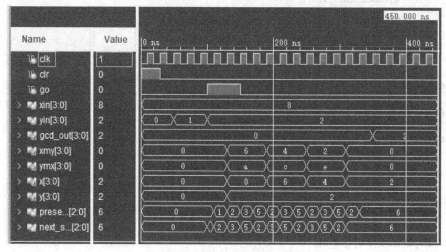

图 6.19　程序 6.5c 仿真波形图

为了使用 EGO1 实验板卡测试上述程序，我们设计了如图 6.20 所示的顶层模块框图。程序 6.5d 实现了时钟分频器。程序 6.5e 实现了顶层模块。其中，使用了程序 5.17d 中的 x7segbc 模块，使数码管分别显示 xin[3:0]、yin[3:0] 和结果 gcd[3:0]。xin[3:0] 和 yin[3:0] 的值由开关 sw[7:4] 和 sw[3:0] 设定，go 信号由按键 s[0] 设定，clr 信号由按键 s[4] 设定。将程序下载到 EGO1 实验板卡中，并运行程序。通过拨码开关设置新的输入值，按下 s[0] 按键启动运算。如果还想对其他数值进行求最大公约数运算，需要按下按键 s[4] 以重启程序（因为每次运算完成后都将停留在 done 状态），接着按下按键 s[0] 对新的输入值进行求最大公约数运算。

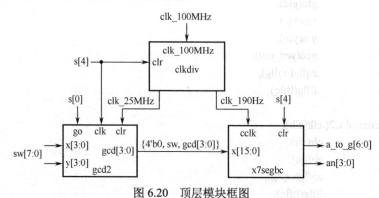

图 6.20　顶层模块框图

程序 6.5d：时钟分频器程序。

```
module clkdiv (
    input wire clk_100MHz,
    input wire clr,
    output wire clk_190Hz,
    output wire clk_25MHz
    );
    reg [21:0] q;
```

```
                    // 25 位计数器
    always @ (posedge clk_100MHz or posedge clr)
      begin
        if (clr == 1)
    q <= 0;
        else
          q <= q + 1;
      end
    assign clk_190Hz = q[18];      // 190 Hz
    assign clk_25MHz = q[1];       // 25MHz
  endmodule
```

程序 6.5e：GCD 算法 2 顶层模块程序。

```
module gcd2_top(
    input wire clk_100MHz,
    input wire [4:0]s,
    input wire [7:0] sw,
    output wire [6:0] a_to_g,
    output wire [3:0] an
);
    wire clr,clk_25MHz,clk_190Hz;
    wire [15:0] x;
    wire [3:0] gcds;
    assign clr = s[4];
    assign x = {4'h0,sw,gcds};
    clkdiv U1 (.clk_100MHz(clk_100MHz),
               .clr(clr),
               .clk_190Hz(clk_190Hz),
               .clk_25MHz(clk_25MHz)
    );
      gcd2 U2 (.clk(clk_25MHz),
               .clr(clr),
               .go(s[0]),
               .xin(sw[7:4]),
               .yin(sw[3:0]),
               .gcd_out(gcds)
    );
      x7segbc U3 (.x(x),
                  .cclk(clk_190Hz),
                  .clr(clr),
                  .a_to_g(a_to_g),
                  .an(an)
    );
  endmodule
```

6.2.2 改进的 GCD 算法

在程序 6.4 中，while 语句不能被综合；而程序 6.5 使用了 5 个模块。本节将使用一个模块 gcd3 实现 GCD 算法。

例 6.6 GCD 算法 3。

程序 6.6a：GCD 算法 3 的模块程序。

```
module gcd3(
    input wire clk,
    input wire clr,
    input wire go,
    input wire [3:0] xin,
    input wire [3:0] yin,
    output reg done,
    output reg [3:0] gcd
);
    reg [3:0] x,y;
    reg calc;
    always @(posedge clk or posedge clr)
        begin
            if(clr == 1)
                begin
                    x <= 0;
                    y <= 0;
                    gcd <= 0;
                    done <= 0;
                    calc <= 0;
                end
            else
                begin
                    done <= 0;
                    if(go == 1)
                        begin
                            x <= xin;
                            y <= yin;
                            calc <= 1;
                        end
                    else
                        begin
                            if(calc == 1)
                                if(x == y)
                                    begin
                                        gcd <= x;
                                        done <= 1;
                                        calc <= 0;
                                    end
                                else
                                    if(x < y)
                                        y <= y - x;
                                    else
                                        x <= x - y;
                        end
```

```
              end
          end
       endmodule
```

gcd3 模块的输入信号 go 是持续一个时钟周期（时钟频率为 25MHz）的单脉冲信号。当 go 变为高电平时，在下一个时钟上升沿给 x 和 y 赋初值，calc 变为高电平。在接下来的时钟上升沿，go 信号被拉低，而 calc 信号保持高电平。注意：当 x=y 且 gcd 寄存器得到最终结果时，calc 信号被拉低，done 信号被拉高。done 信号是单脉冲信号，只持续一个周期。其仿真波形图如图 6.21 所示。

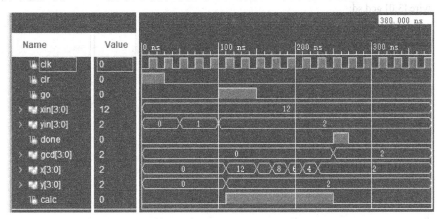

图 6.21　程序 6.6a 仿真波形图

可以采用如图 6.22 所示的顶层模块框图在 EGO1 实验板卡上测试上述程序。程序 6.6b 为顶层模块程序。其中，使用程序 6.5d 中的 clkdiv 模块产生频率为 25MHz 和 190Hz 的时钟；使用程序 5.13 中的 clock_pulse 模块来产生 go 信号（go 信号只持续一个时钟周期），使用程序 5.12 中的 debounce4 模块用于消除按键 s[0]的抖动，还使用程序 5.17d 中的 x7segbc 模块，实现用 7 段数码管来显示输入和输出结果。将程序下载到 EGO1 实验板卡中，并运行程序。改变拨码开关的位置，按下按键 s[0]启动运算。

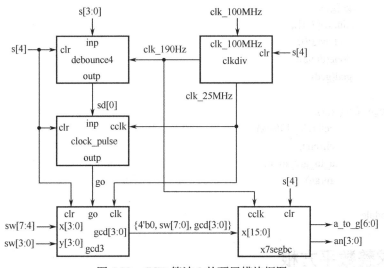

图 6.22　GCD 算法 3 的顶层模块框图

程序 6.6b：GCD 算法 3 的顶层模块程序。

```
module gcd3_top(
```

```verilog
    input wire clk_100MHz,
    input wire [4:0]s,
    input wire [7:0] sw,
    output wire [6:0] a_to_g,
    output wire [3:0] an
);
    wire clr,clk_25MHz,clk_190Hz,done,go;
    wire [15:0] x;
    wire [3:0] gcd,sd;
    assign clr = s[4];
    assign x = {4'h0,sw[7:0],gcd};
    clkdiv U1 (.clk_100MHz(clk_100MHz),
               .clr(clr),
               .clk_190Hz(clk_190Hz),
               .clk_25MHz(clk_25MHz)
    );
    debounce4 U2 (.inp(s[3:0]),
                  .cclk(clk_190Hz),
                  .clr(clr),
                  .outp(sd)
    );
    clock_pulse U3 (.inp(sd[0]),
                    .cclk(clk_25MHz),
                    .clr(clr),
                    .outp(go)
    );

    gcd3 U4 (.clk(clk_25MHz),
             .clr(clr),
             .go(go),
             .xin(sw[7:4]),
             .yin(sw[3:0]),
             .done(done),
             .gcd(gcd)
    );
    x7segbc U5 (.x(x),
                .cclk(clk_190Hz),
                .clr(clr),
                .a_to_g(a_to_g),
                .an(an)
    );
endmodule
```

6.3 求整数平方根

用 C 语言程序实现求解输入值 a 的平方根的算法如下：

```c
unsigned long sqrt(unsigned long a){
    unsigned long square=1;
```

```
unsigned long delta =3;
while(square <a)
{
    square=square+delta;
    delta = delta+2;
}
return (delta/2-1);
}
```

其算法演示如表 6.2 所示，可以看出，两个连续平方数之间的差值 delta 是奇数数列。只要 square 值小于等于输入值 a，while 循环将一直进行。平方根的值 delta/2-1 出现在相应 square 值的下一行。

表 6.2　求整数平方根的算法演示

n	square=n^2	delta	delta/2-1
0	0		
1	1	3	
2	4	5	1
3	9	7	2
4	16	9	3
5	25	11	4
6	36	13	5
7	49	15	6
8	64	17	7
9	81	19	8
10	100	21	9
11	121	23	10
12	144	25	11
13	169	27	12
14	196	29	13
15	225	31	14
16	256	33	15

6.3.1　整数平方根算法

根据 6.2.1 节中的学习内容，本节将使用数字处理器来实现整数平方根算法。

例 6.7　整数平方根算法 1。

整数平方根算法 1 的数据通道框图如图 6.23 所示，输入数据 a[7:0]为 8 位二进制数，由 EGO1 实验板卡上的 8 个拨码开关 sw[7:0]提供。根据表 6.2 可知，delta 的最大值是 33，应该需要 6 位的寄存器来存储 delta。然而，程序最后需要将 delta 的值除以 2 再减 1 才能得到最终结果。如果使用 5 位寄存器来存储 delta，当 delta 值为 33 时，除以 2 得到 0，再减 1 得到$(11111)_2$，低 4 位等于 15，这个结果是正确的。因此，我们完全可以为 delta 指定 5 位的寄存器。表 6.2 中，square 的最大值是 256，所以其对应的寄存器是 9 位。而最大的平方根 root 是 15，所以我们用 4 位寄存器来存储它。

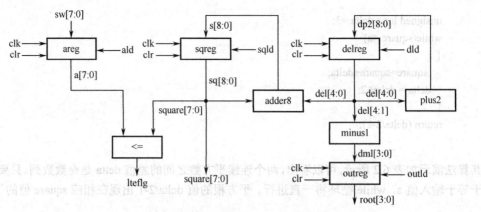

图 6.23　整数平方根算法 1 的数据通道

程序 6.7a 实现了如图 6.23 所示的数据通道。因为 4 个寄存器 areg、sqreg、delreg 和 outreg 的位宽各不相同，初始值也不同，所以设计了 regr2 模块（程序 6.7b）。利用模块实例化语句调用模块 regr2，就可以给 4 个寄存器设定不同的位宽和初值。在程序 6.7b 中，有两个参数 BIT0 和 BIT1 用来设置寄存器低两位的初始化值。注意：在程序 6.7a 中，寄存器 sqreg 初始化为 1，寄存器 delreg 则初始化为 3。组合逻辑模块 adder8、plus2、minus1 用 assign 语句赋值，而图 6.23 中的 "<=" 模块则用单独的一个 always 块实现。

程序 6.7a：整数平方根算法 1 的数据通道程序。

```
module SQRTpath(
    input wire clk,
    input wire reset,
    input wire   ald,
    input wire   sqld,
    input wire   dld,
    input wire   outld,
    input wire   [7:0] sw,
    output reg lteflg,
    output wire [3:0] root
    );
    wire [7:0] a;
    wire [8:0] sq,s;
    wire [4:0] del,dp2;
    wire [3:0] dml;
    assign s = sq + {4'b0000,del};
    assign dp2 = del + 2;
    assign dml = del[4:1] - 1;
    always @(*)
    begin
        if(sq <= {1'b0,a})
            lteflg <= 1;
        else
            lteflg <= 0;
    end
    regr2 #(.N(8),
            .BIT0(0),
```

```verilog
                       .BIT1(0))
            areg (.load(ald),
                  .clk(clk),
                  .reset(reset),
                  .d(sw),
                  .q(a)
    );
    regr2 #(.N(9),
            .BIT0(1),
            .BIT1(0))
            sqreg (.load(sqld),
                   .clk(clk),
                   .reset(reset),
                   .d(s),
                   .q(sq)
    );
    regr2 #(.N(5),
            .BIT0(1),
            .BIT1(1))
            delreg (.load(dld),
                    .clk(clk),
                    .reset(reset),
                    .d(dp2),
                    .q(del)
    );
    regr2 #(.N(4),
            .BIT0(0),
            .BIT1(0))
            outreg (.load(outld),
                    .clk(clk),
                    .reset(reset),
                    .d(dml),
                    .q(root)
    );
    endmodule
```

程序 6.7b：整数平方根算法 1 寄存器程序。

```verilog
module regr2
  #(parameter N = 4,
  parameter BIT0 = 1,
  parameter BIT1 = 1)
  (input wire load,
   input wire clk,
   input wire reset,
   input wire [N-1:0] d,
   output reg [N-1:0] q
  );
  always @(posedge clk or posedge reset)
```

```
if(reset == 1)
    begin
        q[N-1:2] <= 0;
        q[0] <= BIT0;
        q[1] <= BIT1;
    end
else if(load == 1)
        q <= d;
endmodule
```

下面设计相应的控制单元，配合数据通道实现整数平方根算法。整数平方根算法 1 的顶层模块框图如图 6.24 所示。图中数据通道将 lteflg 送入控制单元中，而控制单元为数据通道提供各装载信号 ald、sqld、dld 和 outld。

本例中控制单元共需要 4 个状态：start、test、update 和 done，如图 6.25 所示。由 start 状态开始，并且在 go 信号变为高电平前一直停留在此状态。接着状态机进入 test 状态，此时将检测 square<=a 是否成立。如果不等式成立，则状态机进入 update 状态。此时，将更新 square 和 delta 的值。如果不等式不成立，则状态机转入状态 done，计算最终结果并持续停留在此状态。

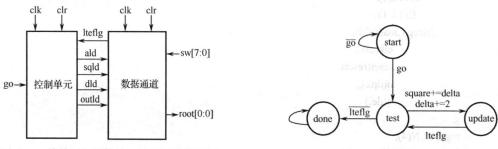

图 6.24 整数平方根算法 1 的顶层模块框图   图 6.25 整数平方根算法 1 的状态转移图

程序 6.7c 给出了采用 Moore 状态机实现整数平方根算法 1 的控制单元的 Verilog HDL 程序。其中用了三个 always 块：时序状态寄存器块及两个组合逻辑块 C1 和 C2。注意思考 C1 模块中如何运用 case 语句找到状态机的下一个状态。输出模块 C2 也运用了 case 语句来为每个状态设定正确的寄存器加载信号。

程序 6.7c：整数平方根算法 1 控制单元程序。

```
module SQRTctrl(
    input wire clk,
    input wire clr,
    input wire lteflg,
    input wire go,
    output reg ald,
    output reg sqld,
    output reg dld,
    output reg outld
);
    reg[1:0] present_state, next_state;
    parameter start = 2'b00, test = 2'b01, update = 2'b10,
    done = 2'b11;
    // 状态寄存器
```

```verilog
always @(posedge clk or posedge clr)
  begin
    if(clr == 1)
      present_state <= start;
    else
      present_state <= next_state;
  end
//C1 模块
always @(*)
  begin
    case(present_state)
      start: if(go == 1)
                next_state = test;
             else
                next_state = start;
      test:  if(lteflg == 1)
                next_state = update;
             else
                next_state = done;
      update: next_state = test;
      done: next_state = done;
      default next_state = start;
    endcase
  end
//C2 模块
always @(*)
  begin
    ald = 0; sqld = 0;
    dld = 0; outld = 0;
    case(present_state)
      start: ald = 1;
      test: ;
      update:
        begin
          sqld = 1; dld = 1;
        end
      done: outld = 1;
      default ;
    endcase
  end
endmodule
```

程序 6.7d 给出了整数平方根算法 1 的 Verilog HDL 程序。其中，只需将数据通道和控制单元实例化就可以了。注意：我们引入了一个 done 信号，只要状态机进入 done 状态，done 信号就会变成高电平，表明已经计算结束。图 6.26 为程序 6.7d 的仿真结果，展示了对整数 17 和 22 求平方根的运算过程。

程序 6.7d：整数平方根算法 1 程序。

```verilog
module sqrt1(
    input wire clk,
    input wire clr,
    input wire go,
    input wire [7:0] sw,
    output wire done,
    output wire [3:0] root
);
    wire lteflg,ald,sqld,dld,outld;
    assign done = outld;
    SQRTctrl S1(.clk(clk),
                .clr(clr),
                .lteflg(lteflg),
                .go(go),
                .ald(ald),
                .sqld(sqld),
                .dld(dld),
                .outld(outld)
    );
    SQRTpath S2 (.clk(clk),
                .reset(clr),
                .ald(ald),
                .sqld(sqld),
                .dld(dld),
                .outld(outld),
                .sw(sw),
                .lteflg(lteflg),
                .root(root)
    );
endmodule
```

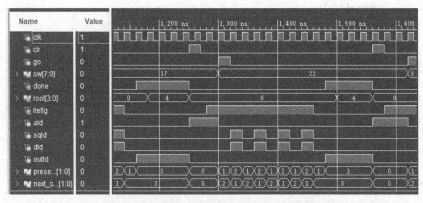

图 6.26　整数平方根算法 1 的仿真波形图

为了使用 EGO1 实验板卡测试上述程序，设计了如图 6.27 所示的顶层模块框图，由程序 6.7e 实现。其中，使用程序 6.5d 中的 clkdiv 模块产生频率为 25MHz（clk_25MHz）和 190Hz（clk_l90Hz）的时钟；使用程序 4.16a 中的 binbcd8 模块实现二进制-BCD 码转换；使用程序 5.17d 中的 x7segbc 模块，实现用 7 段数码管来显示输入的数值和运算后的平方根值。当按下 s[0]按键启动运算后，sqrt

模块对拨码开关所设置的值进行求平方根运算。因为每次运算完成后将停留在 done 状态，所以，如果还想对其他数值进行求平方根运算，需要按下按键 s[4] 以重启程序。

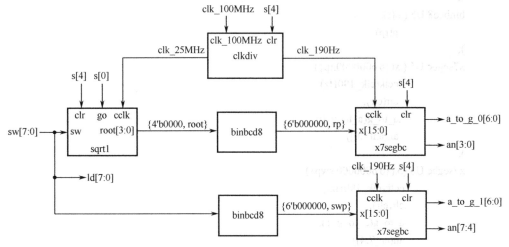

图 6.27　整数平方根算法 1 的顶层模块框图

程序 6.7e：整数平方根算法 1 顶层模块程序。

```
module sqrt1_top(
    input wire clk_100MHz,
    input wire [4:0] s,
    input wire [7:0] sw,
    output wire [7:0] ld,
    output wire [6:0] a_to_g_0,
    output wire [6:0] a_to_g_1,
    output wire [7:0] an
    );
    wire clr,clk_25MHz,clk_190Hz,done;
    wire [9:0] swp,rp;
    wire [3:0] root;
    wire [7:0] b,r;
    assign clr = s[4];
    assign r = {4'b0000,root};
    assign ld = sw;
    clkdiv U1 (.clk_100MHz(clk_100MHz),
            .clr(clr),
            .clk_190Hz(clk_190Hz),
            .clk_25MHz(clk_25MHz)
    );
    sqrt U2 (.clk(clk_25MHz),
            .clr(clr),
            .go(s[0]),
            .sw(sw),
            .done(done),
            .root(root)
    );
```

```
        binbcd8 U4 (.b(sw),
                .p(swp)
        );
        binbcd8 U5 (.b(r),
                .p(rp)
        );
        x7segbc U5 (.x({6'b000000,rp}),
                .cclk(clk_190Hz),
                .clr(clr),
                .a_to_g(a_to_g_0),
                .an(an[3:0])
        );
        x7segbc U6 (.x({6'b000000,swp}),
                .cclk(clk_190Hz),
                .clr(clr),
                .a_to_g(a_to_g_1),
                .an(an[7:4])
        );
    endmodule
```

6.3.2 改进的整数平方根算法

例 6.8 整数平方根算法 2。

本节我们将用更简便的编程方式来实现整数平方根算法，参见程序 6.8a。图 6.28 为对应的仿真结果，图中对数字 17 和 35 进行了求平方根的运算，得到结果 4 和 5。

程序 6.8a：整数平方根算法 2 的程序。

```
module sqrt2(
    input wire clk,
    input wire clr,
    input wire go,
    input wire [7:0] sw,
    output reg done,
    output reg [3:0] root
);
    reg [7:0] a;
    reg [8:0] square;
    reg [4:0] delta;
    reg calc;
    always @(posedge clk or posedge clr)
      begin
        if(clr == 1)
          begin
            a <= 0;
            square <= 0;
            delta <= 0;
            root <= 0;
            done <= 0;
            calc <= 0;
```

```
                end
            else
                if(go == 1)
                    begin
                        a <= sw;
                        square <= 1;
                        delta <= 3;
                        calc <= 1;
                        done <= 0;
                    end
                else
                    begin
                        if(calc == 1)
                            if(square > a)
                                begin
                                    root <= delta[4:1] - 1;
                                    done <= 1;
                                    calc <= 0;
                                end
                            else
                                begin
                                    square <= square + delta;
                                    delta <= delta + 2;
                                end
                    end
            end
endmodule
```

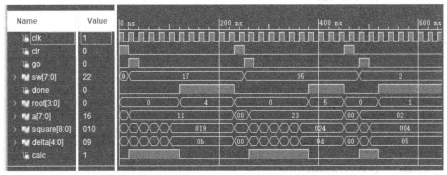

图 6.28　整数平方根算法 2 的仿真波形图

为了使用 EGO1 实验板卡测试 sqrt2 模块功能，设计如图 6.29 所示的整数平方根算法 2 的顶层模块框图。程序 6.8b 给出了顶层模块程序。其中，使用程序 6.5d 中的 clkdiv 模块产生频率为 25MHz（clk_25MHz）和 190Hz（clk_l90Hz）的时钟；使用程序 5.12 中的 debounce4 模块和程序 5.13 中的 clock_pulse 模块来产生 go 信号（go 信号只持续一个时钟周期），使用程序 4.16a 中的 binbcd8 模块实现二进制-BCD 码转换；使用程序 5.17d 中的 x7segbc 模块，实现用 7 段数码管来显示输入的数值和运算后的平方根值。如果还想对其他数值进行求平方根运算，需要按下复位按键 s[4]，通过拨码开关设置新的输入值，接着按下按键 s[0]对新的输入值进行求平方根运算。

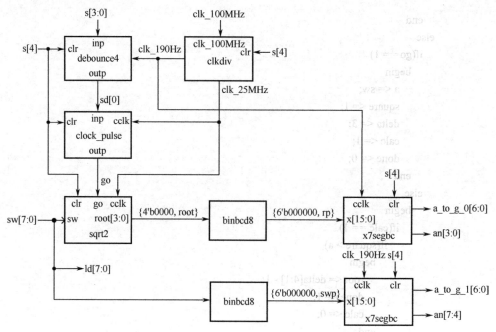

图 6.29　整数平方根算法 2 的顶层模块框图

程序 6.8b：整数平方根算法 2 的顶层模块程序。

```
module sqrt2_top(
    input wire clk_100MHz,
    input wire [4:0] s,
    input wire [7:0] sw,
    output wire [7:0] ld,
    output wire [6:0] a_to_g_0,
    output wire [6:0] a_to_g_1,
    output wire [7:0] an
);
    wire clr,clk_25MHz, clk_190Hz, go1,done;
    wire [9:0] swp,rp;
    wire [3:0] root;
    wire [3:0] sd;
    wire [7:0] b,r;
    assign clr = s[4];
     assign r = {4'b0000,root};
    assign ld = sw;
    clkdiv U1 (.clk_100MHz(clk_100MHz),
               .clr(clr),
               .clk_190Hz(clk_190Hz),
               .clk_25MHz(clk_25MHz)
    );
    debounce4 U2 (.inp(s[3:0]),
                  .cclk(clk_190Hz),
                  .clr(clr),
                  .outp(sd)
    );
```

关于图中 FCO1 这部分在下图中 sqrt2 模块处理，框中编码部分与图示的这部分相符合的顶层图
及处理。程序 6.8b 给出了这些模块程序，其中，用四个模块来产生平方根运算的 25MHz（clk_25MHz）和 190Hz（clk_190Hz）时钟，使用四个模块来处理数字信号输入 s[3:0] 中的 clock_pulse 模块来产生，其 go 信号（go 信号是只接收一个时钟脉冲），使用模块 4.10a 中的 binbcd8 模块及发送二进制到 BCD 码转换，使用程序 5.17d 中的 x7segbc 模块处理器。框图中将这些数据线数组和运算后的平方根值，如此比较其计算数出进行加工，同时其数据线平方根值使其输入 s[3:0]，通过按开关以设置需要输入的数，接着在下接框 s[0] 按所输入值输出以设置显示。

```
    clock_pulse U3 (.inp(sd[0]),
                    .cclk(clk_25MHz),
                    .clr(clr),
                    .outp(go1)
    );
    sqrt2 U4 (.clk(clk_25MHz),
              .clr(clr),
              .go(go1),
              .sw(sw),
              .done(done),
              .root(root)
    );
    binbcd8 U5 (.b(sw),
                .p(swp)
    );
    binbcd8 U6 (.b(r),
                .p(rp)
    );
    x7segbc X1(.x({6'b000000,rp}),
               .cclk(clk_190Hz),
               .clr(clr),
               .a_to_g(a_to_g_0),
               .an(an[3:0])
    );
    x7segbc X2(.x({6'b000000,swp}),
               .cclk(clk_190Hz),
               .clr(clr),
               .a_to_g(a_to_g_1),
               .an(an[7:4])
    );
endmodule
```

6.4   存储器

6.4.1   只读存储器

例 6.9   用 Verilog HDL 程序实现只读存储器。

本例描述了如何使用 Verilog HDL 程序实现只读存储器（ROM）。 这种方法一般适用于实现小容量的存储器。对于更大容量的存储器，可以调用 IP Catalog 创建 Distributed Memory Generator（见例 6.10）或创建 Block Memory Generator。另外，EGO1 实验板卡包含一个 2Mbit 的 SRAM。

ROM 是一个输出只与输入有关的组合模块。如图 6.30 所示是一个 8 字节的 ROM。其中，输入是一个 3 位的地址 addr[2:0]，输出 M[7:0]是地址 addr[2:0]对应的 8 位内容。例如，输入 addr[2:0]=3b'110，输出 M[7:0]将为地址 6 中的内容，即'h6C。

在用 Verilog HDL 程序实现这个 ROM 时，可以把这 8 字节当作一个 64 位的十六进制数，如图 6.31 所示。在程序 6.9a 中定义参数 N 为 ROM 中每个存储单元所能存放的位数，参数 N_WORDS 为 ROM 中存储单元的个数。在图 6.30 中，这两个参数的值都为 8。语句 "reg [N-1:0] rom [0:N_WORDS-1];" 定义了一个包含 N_WORDS 个元素的数组，其中每个元素都有 N 位。语句

"parameter data = 64'h00C8F9AF64956CD4;" 定义了如图 6.31 所示的 64 位十六进制数, 参数 1XLEFT 指明其中最高位是 63 位。

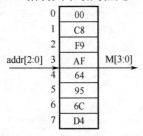

0	00
1	C8
2	F9
3	AF
4	64
5	95
6	6C
7	D4

addr[2:0] 3 → M[3:0]

图 6.30　含有 8 个存储单元的 ROM

63 … 56	55 … 48	47 … 40	39 … 32	31 … 24	23 … 16	15 … 8	7 … 0
00	C8	F9	AF	64	95	6C	D4

图 6.31　把 ROM 中的内容定义为 64 位的十六进制数

程序 6.9a: 8 字节的 ROM 的程序。

```
module rom8(
    input wire [2:0] addr,
    output wire [7:0] M
);
    parameter N = 8;                    // no. of bits in rom word
    parameter N_WORDS = 8;              // no. of words in rom
    reg [N-1:0] rom [0:N_WORDS-1];
    parameter data = 64'h00C8F9AF64956CD4;    // left index of data
    parameter IXLEFT = N*N_WORDS - 1;
    integer i;
    initial
      begin
        for (i = 0; i < N_WORDS; i = i + 1)
          rom[i] = data[(IXLEFT - N*i) -:N];
      end
    assign M = rom[addr];
endmodule
```

我们用下面的 Verilog HDL 代码, 把数组 rom[i] 的值初始化为参数 data 中的元素:

```
initial
  begin
    for (i = 0; i < N_WORDS; i = i + 1)
      rom[i] = data[(IXLEFT - N*i) -:N];
  end
```

其中, 语句 "rom[i] = data[(IXLEFT - N*i) -:N];" 的功能是, 从 data 中第 (IXLEF-N*i) 位开始按递减顺序选择 N 位将其值赋给 rom[i]。若运算符是 "+:", 则其功能为从第 (IXLEFT-N*i) 位开始按递增顺序选择 N 位。当 i=1 时, rom[1]=data[(63-8)-:8] = data[55-:8] = data[55:48], 它选择了图 6.31 中的字节 C8 并把它存储在 rom[1] 中。输出 M 等于 rom(addr)。程序 6.9a 的仿真结果如图 6.32 所示。

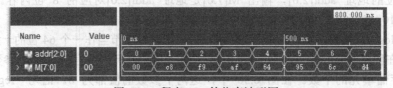

图 6.32　程序 6.9a 的仿真波形图

为了测试程序 6.9a 给出的 rom8.v 模块，我们把它加载到程序 6.6b 的 gcd3_top 顶层模块中。这里不再使用开关设置 gcd3 模块的 4 位 x 和 y 的值，而是使用如图 6.30 所示存储在 ROM 单元中的 8 位数据，计算每个字节高 4 位和低 4 位的最大公约数。其顶层模块框图如图 6.33 所示，其中 3 位计数器 count3 的输出作为 ROM 地址。对于这个计数器，我们将使用程序 5.15 中的 countN 模块（N=3）。go 信号作为计数器的时钟输入。每次按下 s[0]时，就会产生一个单时钟脉冲。这个信号不仅可以使 ROM 的地址加 1，还可以开始计算新地址下 ROM 输出数据的 GCD 值。按下 s[4]，电路复位，计数器的输出将为 0，ROM 存储单元中地址为 0 的内容也被清 0，所有的 LED 都将关断。此时按下 s[0]，由计数器产生的地址变为 1，那么输出 M 将为 C8，并会显示在 LED 上。而计算出的最大公约数 4 也会显示在 7 段数码管上。如果继续按下 s[0]，那么将循环显示 ROM 中所有 8 个值，并且每次都会在 7 段数码管上显示对应的 GCD 值。

程序 6.9b 为如图 6.33 所示顶层模块程序。在顶层模块中，使用程序 6.5d 中的 clkdiv 模块产生频率为 25MHz（clk_25MHz）和 190Hz(clk_l90Hz)的时钟；使用程序 5.12 中的 debounce4 模块和程序 5.13 中的 clock_pulse 模块来产生 go 信号（go 信号只持续一个时钟周期）；使用程序 5.17d 中的 x7segbc 模块，实现用 7 段数码管来显示输入和输出结果。

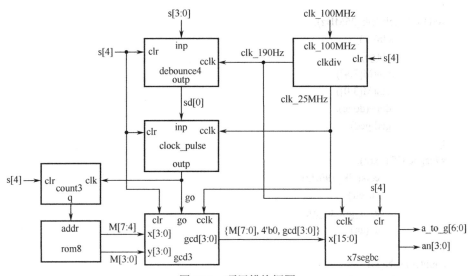

图 6.33　顶层模块框图

程序 6.9b：顶层模块程序。

```
module rom8_top (
    input wire clk_100MHz,
    input wire [4:0] s,
    output wire [6:0] a_to_g,
    output wire [3:0] an
);
    wire clr,clk_25MHz, clk_190Hz, go, done;
    wire [15:0] x;
    wire [2:0] addr;
    wire [7:0] M;
    wire [3:0] gcd;
    wire [3:0] sd;
    assign clr = s[4];
```

```
assign x = {M[7:0],4'b0000, gcd[3:0]};
assign ld = M;
clkdiv U1 ( .clk_100MHz(clk_100MHz),
            .clr(clr),
            .clk_190Hz(clk_190Hz),
            .clk_25MHz(clk_25MHz)
);
debounce4 U2 ( .inp(s[3:0]),
            .cclk(clk_190Hz),
            .clr(clr),
            .outp(sd)
);
clock_pulse U3 ( .inp(sd[0]),
            .cclk(clk_25MHz),
            .clr(clr),
            .outp(go)
);
gcd3 U4 ( .clk(clk_25MHz),
            .clr(clr),
            .go(go),
            .xin(M[7:4]),
            .yin(M[3:0]),
            .done(done),
            .gcd(gcd)
);
x7segbc U5 ( .x(x),
            .cclk(clk_190Hz),
            .clr(clr),
            .a_to_g(a_to_g),
            .an(an)
);
counter #( .N(3))
            U6 ( .clr(clr),
            .clk(go),
            .q(addr)
);
rom8 U7 ( .addr(addr),
            .M(M)
);
endmodule
```

6.4.2 分布式存储器

例 6.10 实现分布式 RAM/ROM。

本例将介绍如何调用 IP Catalog 创建一个 16×8 的分布式 ROM。首先在 Vivado 软件中选择菜单命令 Window→IP Catalog，在 IP Catalog 窗口中选择 Distributed Memory Generator，如图 6.34 所示。弹出 Customize IP 对话框，如图 6.35 所示，存储器类型选择 ROM，模块名设置为 dist_rom16，深度和位宽分别设置为 "16" 和 "8"。然后单击 RST & Initialization 选项卡添加.coe 文件，如图

6.36 所示。ROM 中的内容是用一个.coe 文件定义的，其格式如程序 6.10a 所示。编辑好该文件后，单击 Browse 按钮加载该文件，然后单击 OK 按钮。至此，完成了模块 dist_rom16 的创建。

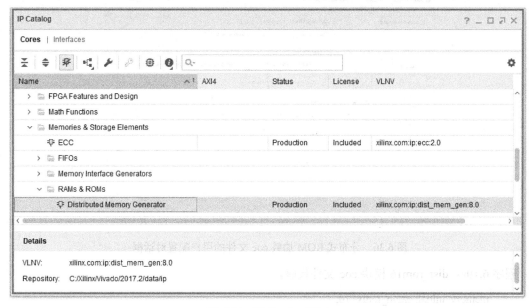

图 6.34　IP Catalog 窗口

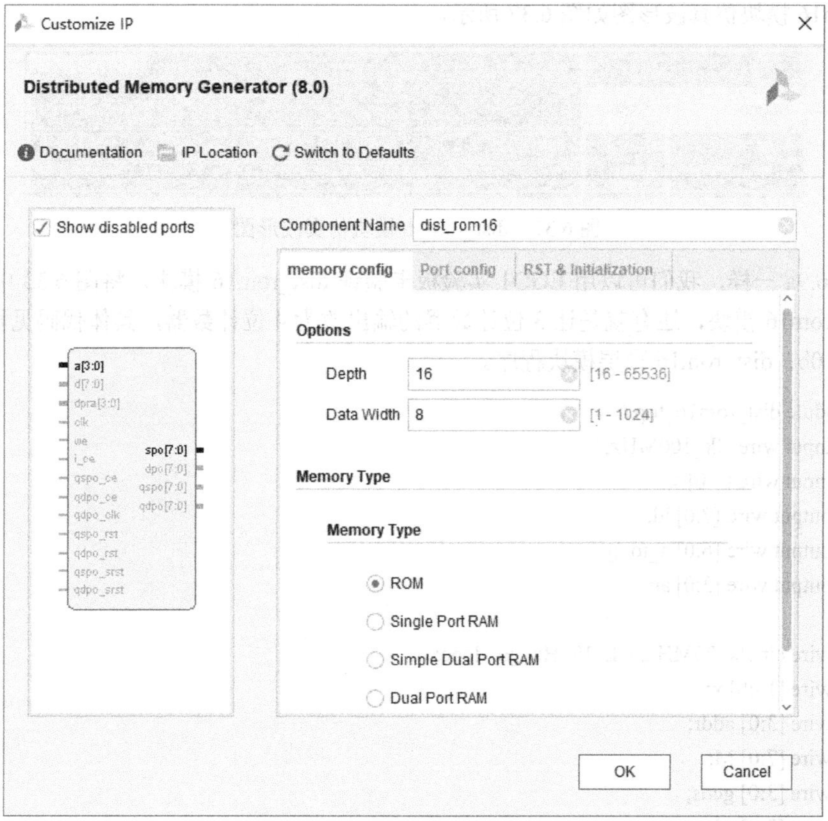

图 6.35　Customize IP 对话框

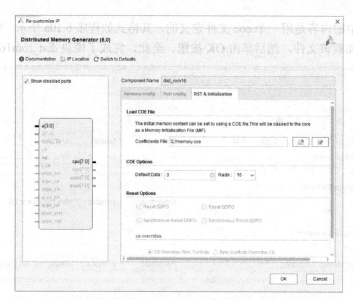

图 6.36　分布式 ROM 加载 .coe 文件的用户配置对话框

程序 6.10a：dist_rom16 模块 .coe 文件代码。

```
memory_initialization_radix=16;
memory_initialization_vector=00 C8 F9 AF 64 95 6C D4 39 E7 5A 96 84 37 28 5F;
```

dist_rom16 模块仿真波形图如图 6.37 所示。

图 6.37　dist_rom16 模块仿真波形图

与程序 6.9a 一样，我们可以用 EGO1 实验板卡验证 dist_rom16 模块，将图 6.33 中的 rom8 模块改成 dist_rom16 模块，还有就是让 3 位计数器的输出改为 4 位计数器，具体代码见程序 6.10b。

程序 6.10b：dist_rom16 顶层模块程序。

```
module dist_rom16_top (
    input wire clk_100MHz,
    input wire [4:0] s,
    output wire [7:0] ld,
    output wire [6:0] a_to_g,
    output wire [3:0] an
);
    wire clr,clk_25MHz, clk_190Hz, go, done;
    wire [15:0] x;
    wire [3:0] addr;
    wire [7:0] M;
    wire [3:0] gcds;
    wire [3:0] sd;
    assign clr = s[4];
    assign x = {M[7:0],4'h0000,gcds};
```

```
        assign ld = addr;
        clkdiv U1 ( .clk_100MHz(clk_100MHz),
                   .clr(clr),
                   .clk_190Hz(clk_190Hz),
                   .clk_25MHz(clk_25MHz)
        );
        debounce4 U2 ( .inp(s[3:0]),
                       .cclk(clk_190Hz),
                       .clr(clr),
                       .outp(sd)
        );
        clock_pulse U3 ( .inp(sd[0]),
                         .cclk(clk_25MHz),
                         .clr(clr),
                         .outp(go)
        );
        gcd3 U4 ( .clk(clk_25MHz),
                  .clr(clr),
                  .go(go1),
                  .xin(M[7:4]),
                  .yin(M[3:0]),
                  .done(done),
                  .gcd(gcds)
        );
        x7segbc U5 ( .x(x),
                     .cclk(clk_190Hz),
                     .clr(clr),
                     .a_to_g(a_to_g),
                     .an(an)
        );
        counter #( .N(4))
                   U6 ( .clr(clr),
                        .clk(go),
                        .q(addr)
        );
        dist_rom16 U7 ( .a(addr),           // 地址
                        .spo(M)             // 数据
        );
endmodule
```

6.5 VGA 控制器

VGA（Video Graphics Array）控制器是一个控制视频显示的模块，主要控制行同步信号 HS、场同步信号 VS，以及三基色信号 R（红）、G（绿）和 B（蓝）。在传统 VGA 显示器上，通过电子枪打在屏幕的红、绿、蓝三色发光极上来产生色彩，屏幕上的每个颜色点称为一个像素。液晶显示器的每个像素点也是由红、绿、蓝三部分发光点构成的，相对于传统显示器只是显示控制方式不同，但 VGA 信号工作原理是相同的。图像的显示一般都是从屏幕的左上角开始，并从左到右、从

上到下依次逐行扫描显示，最终抵达屏幕的右下角。每行扫描结束时，用行同步信号进行同步；扫描完所有的行后形成一帧，用场同步信号进行同步。其输入显示器中的 R、G 和 B 信号是模拟信号。然而，FPGA 的输出信号却是数字信号，所以需要用 D/A 转换器把它转变为模拟信号。EGO1 实验板卡使用一个简单的电路（如图 6.38 所示）将一个 4 位的 R 信号 $R[3:0]$ 转换为模拟信号 V_R。同样此方法将 G 信号和 B 信号转换为模拟信号。EGO1 实验板卡支持 12 位的 VGA 彩色显示：4 位红基色、4 位绿基色和 4 位的蓝基色。这将产生 4096 种不同的颜色。

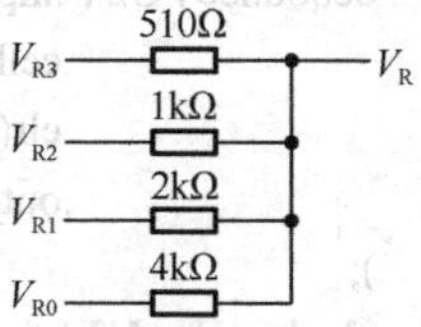

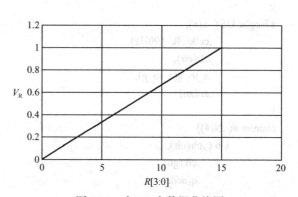

为了分析如图 6.38 所示的电路，我们设节点 V_R 处的电流和为 0，即

$$\frac{V_R - V_{R3}}{0.51} + \frac{V_R - V_{R2}}{1} + \frac{V_R - V_{R1}}{2} + \frac{V_R - V_{R0}}{4} = 0 \quad (6.1)$$

图 6.38 三基色信号的 D/A 转换电路

得到

$$V_R = \frac{8}{15}V_{R3} + \frac{4}{15}V_{R2} + \frac{2}{15}V_{R1} + \frac{1}{15}V_{R0} \quad (6.2)$$

表 6.3 给出了由式（6.2）得出的 V_R 的 15 个可能值（得出的 V_R 值乘以实际高电平电压就是实际输出的电压），这些结果可绘成如图 6.39 所示曲线。

表 6.3　D/A 转换器

R_3	R_2	R_1	R_0	V_R
0	0	0	0	0
0	0	0	1	1/15
0	0	1	0	2/15
0	0	1	1	3/15
0	1	0	0	4/15
0	1	0	1	5/15
0	1	1	0	6/15
0	1	1	1	7/15
1	0	0	0	8/15
1	0	0	1	9/15
1	0	1	0	10/15
1	0	1	1	11/15
1	1	0	0	12/15
1	1	0	1	13/15
1	1	1	0	14/15
1	1	1	1	15/15

图 6.39　表 6.3 中数据曲线图

6.5.1　VGA 的时序

要实现 VGA 显示，就要解决数据存储、时序实现等问题，下面了解 VGA 的时序。

1. 行同步信号时序

行同步信号（HS）包括 4 部分：同步脉冲（SP）、显示后沿（BP）、行视频（HV）和显示前沿（FP）。如图 6.40 所示为行同步信号时序图。行同步信号通过一个负脉冲标志新一行的开始

（也是上一行的结束），在显示后沿区域，行同步信号被拉高，直到显示前沿区域，行同步信号仍然保持为高电平。在行视频区域，RGB 数据从左至右驱动一行中的每个像素点显示。同步脉冲、显示后沿和显示前沿都在行消隐间隔内，当消隐有效时，RGB 信号无效，屏幕不显示数据。

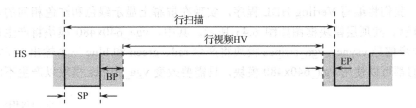

图 6.40　行同步信号时序图

一个频率为 25MHz 的时钟，显示一个像素点需要 $1/(25 \times 10^6) = 0.04\mu s$ 的时间。对于分辨率为 640×480 像素的显示器，行视频时间为显示 640 个像素点所需要时间，即 $640 \times 0.04\mu s = 25.60\mu s$。根据 VGA 一般规范，同步脉冲的实际时间大约为行视频时间的 0.15，显示后沿和显示前沿大约各为行视频时间的 3/40 和 1/40，如表 6.4 所示。

表 6.4　640×480（60Hz）像素 VGA 时序数据

行同步信号			场同步信号		
时序名称	时间/μs	时钟数	时序名称	时间/ms	时钟数
同步脉冲（SP）	3.84	96 个	同步脉冲（SP）	0.064	2 个
显示后沿（BP）	1.92	48 个	显示后沿（BP）	0.928	29 个
行视频（HV）	25.6	640 个	行视频（VV）	15.36	480 个
显示前沿（FP）	0.64	16 个	显示前沿（FP）	0.32	10 个
总时间	32	800 个	总时间	16.672	521 个

2．场同步信号时序

场时序基本与行时序一致，场同步信号也由 4 部分组成，即同步脉冲（SP）、显示后沿（BP）、场视频（VV）和显示前沿（FP）。图 6.41 给出了场同步信号时序图。扫描整个屏幕（一帧）需要 1/60s 或 16.67ms，而行扫描时间为 32μs，所以每帧有 16.67ms/32μs = 521 行。我们已经知道，场视频区域必须有 480 行。场视频时间为 480×32μs=15.360ms。根据规范，场同步脉冲应大约为场视频时间的 1/240。最后分别用 75%和 25%作为规范来分割显示前沿和显示后沿之间的 39 行。场同步信号时序数据如表 6.4 所示。

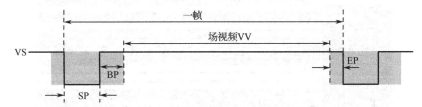

图 6.41　场同步信号时序图

6.5.2　VGA 控制器实例

本节将通过以下例程说明如何利用 Verilog HDL 语言设计 VGA 控制器。

● 例 6.11 实现条纹显示。

● 例 6.12 图像存储器应用。

- 例 6.13 实现图像显示。
- 例 6.14 实现屏幕保护。

例 6.11 实现条纹显示。

本例中，我们将编写 Verilog HDL 程序，实现在屏幕上显示绿色和红色相间的水平条纹，如图 6.42 所示。其顶层模块框图如图 6.43 所示。其中，vga_640x480 模块将产生行同步信号 hsync 和场同步信号 vsync；vga_stripes 模块将产生 red、green 和 blue 三个输出。在本节的所有例子中，我们都可以使用 vga_640x480 模块，只需要改变 vga_stripes 模块以产生不同的色彩显示即可。

图 6.42 例 6.11 的屏幕显示

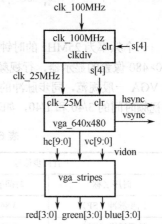

图 6.43 例 6.11 的顶层模块框图

程序 6.11a 实现 vga_640x480 模块。对于输入信号，该模块定义了频率为 25MHz 的时钟信号 clk_25M、清零信号 clr、行同步信号 hsync、场同步信号 vsync、行计数器 hc、场计数器 vc。当行计数器和场计数器在 640×480 显示区域内时，可见视频区域标志 vidon 置 1。

程序 6.11b 实现 vga_stripes 模块。它给出了驱动 red、green 和 blue 的信号，所有的信号都默认为低电平。在可见视频区域内，当 vidon 为高电平且 vc[4] 为高电平时，4 位 red 信号输出为高电平，4 位 green 信号输出为低电平。这样会交替显示 16 行宽的绿色条纹和 16 行宽的红色条纹。

程序 6.11d 实现如图 6.43 所示顶层模块。如图 6.44 所示为本例的仿真结果。如图 6.45 所示的是前 20 可见行的仿真结果，其中每 16 行交替显示红色和绿色。

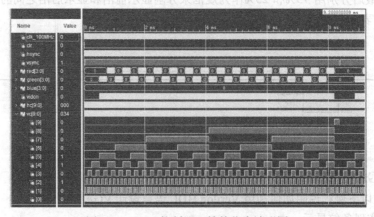

图 6.44 VGA 控制器 1 帧的仿真波形图

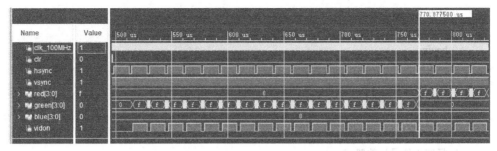

图 6.45　VGA 控制器前 20 可见行的仿真波形图

程序 6.11a：vga_640x480 模块程序。

```verilog
module vga_640x480 (
    input wire clk,
    input wire clr,
    output reg hsync,
    output reg vsync,
    output reg [9:0] hc,
    output reg [9:0] vc,
    output reg vidon
);
    parameter hpixels = 10'b1100100000;      // 行像素点=800
    parameter vlines = 10'b1000001001;       // 行数  = 521
    parameter hbp = 10'b0010010000;          // 行显示后沿 = 144 (128+16)
    parameter hfp = 10'b1100010000;          // 行显示前沿 = 784 (128+16+640)
    parameter vbp = 10'b0000011111;          // 场显示后沿  = 31 (2+29)
    parameter vfp = 10'b0111111111;          // 场显示前沿  = 511 (2+29+480)
    reg vsenable;                            // 使能 vc
    // 行同步信号计数器
    always @ (posedge clk or posedge clr)
      begin
        if(clr == 1)
          hc <= 0;
        else
          begin
            if(hc == hpixels - 1)
              begin
                // The counter has reached the end of pixel count
                hc <= 0;                     // 计数器复位
                vsenable <= 1;
                // Enable the vertical counter to increment
              end
            else
              begin
                hc <= hc + 1;                // Increment the horizontal counter
                vsenable <= 0;               // Leave the vsenable off
              end
          end
      end
```

• 229 •

```
// 产生 hsync 脉冲
always @ ( * )
    begin
        if(hc < 96)
            hsync = 0;
        else
            hsync = 1;
    end
// 场同步信号计数器
always @ (posedge clk or posedge clr)
    begin
        if(clr == 1)
            vc <= 0;
        else
            if(vsenable == 1)
                begin
                    if (vc == vlines -1)
                        // Reset when the number of lines is reached
                        vc <= 0;
                    else
                        vc <= vc + 1;                // 场计数器加 1
                end
        end
// 产生 vsync 脉冲
always @ ( * )
    begin
        if( vc < 2)
            vsync = 0;
        else
            vsync = 1;
    end
// 使能显示器显示
always @ ( * )
    begin
        if((hc < hfp) && (hc >= hbp) && (vc < vfp) && (vc >=vbp))
            vidon = 1;
        else
            vidon = 0;
    end
endmodule
```

程序 6.11b：vga_stripes 模块程序。

```
module vga_stripes(
    input wire vidon,
    input wire [9:0] hc, vc,
    output reg [3:0] red, green,blue
);
// 输出 16 行宽的红绿条纹
```

```
        always @(*)
          begin
            red = 0;
            green = 0;
            blue = 0;
            if(vidon == 1)
              begin
                red = {vc[4], vc[4], vc[4], vc[4]};
                green = ~{vc[4], vc[4], vc[4], vc[4]};
              end
          end
      endmodule
```

程序 6.11c：时钟分频器程序。

```
module clkdiv (
  input wire clk_100MHz,
  input wire clr,
  output wire clk_25MHz
);
  reg [21:0] q;
  // 25 位计数器
  always @ (posedge clk_100MHz or posedge clr)
    begin
      if (clr == 1)
        q <= 0;
      else
        q <= q + 1;
    end
  assign clk_25MHz = q[1];      // 25MHz
endmodule
```

程序 6.11d：顶层模块程序。

```
module vga_stripes_top(
  input wire clk_100MHz,
  input wire [4:4] s,
  output wire hsync, vsync,
  output wire [3:0] red, green,blue
  );
  wire clk_25MHz, clr, vidon;
  wire [9:0] hc, vc;
  assign clr = s;
  clkdiv U1(.clk_100MHz(clk_100MHz),
            .clr(clr),
            .clk_25MHz(clk_25MHz)
  );
  vga_640x480 U2(.clk(clk_25MHz),
                 .clr(clr),
                 .hsync(hsync),
```

```
                    .vsync(vsync),
                    .hc(hc),
                    .vc(vc),
                    .vidon(vidon)
    );
    vga_stripes U3 (.vidon(vidon),
                    .hc(hc),
                    .vc(vc),
                    .red(red),
                    .green(green),
                    .blue(blue)
    );
    endmodule
```

部分引脚约束代码如下:

```
set_property -dict {PACKAGE_PIN P17 IOSTANDARD LVCMOS33} [get_ports clk_100MHz]
set_property -dict {PACKAGE_PIN U4 IOSTANDARD LVCMOS33} [get_ports s]
#VGA 行同步场同步信号
set_property -dict {PACKAGE_PIN D7 IOSTANDARD LVCMOS33} [get_ports hsync]
set_property -dict {PACKAGE_PIN C4 IOSTANDARD LVCMOS33} [get_ports {vsync}]
#VGA 红绿蓝信号
set_property -dict {PACKAGE_PIN F5 IOSTANDARD LVCMOS33} [get_ports {red[0]}]
set_property -dict {PACKAGE_PIN C6 IOSTANDARD LVCMOS33} [get_ports {red[1]}]
set_property -dict {PACKAGE_PIN C5 IOSTANDARD LVCMOS33} [get_ports {red[2]}]
set_property -dict {PACKAGE_PIN B7 IOSTANDARD LVCMOS33} [get_ports {red[3]}]
set_property -dict {PACKAGE_PIN B6 IOSTANDARD LVCMOS33} [get_ports {green[0]}]
set_property -dict {PACKAGE_PIN A6 IOSTANDARD LVCMOS33} [get_ports {green[1]}]
set_property -dict {PACKAGE_PIN A5 IOSTANDARD LVCMOS33} [get_ports {green[2]}]
set_property -dict {PACKAGE_PIN D8 IOSTANDARD LVCMOS33} [get_ports {green[3]}]
set_property -dict {PACKAGE_PIN C7 IOSTANDARD LVCMOS33} [get_ports {blue[0]}]
set_property -dict {PACKAGE_PIN E6 IOSTANDARD LVCMOS33} [get_ports {blue[1]}]
set_property -dict {PACKAGE_PIN E5 IOSTANDARD LVCMOS33} [get_ports {blue[2]}]
set_property -dict {PACKAGE_PIN E7 IOSTANDARD LVCMOS33} [get_ports {blue[3]}]
```

例 6.12 图像存储器应用。

本例将设计一个能够通过拨码开关改变字母"HIT"在显示屏上位置的 VGA 控制器。本例将采用例 6.9 的方法来存储英文字母"HIT"的信息,如程序 6.12a 所示。该模块包含一个 16×32 位的存储区域,我们称之为图像数据存储器。存储器的一位表示屏幕上一个相应的像素点的信息。如果是 0,则表明这个像素点被关闭;如果是 1,则表明这个像素点在屏幕上相应的位置被显示(一个以 0 为背景,由所有 1 构成字母"HIT"的显示图像)。将包含在图像存储器中的 16×32 位图像与例 6.11 中的 vga_640x480 模块整合在一起,就能在屏幕上显示这三个大写字母。这种被整合到一个更大背景中的 2 位小图像称为 sprite。

程序 6.12a:prom_HIT 模块程序。

```
    module prom_HIT(
        input wire [3:0] addr,
        output wire [0:31] M
    );
```

```
    reg [0:31] rom[0:15];
    parameter data= {
        32'b00000000000000000000000000000000,
        32'b01000001000011111110001111111110,
        32'b01000001000000010000000000100000,
        32'b01000001000000010000000000100000,
        32'b01000001000000010000000000100000,
        32'b01000001000000010000000000100000,
        32'b01000001000000010000000000100000,
        32'b01111111000000010000000000100000,
        32'b01000001000000010000000000100000,
        32'b01000001000000010000000000100000,
        32'b01000001000000010000000000100000,
        32'b01000001000000010000000000100000,
        32'b01000001000000010000000000100000,
        32'b01000001000000010000000000100000,
        32'b01000001000011111110000000100000,
        32'b00000000000000000000000000000000
    };
    integer i;
    initial
        begin
            for(i=0; i<16; i=i+1)
                rom[i] = data[(511-32*i)-:32];
        end
    assign M = rom[addr];
endmodule
```

如图 6.46 所示是在屏幕上显示字母"HIT"的顶层模块框图，由程序 6.12b 实现。其中，使用程序 6.11a 中的 vga_640x480 模块；使用程序 6.11c 中的 clkdiv 模块产生频率为 25MHz（clk_25MHz）的时钟。在程序中，参数 W 和 H 分别是图像的宽和高。在本例中，根据存储器模块中的数据，字母"HIT"的图像应为 32 位宽和 16 行高。信号 c 和 r 是当前图像左上角位置的行与列，c 和 r 的值由拨码开关 sw[7:0] 控制。信号 rom_addr4[3:0] 和 M[0:31] 用于连接 prom_HIT 模块和 vga_initials 模块。信号 rom_addr[9:0] 被设置为 vc-vbp-r，指向存储器的当前地址（行），信号 rom_pix 被设置为 hc-hbp-c，是该地址中一个字的特定位（列），它们一起构成了字母"HIT"图像中的像素坐标 (rom_addr,rom_pix)。信号 spriteon 用来表明当前的像素值 (vc, hc) 是否在图像显示块所在的区域中，和模块 vga_640x480 中的信号 vidon 相似。如果当前的像素坐标 (vc, hc) 位于字母"HIT"的区域内，那么它的值就为 1。程序 6.12b 最后一个 always 块控制像素颜色，这里字母显

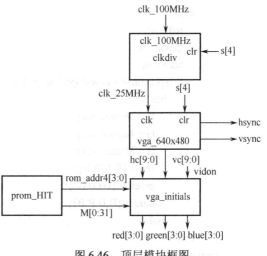

图 6.46　顶层模块框图

示为白色。像素是否被点亮取决于数组 M[0:31]的值。

程序 6.12b：vga_initials 模块程序。

```verilog
module vga_initials(
    input wire vidon,
    input wire [9:0] hc,
    input wire [9:0] vc,
    input wire [0:31] M,
    input wire [7:0] sw,
    output wire [3:0] rom_addr4,
    output reg [3:0] red,green,blue
);
    parameter hbp = 10'b0010010000;    // 行显示后沿 = 144 (128 +16)
    parameter vbp = 10'b0000011111;    // 场显示后沿 = 31 (2+29)
    parameter W = 32;
    parameter H = 16;
    wire [10:0] c,r,rom_addr,rom_pix;
    reg spriteon,R,G,B;
    assign c = {2'b00, sw[3:0], 5'b00001};    //每次移 32 个点
    assign r = {3'b000, sw[7:4], 4'b0001};    //每次移 16 个点
    assign rom_addr = vc - vbp - r;
    assign rom_pix = hc - hbp - c;
    assign rom_addr4 = rom_addr[3:0];
    always @ ( * )
        begin
            if((hc >= c + hbp) && (hc < c + hbp + W) &&
               (vc >= r + vbp) && (vc < r + vbp + H))
                    spriteon = 1;
            else
                    spriteon = 0;
        end
    // 输出视频色彩信号
    always @(*)
        begin
            red = 0;
            green = 0;
            blue = 0;
            if((spriteon == 1) && (vidon == 1))
                begin
                    R = M[rom_pix];
                    G = M[rom_pix];
                    B = M[rom_pix];
                    red = {R,R,R,R};
                    green = {G,G,G,G};
                    blue = {B,B,B,B};
                end
        end
endmodule
```

如图 6.47 所示是一个数据显示原理的示意图。vc 和 hc 分别为行、场扫描计数值；vbp 和 hbp 分别为行、场消隐区数值；r 和 c 为图像 HIT 位置的决定值。图 6.47 描述了随着 vc、hc 的变化，rom_addr 和 rom_pix 的值是如何计算的。在如图 6.47 所示的例子中，r=1 和 c=1。rom_addr 和 rom_pix 使用图 6.47 中标记为"参数"框中的数据进行计算。当场计数器 vc 和行计数器 hc 计数递增至第一个可见的像素点(32,145)时，spriteon 变为高电平，屏幕开始进入显示区域（此前 spriteon 为低电平，显示被关闭）。rom_addr=0，得到存储器中存储的图像数据的第一行，当 rom_pix=0 时，选择数据的第一位。随着行计数器在屏幕上继续扫描，rom_pix 也在整个数据中移动。当行计数器继续增大并超过 sprite 区域 hc=177 时，spriteon 就变为低电平，此时存储器中的数据就无关紧要了。最后，随着场数计数器递增，rom_addr 也依次指向存储在存储器中的下一个数据字。同样地，一旦场计数器增大到 vc = 48，spriteon 就变为低电平，存储器中的数据就无关紧要了。

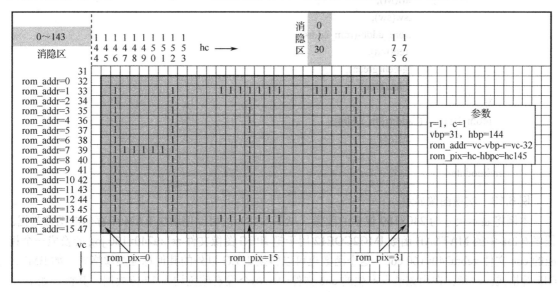

图 6.47　在屏幕上绘制图像显示块

程序 6.12c：顶层模块程序。

```
module vga_initials_top (
    input wire clk_100MHz,
    input wire [4:4] s,
    input wire [7:0] sw,
    output wire hsync,
    output wire vsync,
    output wire [3:0] red, green,blue
);
    wire clr,clk_25MHz, vidon;
    wire [9:0] hc, vc;
    wire [0:31] M;
    wire [3:0] rom_addr4;
assign clr = s;
    clkdiv U1 (.clk_100MHz(clk_100MHz),
              .clr(clr),
              .clk_25MHz(clk_25MHz)
    );
```

```
                    vga_640x480 U2 ( .clk(clk_25MHz),
                                     .clr(clr),
                                     .hsync(hsync),
                                     .vsync(vsync),
                                     .hc(hc),
                                     .vc(vc),
                                     .vidon(vidon)
                    );
                    vga_initials U3 ( .vidon(vidon),
                                     .hc(hc),
                                     .vc(vc),
                                     .M(M),
                                     .sw(sw),
                                     .rom_addr4(rom_addr4),
                                     .red(red),
                                     .green(green),
                                     .blue(blue)
                    );
                    prom_HIT U4 ( .addr(rom_addr4),
                                     .M(M)
                    );
              endmodule
```

例 6.13 实现图像显示。

本例将显示尺寸为 240×160 像素的图像（见图 6.48），可以使用块 RAM 中存储的图像数据。程序 6.13a 中的 MATLAB 函数 IMG2COE12 用于把 JPEG 图像文件 zebra240x160.jpg 转换成一个相应的.coe 文件 zebra240x160.coe。这个函数也可以转换 JPEG 以外的其他标准图像格式，如 BMP、GIF 等格式。注意：在由该函数产生的.coe 文件中，每个像素颜色均为 12 位数据，其格式如下：

color byte=[R3,R2,R1,R0,G3,G2,G1,G0,B3,B2,B1,B0]   (6.3)

在程序 6.13a 中，读入 MATLAB 函数中的原始图像包含 8 位的红基色、8 位的绿基色和 8 位的蓝基色。而存储在.coe 文件中的这 12 位色彩，只包含高位的 4 位红基色、4 位绿基色和 4 位蓝基色。那是因为 EGO1 实验板卡只支持 12 位的 VGA 色彩。得到的 12 位的彩色图像 img2，如图 6.49 所示。从图中可以看到，跟原始的图像相比，图像质量下降了一些。

图 6.48　斑马图像

图 6.49　程序 6.13a 产生的图像 img2

程序 6.13a：转换程序。

```
function img2 = IMG2COE12(imgfile,outfile)
%Greate.coe file from .jpg image
%.coe file contains 12-bit
%color byte:[R3,R2,R1,R0,G3,G2,G1,G0,B3,B2,B1,B0]
%imgfile=input.bmp file
%outfile=output.coe file
%example:
%img2=IMG2COE12('zebra240x160.jpg', 'zebra240x160.coe');
img=imread(imgfile);
height=size(img,1);
width=size(img,2);
s=fopen(outfile,'wb');%opens the output file
fprintf(s,'%s\n','memory_initialization_radix=16;');
fprintf(s,'%s\n','memory_initialization_vector=');
cnt = 0;
img2=img;
for r=1:height
  for c=1:width
    cnt=cnt+1;
    R=img(r,c,1);
    G=img(r,c,2);
    B=img(r,c,3);
    Rb=dec2bin(double(R),8);
    Gb=dec2bin(double(G),8);
    Bb=dec2bin(double(B),8);
    img2(r,c,1)=bin2dec([Rb(1:4) '0000']);
    img2(r,c,2)=bin2dec([Gb(1:4) '0000']);
    img2(r,c,3)=bin2dec([Bb(1:4) '0000']);
    Outbyte=[Rb(1:4) Gb(1:4) Bb(1:4)];
    if(strcmp(Outbyte(1:5),'00000'))
        fprintf(s,'0%X',bin2dec(Outbyte));
    else
        fprintf(s,'%X',bin2dec(Outbyte));
    end
    if((c==width)&&(r==height))
        fprintf(s,'%c',';');
    else
        if(mod(cnt,32) ==0)
            fprintf(s,'%c',',');
        else
            fprintf(s,'%c',',');
        end
    end
  end
end
fclose(s);
```

下面介绍如何调用 IP Catalog 创建一个块 RAM。在 IP Catalog 窗口中选择 Block Memory

Generator，如图 6.50 所示。弹出 Re-customize IP 对话框，如图 6.51 所示，模块名设置为 zebra240x160，在 Memory Type 下拉列表中选择 Signal Port RAM。单击 Port A Options 选项卡，如图 6.52 所示，位宽和深度分别设置为 12 和 38400（240×160=38400）。然后单击 Other Options 选项卡，加载 .coe 文件，如图 6.53 所示。

图 6.50　IP Catalog 窗口

图 6.51　Re-customize IP 对话框

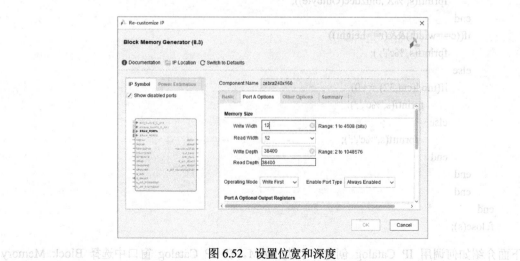

图 6.52　设置位宽和深度

下面介绍如何调用 IP Catalog 在 Vivado 的 IP Catalog 窗口中选择 Block Memory

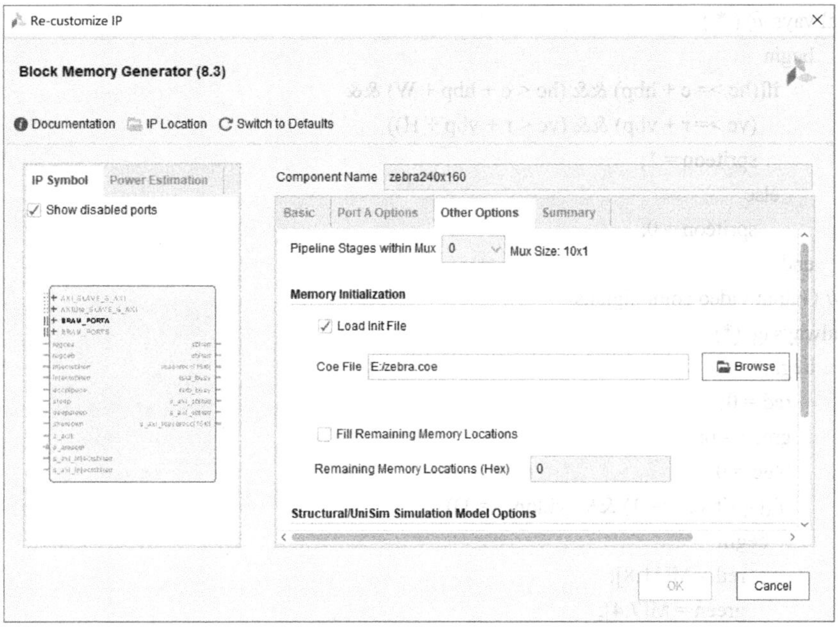

图 6.53 加载.coe 文件

程序 6.13b：vga_bsprite 模块程序。

```
module vga_bsprite (
    input wire vidon,
    input wire [9:0] hc,
    input wire [9:0] vc,
    input wire [11:0] M,
    input wire [7:0] sw,
    output wire [15:0] rom_addr16,
    output reg [3:0] red,green, blue
);
    parameter hbp = 10'b0010010000;    // Horizontal back porth = 144 (128 +16)
    parameter vbp = 10'b0000011111;    // Vertical back porth = 31 (2+29)
    parameter W = 240;
    parameter H = 160;
    wire [10:0] c, r, xpix, ypix;
    wire [16:0] rom_addr1, rom_addr2;
    reg spriteon, R, G, B;
    assign c = {2'b00, sw[3:0], 5'b00001};
    assign r = {2'b00, sw[7:4], 5'b00001};
    assign ypix = vc - vbp - r;
    assign xpix = hc - hbp - c;
    // rom_addr1 = y*(128+64+32+16) = y*240
    assign rom_addr1 = {ypix, 7'b0000000} + {1'b0, ypix, 6'b000000}+
                       {2'b00, ypix, 5'b00000} + {3'b000, ypix, 4'b0000};
    // rom_addr2 = y*240 + x
    assign rom_addr2 = rom_addr1 + {8'b00000000, xpix};
    assign rom_addr16 = rom_addr2[15:0];
    // Enable sprite video out when within the sprite region
```

```
always @ ( * )
    begin
        if((hc >= c + hbp) && (hc < c + hbp + W) &&
        (vc >= r + vbp) && (vc < r + vbp + H))
            spriteon = 1;
        else
            spriteon = 0;
    end
// Output video color signals
always @ (*)
    begin
        red = 0;
        green = 0;
        blue = 0;
        if ((spriteon == 1) && (vidon == 1))
            begin
                red = M[11:8];
                green = M[7:4];
                blue = M[3:0];
            end
    end
endmodule
```

vga_bsprite 的顶层模块框图如图 6.54 所示，由程序 6.13c 实现。其中，使用程序 6.11a 中的 vga_640x480 模块；使用程序 6.11c 中的 clkdiv 模块产生频率为 25MHz（clk_25MHz）的时钟。它和例 6.12（见图 6.46）中所描述的模块 vga_initials 相似。它的主要的不同之处在于，rom_addr16[15:0] 现在需要用如下公式来计算：

$$\text{rom\_addr16} = \text{ypix}*240+\text{xpix}$$

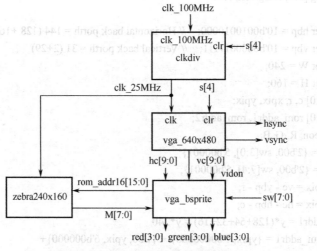

图 6.54　程序 6.13b 的顶层模块框图

这里 xpix 和 ypix 是斑马图像像素的坐标，它的颜色字节由块 zebra240x160 的地址 rom_addr16 给出。

程序 6.13c：vga_bsprite 顶层模块程序。

```
module vga_bsprite_top(
    input wire clk_100MHz,
    input wire [4:4] s,
    input wire [7:0] sw,
    output wire hsync,
    output wire vsync,
    output wire [3:0] red,green, blue
);
    wire clr,clk_25MHz, vidon;
    wire [9:0] hc, vc;
    wire [11:0] M;
    wire [15:0]dina, rom_addr16;
    wire wea;
    assign wea=0;
    assign clr =s;
    clkdiv U1    ( .clk_100MHz(clk_100MHz),
                   .clr(clr),
                   .clk_25MHz(clk_25MHz)
    );
    vga_640x480 U2 ( .clk(clk_25MHz),
                     .clr(clr),
                     .hsync(hsync),
                     .vsync(vsync),
                     .hc(hc),
                     .vc(vc),
                     .vidon(vidon)
    );
    vga_bsprite U3 ( .vidon(vidon),
                     .hc(hc),
                     .vc(vc),
                     .M(M),
                     .sw(sw),
                     .rom_addr16(rom_addr16),
                     .red(red),
                     .green(green),
                     .blue(blue)
    );
    zebra240x160 U4 (.clka(clk_25MHz),     // input wire clka
                     .wea(wea),
                     .dina(dina),
                     .addra(rom_addr16),   // input wire [15 : 0] addra
                     .douta(M)    // output wire [7 : 0] douta
    );
endmodule
```

例 6.14 实现屏幕保护程序。

本例将修改例 6.13 的程序，利用斑马图像制作一个屏幕保护程序，即图像移动到屏幕边界后，将以与边界成 45°角的方式被反弹。图像的左上角位于 r 行 c 列。当启动程序（按下按键 s[4]）时，图像显示在其初始位置 c=80 和 r=140 处。按下按键 s[0]，将使得图像按照图 6.55 中的路径移动。

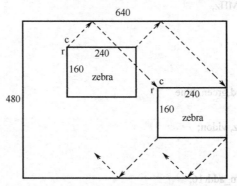

图 6.55　屏幕保护程序中图像的运动方向

从图 6.55 中可以清楚地看到，要想移动图像，只需要改变 c 和 r 的值。在例 6.13 中移动由拨码开关控制。但是在本例中，我们将使用一个单独的模块 bounce 来控制 c 和 r 的值。因此，例 6.13 中 vga_bsprite 模块的输入 sw[7:0]在本例中被 vga_ScreenSaver 模块中的两个输入信号 c[9:0]和 r[9:0]替代。

程序 6.14a：vga_ScreenSaver 模块程序。

```
module vga_ScreenSaver(
    input wire vidon,
    input wire [9:0] hc,
    input wire [9:0] vc,
    input wire [11:0] M,
    input wire [9:0] c,
    input wire [9:0] r,
    output wire [15:0] rom_addr16,
    output reg [3:0] red,
    output reg [3:0] green,
    output reg [3:0] blue
);
    parameter hbp = 10'b0010010000;   // Horizontal back porch = 144 (128+16)
    parameter vbp = 10'b0000011111;   // Vertical back porch = 31 (2+29)
    parameter W = 240;
    parameter H = 160;
    wire [9:0] xpix, ypix;
    wire [16:0] rom_addr1, rom_addr2;
    reg spriteon;
    assign ypix = vc - vbp - r;
    assign xpix = hc - hbp - c;
    // rom_addr1 = y*(128+64+32+16) = y*240
    assign rom_addr1 = {ypix, 7'b0000000} + {1'b0, ypix, 6'b000000}
                        + {2'b00, ypix, 5'b00000} + {3'b000, ypix, 4'b0000};
    // rom_addr2 = y*240 + x
    assign rom_addr2 = rom_addr1 + {8'b00000000, xpix};
    assign rom_addr16 = rom_addr2[15:0];
    // Enable sprite video out when within the sprite region
    always @ ( * )
```

· 242 ·

```
        begin
            if((hc >= c + hbp) && (hc < c + hbp + W) && (vc >= r + vbp)
                                        && (vc < r + vbp + H))
                spriteon = 1;
            else
                spriteon = 0;
        end
    // 输出视频色彩信号
    always @ ( * )
        begin
            red = 0;
            green = 0;
            blue = 0;
            if((spriteon == 1) && (vidon == 1))
                begin
                    red = M[11:8];
                    green = M[7:4];
                    blue = M[3:0];
                end
        end
endmodule
```

根据如图 6.56 所示的算法，模块 bounce 将改变 c 和 r 的值。从初始位置 c=80 和 r=140 开始，c 的值将增大 Δc，r 的值将减小 Δr。这将会引起图像从上面移到右边。如果选择 Δr 和 Δr 的大小为 1，那么图片将产生平缓的移动。移动图像的速度取决于图 6.56 中算法指令执行的速度。

```
bounce:
    c = 80;
    r = 140;
    Δc = 1;
    Δr = −1;
    while（1）{
        c = c+Δc;
        r = r+Δr;
        if(c <0 or c >= cmax)
            Δc= −Δc;
        if(r <0 or r >= rmax)
            Δr= −Δr;
```

图 6.56　模块 bounce 的算法

当 r 变为 0 时，图像将会到达屏幕的顶部；当 r 变为 rmax = 480−160 = 320 时，图像将会到达屏幕的底部。当 c 变为 0 时，图像将会到达屏幕的左边；当 c 变为 cmax = 640−240= 400 时，图像将会到达屏幕的右边。根据图 6.56 中的算法，当图像到达屏幕的边缘时，Δc 和 Δr 的值将取反，这样图像就可以与边界成 45°角的方式被反弹。

程序 6.14b：bounce 模块程序。

```verilog
module bounce (
    input wire cclk,
    input wire clr,
    input wire go,
    output wire [9:0] c,
    output wire [9:0] r
);
    parameter cmax = 400;
    parameter rmax = 320;
    reg [9:0] cv, rv, dcv, drv;
    reg calc;
    always @ (posedge cclk or posedge clr)
    begin
        if(clr == 1)
            begin
                cv = 80;
                rv = 140;
                dcv = 1;
                drv = -1;
                calc = 0;
            end
        else
            if(go == 1)
                calc = 1;
            else
                begin
                    if(calc == 1)
                        begin
                            cv = cv + dcv;
                            rv = rv + drv;
                            if((cv < 1) || (cv >= cmax))
                                dcv = 0 - dcv;
                            if((rv < 1) || (rv >= rmax))
                                drv = 0 - drv;
                        end
                end
    end
    assign c = cv;
    assign r = rv;
endmodule
```

在程序 6.14b 中，c 和 r 的值在每个时钟信号 cclk 的上升沿得到更新。如果这里使用频率 190Hz 的时钟信号 clk_190，那么图像从屏幕的顶部（r=0）移到屏幕的底部（r=rmax=320）将需要 320/190 =1.7s 的时间。这个时间是比较合适的。

在程序 6.14b 中，当输入信号 go 第一次变为高电平时，变量 calc 被设置为 1。在下一个时钟的上升沿，信号 go 必须变为 0。此时，calc=1，bounce 算法中相关的语句将被执行。这就意味着，当按下按键 s[0]时，输入 go 必须是一个只持续一个时钟周期的单脉冲信号。程序 5.13 中 clock_pulse 模块可以很好地实现该功能。

例 6.14 的顶层模块框图如图 6.57 所示，由程序 6.14c 实现。其中，使用程序 6.5d 中的 clkdiv 模块产生频率为 25MHz 和 190Hz 的时钟；使用程序 5.13 中的 clock_pulse 模块产生单脉冲信号；使用程序 6.11a 中的 vga_640x480 模块；使用例 6.13 中的 IP 核 zebra240x160。

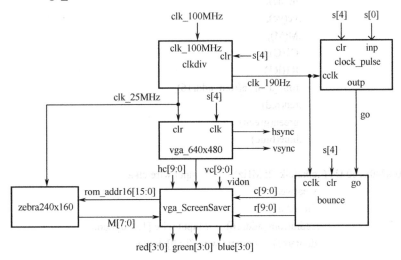

图 6.57 屏幕保护程序顶层模块框图

程序 6.14c：屏幕保护程序顶层模块程序。

```
module vga_ScreenSaver_top(
    input wire clk_100MHz,
    input wire [4:0]s,
    output wire hsync,
    output wire vsync,
    output wire [3:0] red,
    output wire [3:0] green,
    output wire [3:0] blue
);
    wire clr,clk_25MHz, clk_190Hz, vidon, go1;
    wire [9:0] hc, vc, C1, R1;
    wire [11:0] M;
    wire [15:0] dina,rom_addr16;
    wire wea;
    assign wea=0;
    assign clr = s[4]:
    clkdiv U1   ( .clk_100MHz(clk_100MHz),
                .clr(clr),
                .clk_190Hz(clk_190Hz),
                .clk_25MHz(clk_25MHz)
    );
    vga_640x480 U2 ( .clk(clk_25MHz),
                .clr(clr),
                .hsync(hsync),
                .vsync(vsync),
                .hc(hc),
                .vc(vc),
```

```
                             .vidon(vidon)
                   );
          vga_ScreenSaver U3 ( .vidon(vidon),
                             .hc(hc),
                             .vc(vc),
                             .M(M),
                             .C1(C1),
                             .R1(R1),
                             .rom_addr16(rom_addr16),
                             .red(red),
                             .green(green),
                             .blue(blue)
                   );
          zebra240x160 U4 ( .clka(clk_25MHz),        // input wire clka
                             .wea(wea),
                             .dina(dina),
                             .addra(rom_addr16),   // input wire [15 : 0] addra
                             .douta(M)    // output wire [7 : 0] douta
                   );

          clock_pulse U5 ( .inp(s[0]),
                             .cclk(clk_190Hz),
                             .clr(clr),
                             .outp(go1)
                   );
          bounce U6 ( .cclk(clk_190Hz),
                             .clr(clr),
                             .go(go1),
                             .c1(C1),
                             .r1(R1)
                   );
          endmodule
```

6.6   键盘和鼠标接口

常见的鼠标和键盘接口有两种，分别为 PS/2 接口和 USB 接口。其中，PS/2 接口为传统的鼠标和键盘接口；USB 接口为目前主流的鼠标和键盘接口。EGO1 实验板卡集成了一个 USB 接口转 PS/2接口的硬件模块。在实际使用时，需要将 USB 接口的鼠标或键盘插到 EGO1 实验板卡的 USB 接口上，接口转换模块将 USB 信号转换成 PS/2 信号并连接到 FPGA 芯片上。这样，对于 FPGA 来说，外部连接的鼠标或键盘就是 PS/2 接口的。因此，我们需要根据 PS/2 接口的协议来编写鼠标和键盘程序。本节将通过实例说明如何用 PS/2 接口来连接键盘和鼠标。

PS/2 接口采用一种双向的同步串行协议。如果数据是从设备送往主机（现在是送往 FPGA）的，则称为设备-主机通信；如果主机需要向设备发送命令，则称为主机-设备通信。无论哪种通信方式，时钟总是由设备产生的，频率为 10~16.7kHz。数据传输方式为每次一个字节，用 11 位的帧来传送，它由起始位、8 位数据、奇偶检验位和停止位构成。

图 6.58 给出了设备-主机通信方式的时序图。在这种情况下，由设备产生时钟和数据。在空闲

状态时，时钟和数据线都处于高电平。主机在时钟下降沿记录从设备发送过来的数据。

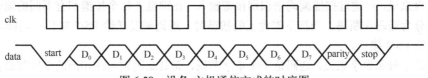

图 6.58　设备-主机通信方式的时序图

主机-设备通信方式复杂一些。因为此时主机要向设备发送请求，使设备产生时钟。另外，因为时钟和数据线都是双向的，所以必须在每根线上加上三态门，如图 6.59 所示。当三态门的使能信号为高电平时，其输出等于输入；当使能信号为低电平时，输出为高阻态。通过这种方式，主机释放对时钟/数据线的控制权，从而让设备能够驱动时钟/数据线。

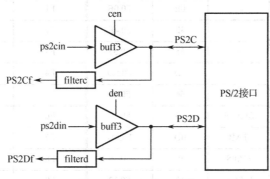

图 6.59　PS/2 接口电路

主机-设备通信方式的时序图如图 6.60 所示。在通信开始时，主机将时钟线拉低（t_1）并持续至少 100μs。在 t_2 时刻，主机拉低数据线。接着在 t_3 时刻，主机通过将三态门使能信号设为 0 来释放对时钟线的控制权，使设备读入开始位。接下来，主机等待设备驱动时钟线。在 t_4 时刻，设备开始驱动时钟线，主机将 D_0 送入数据线 PS2D，设备在时钟上升沿读入数据并将时钟线重新拉低。检测到时钟下降沿后，主机送入下一个数据 D_1，D_1 将在下一个时钟上升沿被设备读入。这个过程一直持续到主机送出奇偶检验位（奇数检验）和停止位（1）为止。在送出停止位后（设备在 t_5 时刻读入），主机通过将信号线上三态门的使能信号设为 0 来释放对数据线的控制权。接着主机等待设备拉低数据线、时钟线（时刻 t_6 和 t_7）。最后，主机等待设备释放时钟线和数据线，这发生在 t_8 和 t_9 时刻。

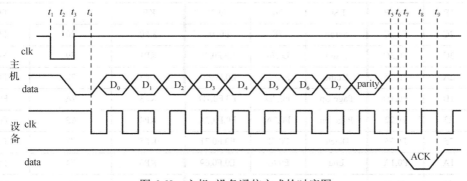

图 6.60　主机-设备通信方式的时序图

主机接收到的时钟、数据信号常常含有噪声信号。为了准确读取输入信号，需要将输入信号过滤。我们采用频率为 25MHz 的时钟，将输入信号送入移位寄存器中，并规定，当连续出现 8 个 1 时确认输入信号为高电平，当连续出现 8 个 0 时确认输入信号为低电平。

6.6.1 键盘

对于键盘来说，可通过扫描编码来识别按键输入。在键盘上每个按键都有不同的编码。每个按键的编码还分为通码和断码。当按下键盘上的按键时，通码被发送给 PS/2 接口；当释放按键时，断码被发送给 PS/2 接口。

对所有的字母和数字来说，通码是一个单字节码，而其断码则是在相同的单字节前面加上 F0。但是，有些按键拥有两个字节的通码，它们以 E0 开始。而按键 PrntScrn 和 Pause 非常特殊，它们分别有 4 个字节和 8 个字节的通码。表 6.5 给出了键盘上所有按键的通码和断码。

表 6.5　键盘扫描编码

key	通码	断码	key	通码	断码	key	通码	断码
A	1C	F0,1C	`	0E	F0,0E	F1	05	F0,05
B	32	F0,32	-	4E	F0,4E	F2	06	F0,06
C	21	F0,21	=	55	F0,55	F3	04	F0,04
D	23	F0,23	\	5D	F0,5D	F4	0C	F0,0C
E	24	F0,24	BKSP	66	F0,66	F5	03	F0,03
F	2B	F0,2B	SPACE	29	F0,29	F6	0B	F0,0B
G	34	F0,34	TAB	0D	F0,0D	F7	83	F0,83
H	33	F0,33	CAPS	58	F0,58	F8	0A	F0,0A
I	43	F0,43	L-Shift	12	F0,12	F9	01	F0,01
J	3B	F0,3B	R-Shift	59	F0,59	F10	09	F0,09
K	42	F0,42	L Ctrl	14	F0,14	F11	78	F0,78
L	4B	F0,4B	R Ctrl	E0,14	F0,E0,14	F12	07	F0,07
M	3A	F0,3A	L Alt	11	F0,11	Num	77	F0,77
N	31	F0,31	R Alt	E0,11	E0,F0,11	KP/	E0,4A	E0,F0,4A
O	44	F0,44	L GUI	E0,1F	E0,F0,1F	KP*	7C	F0,7C
P	4D	F0,4D	R GUI	E0,27	E0,F0,27	KP–	7B	F0,7B
Q	15	F0,15	Apps	E0,2F	E0,F0,2F	KP+	79	F0,79
R	2D	F0,2D	Enter	5A	F0,5A	KP EN	E0,5A	E0,F0,5A
S	1B	F0,1B	ESC	76	F0,76	KP.	71	F0,71
T	2C	F0,2C	Scroll	7E	F0,7E	KP0	70	F0,70
U	3C	F0,3C	Insert	E0,70	E0,F0,70	KP1	69	F0,69
V	2A	F0,2A	Home	E0,6C	E0,F0,6C	KP2	72	F0,72
W	1D	F0,1D	Page Up	E0,7D	E0,F0,7D	KP3	7A	F0,7A
X	22	F0,22	Page Dn	E0,7A	E0,F0,7A	KP4	6B	F0,6B
Y	35	F0,35	Delete	E0,71	E0,F0,71	KP5	73	F0,73
Z	1A	F0,1A	End	E0,69	E0,F0,69	KP6	74	F0,74
0	45	F0,45	[	54	F0,54	KP7	6C	F0,6C
1	16	F0,16	]	5B	F0,5B	KP8	75	F0,75
2	1E	F0,1E	;	4C	F0,4C	KP9	7D	F0,7D

key	通码	断码	key	通码	断码	key	通码	断码
3	26	F0,26	'	52	F0,52	U Arrow	E0,75	E0,F0,75
4	25	F0,25	,	41	F0,41	L Arrow	E0,6B	E0,F0,6B
5	2E	F0,2E	.	49	F0,49	D Arrow	E0,72	E0,F0,72
6	36	F0,36	/	4A	F0,4A	R Arrow	E0,74	E0,F0,74
7	3D	F0,3D	PrntScrn	E0,7C E0,12	E0,F0,7C E0,F0,12	Pause	E1,14,77,E1 F0,14,F0,77	None
8	3E	F0,3E						
9	46	F0,46						

例 6.15 实现键盘操作。

在本例中，我们只读取键盘发送给主机的数据，因此，不需要使用如图 6.61 所示的三态门。但是，我们需要对键盘输入的数据和时钟信号进行过滤。过滤后的数据信号 **PS2Df** 将被送入两个 11 位移位寄存器中，如图 6.61 所示。注意：当两帧都被移位寄存器寄存后，第一个字节在 shift2[8:1] 中，第二个字节在 shift1[8:1] 中。

程序 6.15a 中，输出信号 xkey[15:0] 包含按下按键后产生的两个字节扫描编码。程序 6.15b 为顶层模块程序，利用 7 段数码管显示按键的扫描编码。

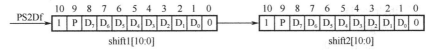

图 6.61　PS2Df 信号存储区域

程序 6.15a：键盘接口模块程序。

```
module keyboard(
    input wire clk_25MHz,
    input wire clr,
    input wire PS2C,
    input wire PS2D,
    output wire [15:0] xkey
);
    reg PS2Cf, PS2Df;
    reg [7:0] ps2c_filter, ps2d_filter;
    reg [10:0] shift1, shift2;
    assign xkey = {shift2[8:1],shift1[8:1]};
    //filter for PS2 clock and data
    always @(posedge clk_25MHz or posedge clr)
        begin
            if(clr == 1)
                begin
                    ps2c_filter <= 0;
                    ps2d_filter <= 0;
                    PS2Cf <= 1;
                    PS2Df <= 1;
                end
```

```
                else
                  begin
                      ps2c_filter[7] <= PS2C;
                      ps2c_filter[6:0] <= ps2c_filter[7:1];
                      ps2d_filter[7] <= PS2D;
                      ps2d_filter[6:0] <= ps2d_filter[7:1];
                      if(ps2c_filter == 8'b11111111)
                          PS2Cf <= 1;
                      else
                          if(ps2c_filter == 8'b00000000)
                              PS2Cf <= 0;
                      if(ps2d_filter == 8'b11111111)
                          PS2Df <= 1;
                      else
                          if(ps2d_filter == 8'b00000000)
                              PS2Df <= 0;
                  end
            end
        //Shift register used to clock in scan codes from PS2
        always @(negedge PS2Cf or posedge clr)
            begin
                if(clr == 1)
                  begin
                      shift1 <= 0;
                      shift2 <= 1;
                  end
                else
                  begin
                      shift1 <= {PS2Df,shift1[10:1]};
                      shift2 <= {shift1[0],shift2[10:1]};
                  end
            end
        endmodule
```

程序 6.15b：键盘接口顶层模块的程序。

```
module keyboard_top(
    input wire clk_100MHz,
    input wire PS2C,
    input wire PS2D,
    input wire [4:4] s,
    output wire [6:0] a_to_g,
    output wire [3:0] an
);
    wire pclk, clk_25MHz, clk_190Hz, clr;
    wire [15:0] xkey;
    assign clr = s[4];
    clkdiv U1 (.clk_100MHz(clk_100MHz),.clr(clr),
                .clk_190Hz(clk_190Hz),.clk_25MHz(clk_25MHz)
```

```
                    );
    keyboard U2 (.clk_25MHz(clk_25MHz),. clr(clr),
                    .PS2C(PS2C), .PS2D(PS2D), .xkey(xkey)
                    );
    x7segbc U3 (.x(xkey),.cclk(clk_190Hz),.clr(clr),
                    .a_to_g(a_to_g),.an(an)
                    );
    endmodule
```

PS/2 部分引脚约束代码：

```
set_property -dict {PACKAGE_PIN K5 IOSTANDARD LVCMOS33} [get_ports {PS2C}]
set_property -dict {PACKAGE_PIN L4 IOSTANDARD LVCMOS33} [get_ports {PS2D}]
```

6.6.2 鼠标

鼠标和 FPGA（主机）之间的通信方式与键盘的通信方式一样，采用 11 位帧格式，如图 6.62 所示。当鼠标和主机通信时，由鼠标产生频率为 10～16.7kHz 的时钟。

鼠标有 4 种基本的操作模式。

(1) Reset 模式：这是鼠标的初始模式，在此模式下，鼠标进行初始化和自检。

(2) Stream 模式：这是鼠标的默认模式，当鼠标初始化后进入此模式。

(3) Remote 模式：主机向鼠标申请发送设置命令时进入此模式。

(4) Wrap 模式：这是诊断模式，此时鼠标将主机发来的数据回传给主机。

主机-鼠标通信时，主机需要先向鼠标发送指令 0xF4，使鼠标开始发送数据。鼠标发送 0xFA 响应指令并在其后发送鼠标动作数据包。在鼠标移动或鼠标按键状态改变时，向主机发送三帧的数据。鼠标动作数据包由三个 11 位的帧组成。其中，第一帧包含鼠标状态字节；其后两帧分别包含鼠标在 x 轴和 y 轴上的移动信息。鼠标动作数据包所包含的三帧数据可以分别存入移位寄存器 shift1[10:0]，shift2[10:0]和 shift3 [10:0]中，如图 6.62 所示。

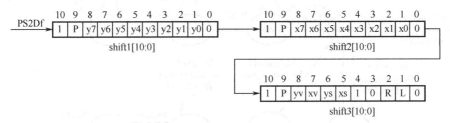

图 6.62 鼠标动作数据包

鼠标在 y 轴方向上的移动信息存储在 shift1[8:1]中，在 x 轴方向上的信息存储在 shift2[8:1]中。这些数据代表了鼠标在 x 轴和 y 轴方向上的移动速率，其移动方向由状态字节 shift3[8:1]中 shift3[5]和 shift3[6]中的 xs 和 ys 标志决定。因此，完整的鼠标移动信息字节其实由 9 位二进制补码描述，对应-256～+255 的取值范围。如果超过这个取值范围，状态字节中的溢出标志 xv 或 yv 被置 1。当鼠标左键被按下时，状态字节中的 L 标志被置 1；当右键被按下时，R 标志被置 1。在 Stream 模式中开启数据发送后，每当鼠标被移动或按键被按下时，鼠标都将向主机发送由这三帧组成的动作数据包。

标准鼠标接口还定义了很多其他的指令。例如，0xF5 指令用于取消数据发送；0xF3 指令用于启动一组特殊序列的发送，来为鼠标设置采样频率；0xE8 指令将启动另一组特殊序列的发送，用于设置鼠标移动的最小单位，也就是在 x 或 y 轴上每加 1 所对应的移动距离（单位为 mm）。对鼠标发送任意指令后，鼠标都会向主机发送 0xFA 响应指令。鼠标可以通过 0xFE 指令向主机申请重新发送数据，或者用 0xFC 指令表明有错误发生。

例 6.16 实现鼠标控制器。

图 6.63 给出了鼠标控制器的状态转换图。程序 6.16a 给出了实现该状态图的 Verilog HDL 程序。整个流程由状态 start 开始，此时时钟使能信号 cen 被置为高电平，使得主机可以控制时钟线。信号 ps2cin 被置 0 从而将时钟线拉低。这是初始化主机-设备通信的第一步。在下一个状态中，计数器将计数 5000 个时钟，从而保持时钟线低电平 100μs。100μs 过后，den 被置 1（主机得以控制数据线），时钟线被释放。在状态 sndbyt 中，主机向鼠标发送字节 0xF4，以及校验位和停止位。接下来的两个状态 wtack 和 wtclklo，主机分别等待数据线和时钟线被拉低，从而接收到来自鼠标的正确的响应脉冲。接着在状态 wtclklo1 和状态 wtclkhi1 中，主机接收鼠标对指令的响应 0xFA，因为鼠标从读取停止位到发送开始位需要额外的一个时钟，所以为正确读取 0xFA，在状态 wtclklo1 中和 wtclkhi1 进行读取操作时需计数 12 位。在状态 getack 中，0xFA 被存入 y_mouse 中并显示，时钟线被拉高。此后，在状态 wtclklo2 和 wtclkhi2 中，接收鼠标动作数据包。接着，在时钟下降沿（状态 wtclklo2）数据被送入主机中。状态 wtclklo2 和 wtclkhi2 之间的操作循环进行 33 次，直到三个 11 位的数据帧都被送入主机寄存中。鼠标移动信息被保存在 x_mouse_v[8:0]和 y_mouse_v [8:0]中，鼠标状态信息则被保存在 byte3[7:0]中。在状态 getmdata 中，9 位的鼠标位移值 x_mouse_ d[8:0]和 y_mouse_d [8:0]通过累加得到。状态 wtclklo2、wtclkhi2 和 getmdata 之间的操作一直进行，从而使主机能够持续收集鼠标动作信息。

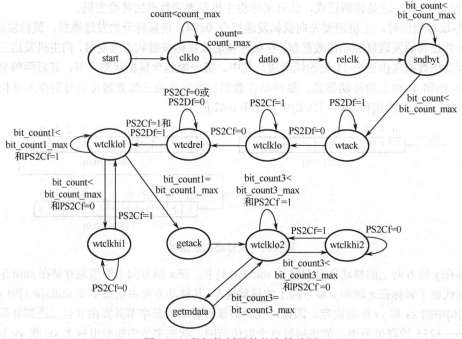

图 6.63　鼠标控制器的状态转移图

模块 mouse_ctrl 的输出 x_data[8:0]和 y_data[8:0]可以是鼠标的移动速率或位移量，这取决于多路复用器的 sel 信号，即程序 6.16a 最后一个 always 块。程序 6.16b 所示的顶层模块可以用来测试鼠标控制器，它将鼠标移动速率显示在 7 段数码管上，按下 s[0]按键后将显示鼠标位移量。LED 灯用来显示状态字节 byte3。

程序 6.16a：模块 mouse_ctrl 程序。

```verilog
module mouse_ctrl(
    input wire clk_25MHz,
    input wire clr,
    input wire sel,
    inout wire PS2C,
    inout wire PS2D,
    output reg [7:0] byte3,
    output reg [8:0] x_data,
    output reg [8:0] y_data
);
reg [3:0] state;
    parameter start = 4'b0000, clklo = 4'b0001, datlo = 4'b0010,
                relclk = 4'b0011, sndbyt = 4'b0100, wtack = 4'b0101,
                wtclklo = 4'b0110, wtcdrel = 4'b0111, wtclklo1 = 4'b1000,
                wtclkhi1 = 4'b1001, getack = 4'b1010, wtclklo2 = 4'b1011,
                wtclkhi2 = 4'b1100, getmdata = 4'b1101;
    reg PS2Cf, PS2Df, cen, den, sndflg;
    reg ps2cin, ps2din, ps2cio, ps2dio;
    reg [7:0] ps2c_filter, ps2d_filter;
    reg [8:0] x_mouse_v, y_mouse_v, x_mouse_d, y_mouse_d;
    reg [10:0] Shift1, Shift2, Shift3;
    reg [9:0] f4cmd;
    reg [3:0] bit_count, bit_count1;
    reg [5:0] bit_count3;
    reg [11:0] count;
    parameter COUNT_MAX = 12'h9C4;    // 2500 100 微秒
    parameter BIT_COUNT_MAX =4'b1010;    // 10
    parameter BIT_COUNT1_MAX = 4'b1100;    // 12 ack
    parameter BIT_COUNT3_MAX = 6'b100001;    // 33
    //tri-state buffers
    always @(*)
        begin
            if(cen == 1)
                ps2cio = ps2cin;
            else
                ps2cio = 1'bz;
            if(den == 1)
                ps2dio = ps2din;
            else
                ps2dio = 1'bz;
        end
    assign PS2C = ps2cio;
    assign PS2D = ps2dio;
    //filter for PS2 clock and data
    always @(posedge clk_25MHz or posedge clr)
        begin
            if(clr == 1)
                begin
```

```verilog
                    ps2c_filter <= 0;
                    ps2d_filter <= 0;
                    PS2Cf <= 1;
                    PS2Df <= 1;
                end
            else
                begin
                    ps2c_filter[7] <= PS2C;
                    ps2c_filter[6:0] <= ps2c_filter[7:1];
                    ps2d_filter[7] <= PS2D;
                    ps2d_filter[6:0] <= ps2d_filter[7:1];
                    if(ps2c_filter == 8'b11111111)
                        PS2Cf <= 1;
                    else
                        if(ps2c_filter == 8'b00000000)
                            PS2Cf <= 0;
                        if(ps2d_filter == 8'b11111111)
                            PS2Df <= 1;
                        else
                            if(ps2d_filter == 8'b00000000)
                                PS2Df <= 0;
                end
        end
    // State machine for reading mouse
    always @(posedge clk_25MHz or posedge clr)
        begin
            if(clr == 1)
                begin
                    state <= start;
                    cen <= 0;
                    den <= 0;
                    ps2cin <= 0;
                    count <= 0;
                    bit_count3 <= 0;
                    bit_count1 <= 0;
                    Shift1 <= 0;
                    Shift2 <= 0;
                    Shift3 <= 0;
                    x_mouse_v <= 0;
                    y_mouse_v <= 0;
                    x_mouse_d <= 0;
                    y_mouse_d <= 0;
                    sndflg <= 0;
                end
            else
                case(state)
                    start:
                        begin
```

```
              cen <= 1;              // enable clock output
              ps2cin <= 0;           // start bit
              count <= 0;
              state <= clklo;
          end
clklo:
    if(count < COUNT_MAX)
        begin
            count <= count + 1;
            state <= clklo;
        end
    else
        begin
            state <= datlo;
            den <= 1;                //enable data output
        end
datlo:
    begin
        state <= relclk;
        cen <= 0;                    // release clock
    end
relclk:
    begin
        sndflg <= 1;
        state <= sndbyt;
    end
sndbyt:
    if(bit_count < BIT_COUNT_MAX)
        state <= sndbyt;
    else
        begin
            state <= wtack;
            sndflg <= 0;
            den <= 0;                // release data
        end
wtack:                               // wait for data low
    if(PS2Df == 1)
        state <= wtack;
    else
        state <= wtclklo;
wtclklo:                             // wait for clock low
    if(PS2Cf == 1)
        state <= wtclklo;
    else
        state <= wtcdrel;
wtcdrel:                             // wait to release clock and data
    if((PS2Cf == 1)&&(PS2Df == 1))
        begin
```

```
                state <= wtclklo1;        //enable
                bit_count1 <= 0;          // start bit
            end
        else
            state <= wtcdrel;
wtclklo1:                                 // wait for clock low
    if(bit_count1 < BIT_COUNT1_MAX)
        if(PS2Cf == 1)
            state <= wtclklo1;
        else
            begin
                state <= wtclkhi1;        //get ack byte FA
                Shift1 <= {PS2Df, Shift1[10:1]};
            end
    else
        state <= getack;
wtclkhi1:                                 // wait for clock high
    if(PS2Cf == 0)
        state <= wtclkhi1;
    else
        begin
            state <= wtclklo1;
            bit_count1 <= bit_count1 + 1;
        end
getack:                                   // get ack FA
    begin
        y_mouse_v <= Shift1[9:1];
        x_mouse_v <= Shift2[8:0];
        byte3 <= {Shift1[10:5], Shift1[1:0]};
        state <= wtclklo2;
        bit_count3 <= 0;
    end
wtclklo2:                                 //wait for clock low
    if(bit_count3 < BIT_COUNT3_MAX)
        if(PS2Cf == 1)
            state <= wtclklo2;
        else
            begin
                state <= wtclkhi2;
                Shift1 <= {PS2Df, Shift1[10:1]};
                Shift2 <= {Shift1[0], Shift2[10:1]};
                Shift3 <= {Shift2[0], Shift3[10:1]};
            end
    else
        begin
            x_mouse_v <= {Shift3[5], Shift2[8:1]};    //x velocity
            y_mouse_v <= {Shift3[6], Shift1[8:1]};    //y velocity
            byte3 <= Shift3[8:1];
```

```verilog
                    state <= getmdata;
                end
            wtclkhi2:
                if(PS2Cf == 0)
                    state <= wtclkhi2;
                else
                    begin
                        state <= wtclklo2;
                        bit_count3 <= bit_count3 + 1;
                    end
            getmdata:                        // read mouse data and keep going
                begin
                    x_mouse_d <= x_mouse_d + x_mouse_v;    //x distance
                    y_mouse_d <= y_mouse_d + y_mouse_v;    //y distance
                    bit_count3 <= 0;
                    state <= wtclklo2;
                end
            default;
        endcase
    end
// send F4 command to mouse
always @(negedge PS2Cf or posedge clr)
    begin
        if(clr == 1)
            begin
                f4cmd <= 10'b1011110100;    //stop-parity-F4
                ps2din <= 0;
                bit_count <= 0;
            end
        else
            if(sndflg == 1)
                begin
                    ps2din <= f4cmd[0];
                    f4cmd[8:0] <= f4cmd[9:1];
                    f4cmd[9] <= 0;
                    bit_count <= bit_count + 1;
                end
    end
//Output select
always @(*)
    begin
        if(sel == 0)
            begin
                x_data <= x_mouse_v;
                y_data <= y_mouse_v;
            end
        else
            begin
```

```verilog
                    x_data <= x_mouse_d;
                    y_data <= y_mouse_d;
                end
            end
    endmodule
```

程序 6.16b：顶层模块程序。

```verilog
    module mouse_top(
        input wire clk_100MHz,
        inout wire PS2C,
        inout wire PS2D,
        input wire [4:0] s,
        output wire [3:0] ld,
        output wire [6:0] a_to_g,
        output wire [3:0] an
    );
        wire clk_25MHz, clk_190Hz, clr;
        wire [7:0] byte3;
        wire [8:0] x_data, y_data;
        wire [15:0] xmouse;
        assign clr = s[4];
        assign xmouse = {x_data[7:0], y_data[7:0]};
        assign ld[0] = y_data[8];
        assign ld[1] = x_data[8];
        assign ld[2] = byte3[1];        //right button
        assign ld[3] = byte3[0];        //left button
        clkdiv U1 (.clk_100MHz(clk_100MHz),
                    .clr(clr),
                    .clk_190Hz(clk_190Hz),
                    .clk_25MHz(clk_25MHz)
        );
        mouse_ctrl U2 (.clk_25MHz(clk_25M)Hz,
                        .clr(clr),
                        .sel(s[0]),
                        .PS2C(PS2C),
                        .PS2D(PS2D),
                        .byte3(byte3),
                        .x_data(x_data),
                        .y_data(y_data)
        );

        x7segbc U3 (.x(xmouse),
                    .cclk(clk_190Hz),
                    .clr(clr),
                    .a_to_g(a_to_g),
                    .an(an)
        );
    endmodule
```

第7章 数字逻辑综合实验

EGO1 实验板卡资源丰富，利用板上资源可以实现很多综合设计型实验工程，除此之外，板卡上还设置了 I/O 扩展接口，用于连接一些外设，大大拓展了其应用范围。本章将通过几个实际的综合设计型实验例程，来进一步学习 Xilinx Vivado 开发环境、FPGA、EGO1 板卡的使用方法和技巧。

7.1 数字钟

1．实验任务
设计制作一个数字钟。

2．实验内容
利用 EGO1 实验板卡资源，设计一个数字钟。要求本设计中时间以 24 小时为一个周期；能显示时、分、秒；有校时功能，可以分别对时、分、秒单独进行校时，且在校时的时候，相应的 7 段数码管闪烁。

3．实验方法及原理介绍
模块 clocks_ctrl 实现数字钟。en 为暂停信号，当 en 为 1 时，时钟处于暂停状态。mode 为模式选择信号，由按键 s[3]控制，按一下按键 s[3]对小时信号进行校时，再按一下按键 s[3]对分信号进行校时，再按一下按键 s[3]对秒信号进行校时，再按一下按键 s[3]则完成校时设置。在校时的时候，相应的 7 段数码管闪烁，每按一次 inc（s[4]）按键，数字加 1。

程序 7.1a：数字钟程序。

```
module clocks_ctrl(
    input clk_1Hz,
    input clk_10Hz,
    input clr,
    input en,//暂停信号
    input mode,//模式选择
    input inc,//置数信号
    output reg [7:0]hour,
    output reg [7:0]min,
    output reg [7:0]sec,
    output reg [2:0]blink
);
reg [3:0]cnt;
reg inc_reg;
reg [1:0]state;//定义 4 种状态
parameter state0=2'b00,state1=2'b01,state2=2'b10,state3=2'b11;
initial
    begin
        state=2'b0;
        cnt=4'b0000;
    end
always @(posedge mode )
begin
```

```verilog
                    state<=state+1;
                end
            always @(posedge clk_10Hz)
            begin
                if(clr)
                begin
                    hour<=8'b0;
                    min<=8'b0;
                    sec<=8'b0;
                end
                else if(en)//暂停
                begin
                    hour<=hour;
                    min<=min;
                    sec<=sec;
                end
                else
                    begin
                        case(state)
                            state0:
                            begin
                                if(cnt==4'd9)
                                begin
                                    cnt=0;
                                    if(sec==8'd59)
                                        begin
                                            sec<=0;
                                            if(min==8'd59)
                                                begin
                                                    min<=0;
                                                    if(hour==8'd23)
                                                        hour<=0;
                                                    else
                                                        hour<=hour+1;
                                                end
                                            else
                                                min<=min+1;
                                        end
                                    else
                                        sec<=sec+1;
                                end
                                else
                                    cnt=cnt+1;
                            end
                            state1://模式 1，设置小时
                            begin
                                if(inc)
                                begin
```

```
                            if(!inc_reg)
                                begin
                                    inc_reg<=1;
                                    if(hour==8'd23)
                                        hour<=0;
                                    else
                                        hour<=hour+1;
                                end
                        end
                    else
                        inc_reg<=0;
                end
            state2://模式 1，设置分钟
                begin
                    if(inc)
                        begin
                            if(!inc_reg)
                                begin
                                    inc_reg<=1;
                                    if(min==8'd59)
                                        min<=0;
                                    else
                                        min<=min+1;
                                end
                        end
                    else
                        inc_reg<=0;
                end
            state3://模式 1，设置秒钟
                begin
                    if(inc)
                        begin
                            if(!inc_reg)
                                begin
                                    inc_reg<=1;
                                    if(sec==8'd59)
                                        sec<=0;
                                    else
                                        sec<=sec+1;
                                end
                        end
                    else
                        inc_reg<=0;
                end
            endcase
        end
    end
always @(state or clk_1Hz)
```

```verilog
            begin
              case(state)
                state0:blink[2:0]<=3'b111;
                state1:
                  begin
                    blink[2:0]<=3'b111;
                    blink[2]<=clk_1Hz;
                  end
                state2:
                  begin
                    blink[2:0]<=3'b111;//blink[2]<=0;//
                    blink[1]<=clk_1Hz;
                  end
                state3:
                  begin
                    blink[2:0]<=3'b111;//blink[1]<=0;
                    blink[0]<=clk_1Hz;
                  end
                default:blink[2:0]<=3'b111;
              endcase
            end
        endmodule
```

数字钟顶层模块框图如图 7.1 所示。程序 7.1b 为时钟分频器程序，可以产生 200Hz，10Hz 和 1Hz 时钟。程序 7.1c 为消抖模块程序，用于对按键 mode 和 inc 消抖。模块 binbcd8 实现 8 位二进制-BCD 码转换器，其代码见程序 4.16a。程序 7.1d 为数码管控制模块程序。程序 7.1e 为数字钟顶层模块程序。

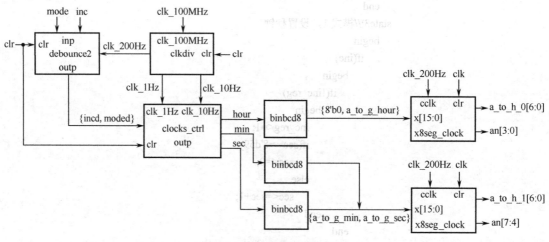

图 7.1　数字钟顶层模块框图

程序 7.1b：时钟分频器程序。

```verilog
        module clk_div(
          input clk_100MHz,
          output clk_200Hz,
          output clk_10Hz,
```

```verilog
output clk_1Hz
);
reg [17:0] cnt_200Hz;
reg [8:0] cnt_10Hz;
reg [9:0] cnt_1Hz;
reg clk_1kHz_reg;
reg clk_200Hz_reg;
reg clk_10Hz_reg;
reg clk_1Hz_reg;
initial
  begin
    cnt_10Hz=0;
    cnt_1Hz=0;
     clk_200Hz_reg=0;
    clk_10Hz_reg=0;
    clk_1Hz_reg=0;
  end
always @ (posedge clk_100MHz)
  begin
    if (cnt_200Hz == 18'h3D08F)
      begin
        clk_200Hz_reg <= ~clk_200Hz_reg;
        cnt_200Hz <= 0;
      end
    else
      cnt_200Hz <= cnt_200Hz + 1;
  end
always @ (posedge clk_200Hz)
  begin
    if (cnt_10Hz == 4'h9)
      begin
        clk_10Hz_reg <= ~clk_10Hz_reg;
        cnt_10Hz <= 0;
      end
    else
      cnt_10Hz <= cnt_10Hz + 1;
end

always @ (posedge clk_200Hz)
  begin
    if (cnt_1Hz == 7'h63)//99
      begin
        clk_1Hz_reg <= ~clk_1Hz_reg;
        cnt_1Hz <= 0;
      end
    else
      cnt_1Hz <= cnt_1Hz + 1;
end
```

```
assign clk_200Hz = clk_200Hz_reg;
assign clk_10Hz = clk_10Hz_reg;
assign clk_1Hz = clk_1Hz_reg;
endmodule
```

程序 7.1c：消抖模块程序。

```
module debounce2(
input clk_200Hz,
input clr,
input [1:0] inp,
output [1:0] outp
);

    reg [1:0] delay1;
    reg [1:0] delay2;
    reg [1:0] delay3;

    always @ (posedge clk_200Hz or posedge clr)
      begin
        if (clr == 1)
          begin
            delay1 <= 2'b00;
            delay2 <= 2'b00;
            delay3 <= 2'b00;
          end
        else
          begin
            delay1 <= inp;
            delay2 <= delay1;
            delay3 <= delay2;
          end
      end
    assign outp = delay1 & delay2 & delay3;
endmodule
```

程序 7.1d：数码管控制模块程序。

```
module x8seg_clock(
    input wire clk,
    input [15:0]x,
    input [1:0]blink,
    input [3:0] dp,
    output reg[7:0]a_to_h,
    output reg [3:0]an
    );

    reg [3:0] digit;
    reg [1:0]s;
    initial
```

```verilog
        begin
            s=0;
        end
    always @(*)
        case(s)
            0:digit=x[3:0];
            1:digit=x[7:4];
            2:digit=x[11:8];
            3:digit=x[15:12];
        endcase
    always@(*)
        case(digit)
    0: a_to_h = {8'b1111110,dp[s]};
        1: a_to_h = {8'b0110000,dp[s]};
        2: a_to_h = {8'b1101101,dp[s]};
        3: a_to_h = {8'b1111001,dp[s]};
        4: a_to_h = {8'b0110011,dp[s]};
        5: a_to_h = {8'b1011011,dp[s]};
        6: a_to_h = {8'b1011111,dp[s]};
        7: a_to_h = {8'b1110000,dp[s]};
        8: a_to_h = {8'b1111111,dp[s]};
        9: a_to_h = {8'b1111011,dp[s]};
        'hA: a_to_h = {8'b1110111,dp[s]};
        'hB: a_to_h = {8'b0011111,dp[s]};
        'hC: a_to_h = {8'b1001110,dp[s]};
        'hD: a_to_h = {8'b0111101,dp[s]};
        'hE: a_to_h = {8'b1001111,dp[s]};
        'hF: a_to_h = {8'b1000111,dp[s]};
        default: a_to_h = {8'b0000000,dp[s]};   //
    endcase
    always@(posedge clk )
        begin
            if(s==3)
                s<=0;
            else
                s<=s+1;
        end
    always @(*)
        begin
            case(s)
                0:an=4'b0001&{4{blink[0]}};
                1:an=4'b0010&{4{blink[0]}};
                2:an=4'b0100&{4{blink[1]}};
                3:an=4'b1000&{4{blink[1]}};
            endcase
        end
endmodule
```

程序 7.1e：数字钟顶层模块程序。

```verilog
module clock1_top(
    input clk_100MHz,
    input clr,
    input en,//暂停信号
    input mode,//模式选择
    input inc,//置数信号
    output [7:0] a_to_h_0,
    output [7:0] a_to_h_1,
    output [7:0]an
);
    wire clk_200Hz;
    wire clk_10Hz;
    wire clk_1Hz;
    wire [7:0]hour;
    wire [7:0]min;
    wire [7:0]sec;
    wire incd;
    wire moded;
    wire [7:0] a_to_g_hour;
    wire [7:0] a_to_g_min;
    wire [7:0] a_to_g_sec;
    wire [2:0] blink;
    wire [3:0] dp;
    clk_div U1(.clk_100MHz(clk_100MHz),
                .clk_200Hz(clk_200Hz),
                .clk_10Hz(clk_10Hz),
                .clk_1Hz(clk_1Hz)
    );
    debounce2 U2(.clk_200Hz(clk_200Hz),
                .clr(~clr),
                .inp({inc,mode}),
                .outp({incd,moded})
    );
    clock1_ctrl U3(.clk_1Hz(clk_1Hz),
                .clk_10Hz(clk_10Hz),
                .clr(~clr),
                .en(en),//暂停信号
                .mode(moded),//模式选择
                .inc(incd),//置数信号
                .hour(hour),
                .min(min),
                .sec(sec),
                .blink(blink)
    );
    binbcd8 U4(.b(hour),
                .p(a_to_g_hour)
    );
    binbcd8 U5(.b(min),
```

```
                .p(a_to_g_min)
        );
        binbcd8 U6(.b(sec),
                        .p(a_to_g_sec)
        );
        x8seg_clock U7(.clk(clk_200Hz),
                        .x({a_to_g_min,a_to_g_sec}),
                        .blink(blink[1:0]),
                        .dp(4'b0100),
                        .a_to_h(a_to_h_0),
                        .an(an[3:0])
        );
        x8seg_clock U8(.clk(clk_200Hz),
                        .x({8'b0,a_to_g_hour}),
                        .blink({1'b0,blink[2]}),
                        .dp(4'b0001),
                        .a_to_h(a_to_h_1),
                        .an(an[7:4])
        );
        endmodule
```

引脚约束文件如下:

```
set_property -dict {PACKAGE_PIN P5 IOSTANDARD LVCMOS33} [get_ports {en}]
set_property -dict {PACKAGE_PIN V1 IOSTANDARD LVCMOS33} [get_ports {mode}]
set_property -dict {PACKAGE_PIN U4 IOSTANDARD LVCMOS33} [get_ports {inc}]]
set_property -dict {PACKAGE_PIN P15 IOSTANDARD LVCMOS33} [get_ports {clr}]
#7 段数码管位选信号
set_property -dict {PACKAGE_PIN G2 IOSTANDARD LVCMOS33} [get_ports {an[7]}]
set_property -dict {PACKAGE_PIN C2 IOSTANDARD LVCMOS33} [get_ports {an[6]}]
set_property -dict {PACKAGE_PIN C1 IOSTANDARD LVCMOS33} [get_ports {an[5]}]
set_property -dict {PACKAGE_PIN H1 IOSTANDARD LVCMOS33} [get_ports {an[4]}]
set_property -dict {PACKAGE_PIN G1 IOSTANDARD LVCMOS33} [get_ports {an[3]}]
set_property -dict {PACKAGE_PIN F1 IOSTANDARD LVCMOS33} [get_ports {an[2]}]
set_property -dict {PACKAGE_PIN E1 IOSTANDARD LVCMOS33} [get_ports {an[1]}]
set_property -dict {PACKAGE_PIN G6 IOSTANDARD LVCMOS33} [get_ports {an[0]}]
set_property -dict {PACKAGE_PIN P5 IOSTANDARD LVCMOS33} [get_ports {en}]
set_property -dict {PACKAGE_PIN V1 IOSTANDARD LVCMOS33} [get_ports {mode}]
set_property -dict {PACKAGE_PIN U4 IOSTANDARD LVCMOS33} [get_ports {inc}]]
#7 段数码管段选信号
set_property -dict {PACKAGE_PIN D4 IOSTANDARD LVCMOS33}
                [get_ports {a_to_h_0[7]}]
set_property -dict {PACKAGE_PIN E3 IOSTANDARD LVCMOS33}
                [get_ports {a_to_h_0[6]}]
set_property -dict {PACKAGE_PIN D3 IOSTANDARD LVCMOS33}
                [get_ports {a_to_h_0[5]}]
set_property -dict {PACKAGE_PIN F4 IOSTANDARD LVCMOS33}
                [get_ports {a_to_h_0[4]}]
set_property -dict {PACKAGE_PIN F3 IOSTANDARD LVCMOS33}
```

```
set_property -dict {PACKAGE_PIN E2 IOSTANDARD LVCMOS33}
                [get_ports {a_to_h_0[2]}]
set_property -dict {PACKAGE_PIN D2 IOSTANDARD LVCMOS33}
                [get_ports {a_to_h_0[1]}]
set_property -dict {PACKAGE_PIN H2 IOSTANDARD LVCMOS33}
                [get_ports {a_to_h_0[0]}]
set_property -dict {PACKAGE_PIN B4 IOSTANDARD LVCMOS33}
                [get_ports {a_to_h_1[7]}]
set_property -dict {PACKAGE_PIN A4 IOSTANDARD LVCMOS33}
                [get_ports {a_to_h_1[6]}]
set_property -dict {PACKAGE_PIN A3 IOSTANDARD LVCMOS33}
                [get_ports {a_to_h_1[5]}]
set_property -dict {PACKAGE_PIN B1 IOSTANDARD LVCMOS33}
                [get_ports {a_to_h_1[4]}]
set_property -dict {PACKAGE_PIN A1 IOSTANDARD LVCMOS33}
                [get_ports {a_to_h_1[3]}]
set_property -dict {PACKAGE_PIN B3 IOSTANDARD LVCMOS33}
                [get_ports {a_to_h_1[2]}]
set_property -dict {PACKAGE_PIN B2 IOSTANDARD LVCMOS33}
                [get_ports {a_to_h_1[1]}]
set_property -dict {PACKAGE_PIN D5 IOSTANDARD LVCMOS33}
                [get_ports {a_to_h_1[0]}]
set_property -dict {PACKAGE_PIN P17 IOSTANDARD LVCMOS33}
                [get_ports {clk_100MHz}]
```

7.2　数字频率计

1．实验任务
设计一个数字频率计。

2．实验内容
利用 EGO1 实验板卡的资源，设计一个频率为 10Hz～10kHz 的数字频率计。要求利用 7 段数码管实时显示测量的频率值。

3．实验方法及原理介绍
测量一个信号的频率，主要有两种方法：直接测率方法和测周方法。直接测频方法是指，在指定的时间段内测量信号的频率次数，再通过计算获得所测信号的频率；测周方法是指，测量信号的周期，再通过计算获得所测信号的频率。

本实验采用测周方法获得信号频率值。首先，获得信号的周期参数，本实验采用测量信号的两个上升沿的时间间隔作为信号的一个周期。相应代码如下：

```
always @(posedge sig_source) begin
        sig_state=~sig_state;
end
```

在信号每个上升沿，变量 sig_state 进行一次翻转，即在信号的一个时钟周期内，sig_state 完成一次上升和一次下降变化。因此只要测量出变量 sig_state 上升沿和下降沿之间的时间间隔，就可以获得信号的周期。本实验测量方法为，测量在这个时间间隔内系统时钟的个数 n，那么信号的周期 $T=n\times t$（t 为系统时钟周期）。测量系统时钟个数的代码如下：

```
always@(posedge clk) begin
    if(sig_state)
        sig_count=sig_count+1;
    else
        sig_count=0;
end
```

程序 7.2a：数字频率计程序。

```
module hz_counter(
    input wire clk_100kHz,
    input wire clk_1Hz,
    input wire sig_source,
    output reg [13:0] sig_Hz
);
    parameter N=1000000;
    reg sig_state;
    reg [16:0] sig_Hz_reg;
    reg [16:0] sig_count;//记录一个周期内时钟数
    initial begin
        sig_state<=0;
    end
    always @(posedge sig_source)
        begin
            sig_state <= ~sig_state;
        end
    always@(posedge clk_100kHz)
        begin
            if(sig_state)
                sig_count <= sig_count+1;
            else
                sig_count <= 0;
        end
    always @(negedge sig_state)
        begin
            sig_Hz_reg=N/sig_count;
    end
    always @(posedge clk_1Hz)
        begin
            sig_Hz=sig_Hz_reg/10;
        end
endmodule
```

数字频率计顶层模块框图如图 7.2 所示。程序 7.2b 为时钟分频器程序，可以产生 190Hz 和 1Hz 时钟。模块 binbcd14 为 14 位二进制-BCD 码转换器，其代码见程序 5.17c。x7segbc 模块见程序 5.17c。程序 7.2d 为数字频率计顶层模块程序。

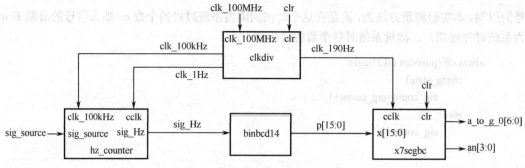

图 7.2　数字频率计顶层模块框图

程序 7.2b：时钟分频器程序。

```verilog
module clkdiv (
    input wire clk_100MHz,
    input wire clr,
    output reg clk_100kHz,
    output wire clk_190Hz,
    output reg clk_1Hz
);
    reg [25:0] count1,count2,count3;
    initial
      begin
        count1=0;
        count2=0;
        count3=0;
end
    always@(posedge clk_100MHz)
      begin
        count3 <= count3+ 1;
        if(count3 ==26'h1F4)
          begin
            count3 <= 0;
            clk_100kHz <= ~clk_100kHz;    // 100kHz
          end
      end
    always@(posedge clk_100MHz)
      begin
        count1 <= count1 + 1;
        if(count1 ==26'h2FAF07F)
          begin
            count1 <= 0;
            clk_1Hz <= ~clk_1Hz;    // 1Hz
          end
      end
    always @ (posedge clk_100MHz or posedge clr)
      begin
        if (clr == 1)
          count2 <= 0;
```

    assign clk_190Hz = count2[18];   // 190 Hz
  endmodule

程序 7.2c：数字频率计顶层模块程序。

```
module hz_counter_top(
    input wire clk_100MHz,
    input wire clr,
    input wire sig_source,
    output wire [6:0] a_to_g,
    output wire [3:0] an
);
    wire [16:0] p;
    wire clk_1Hz, clk_190Hz, clk_100kHz;
    wire [13:0] sig_Hz;

    clkdiv U1 ( .clk_100MHz(clk_100MHz),
                .clr(~clr),
.clk_100kHz(clk_100kHz),
                .clk_190Hz(clk_190Hz),
                .clk_1Hz(clk_1Hz)
    );
    hz_counter U2 ( .clk_100kHz(clk_100kHz),
                .clk_1Hz(clk_1Hz),
                .sig_source(sig_source),
                .sig_Hz(sig_Hz)
                );
    binbcd14 U3 ( .b(sig_Hz),
                .p(p)
                );

    x7segbc U4 ( .x(p[15:0]),
                .cclk(clk_190Hz),
                .clr(~clr),
                .a_to_g(a_to_g),
                .an(an)
                );
    endmodule
```

引脚约束文件如下：

```
set_property -dict {PACKAGE_PIN P17 IOSTANDARD LVCMOS33} [get_ports {clk_100MHz}]
set_property -dict {PACKAGE_PIN P15 IOSTANDARD LVCMOS33} [get_ports {clr}]
set_property -dict {PACKAGE_PIN H17 IOSTANDARD LVCMOS33} [get_ports {sig_source}]
set_property CLOCK_DEDICATED_ROUTE FALSE [get_nets sig_source_IBUF]
#7 段数码管位选信号
set_property -dict {PACKAGE_PIN G1 IOSTANDARD LVCMOS33} [get_ports {an[3]}]
```

set_property -dict {PACKAGE_PIN F1 IOSTANDARD LVCMOS33} [get_ports {an[2]}]
set_property -dict {PACKAGE_PIN E1 IOSTANDARD LVCMOS33} [get_ports {an[1]}]
set_property -dict {PACKAGE_PIN G6 IOSTANDARD LVCMOS33} [get_ports {an[0]}]
#7 段数码管段选信号
set_property -dict {PACKAGE_PIN D4 IOSTANDARD LVCMOS33} [get_ports {a_to_g[6]}]
set_property -dict {PACKAGE_PIN E3 IOSTANDARD LVCMOS33} [get_ports {a_to_g[5]}]
set_property -dict {PACKAGE_PIN D3 IOSTANDARD LVCMOS33} [get_ports {a_to_g[4]}]
set_property -dict {PACKAGE_PIN F4 IOSTANDARD LVCMOS33} [get_ports {a_to_g[3]}]
set_property -dict {PACKAGE_PIN F3 IOSTANDARD LVCMOS33} [get_ports {a_to_g[2]}]
set_property -dict {PACKAGE_PIN E2 IOSTANDARD LVCMOS33} [get_ports {a_to_g[1]}]
set_property -dict {PACKAGE_PIN D2 IOSTANDARD LVCMOS33} [get_ports {a_to_g[0]}]

7.3　7 段数码管滚动显示电话号码

1．实验任务

在 7 段数码管上滚动显示电话号码。

2．实验内容

利用 EGO1 实验板卡上的 7 段数码管滚动显示电话号码。具体要求如下：
① EGO1 实验板卡上的 8 个 7 段数码管全部使用；
② 滚动显示电话号码 0451-86413602。

3．实验方法及原理介绍

图 7.3 给出了显示滚动电话号码的实现过程。电话号码中的数字被存储在一个 64 位的寄存器 msg_array[0:63]中。在时钟上升沿，我们把 msg_array[0:63]中的内容向左循环移动 4 位，即 msg_array[0:3]的内容移到 msg_array[60:63]中（注意：msg_array 数组的 0 位为高位），之后在每个时钟上升沿时进行循环移位。我们将用频率为 3Hz 的时钟在 7 段数码管上移动字符。

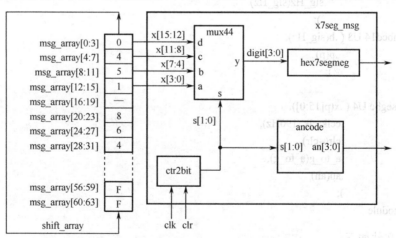

图 7.3　在 7 段数码管上滚动显示电话号码框图

程序 7.3a 为 7 段数码管显示模块 x7seg_msg 的 Verilog HDL 程序，它的设计思想就是修改 x7segbc 模块中的 hex7seg 译码器部分，当输入一个十六进制数 D 时，显示一个短画线（-）；当输入一个十六进制数 F 时，显示一个空格。

程序 7.3a：x7seg_msg 模块程序。

```verilog
module x7seg_msg(
  input wire [15:0] x,
  input wire cclk,
  input wire clr,
  output reg [6:0] a_to_g,
  output reg [3:0] an
);
  reg [1:0] s;
  reg [3:0] digit;
  always @ ( * )
    case (s)
      0: digit = x[3:0];
      1: digit = x[7:4];
      2: digit = x[11:8];
      3: digit = x[15:12];
      default: digit = x[3:0];
    endcase
// 7 段解码器：hex7seg
  always @ ( * )
    case (digit)
      0: a_to_g = 7'b1111110;
      1: a_to_g = 7'b0110000;
      2: a_to_g = 7'b1101101;
      3: a_to_g = 7'b1111001;
      4: a_to_g = 7'b0110011;
      5: a_to_g = 7'b1011011;
      6: a_to_g = 7'b1011111;
      7: a_to_g = 7'b1110000;
      8: a_to_g = 7'b1111111;
      9: a_to_g = 7'b1111011;
      'hA: a_to_g = 7'b1110111;
      'hB: a_to_g = 7'b0011111;
      'hC: a_to_g = 7'b1001110;
      'hD: a_to_g = 7'b0000001;        // 短画线
      'hE: a_to_g = 7'b1001111;
      'hF: a_to_g = 7'b0000000;        // 空白
      default: a_to_g = 7'b0000000;    // 空白
    endcase
// 数字选择
  always @ ( * )
    begin
      an = 4'b0000;
      an[s] = 1;
    end
// 2 位计数器
  always @ (posedge cclk or posedge clr)
    begin
      if (clr ==1)
```

```
          s <= 0;
      else
          s <= s + 1;
    end
  endmodule
```

程序 7.3b 为移位寄存器 shift_array 模块的 Verilog HDL 程序。注意：这里使用 parameter 语句把电话号码定义为一个 64 位的二进制常量：

```
parameter PHONE_NO =0451D86413602FFF;
```

当 clr 信号为 1 时，将 PHONE_NO 赋给 msg_array。当 clr 信号为 0 时，在时钟的上升沿，msg_array 中的内容循环向左移动 4 位。这个移位数组的输出 x[31:0]刚好就是 msg_array[0:31]的值。这个移位数组程序的仿真结果如图 7.4 所示。

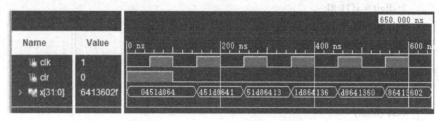

图 7.4　shift_array 模块仿真波形图

程序 7.3b：shift_array 模块程序。

```
module shift_array (
    input wire clk,
    input wire clr,
    output wire [31:0] x
);
    reg [0:63] msg_array;
    parameter PHONE_NO = 64'h0451D86413602FFF;

    always @ (posedge clk or posedge clr)
      begin
        if (clr == 1)
          begin
            msg_array <= PHONE_NO;
          end
        else
          begin
            msg_array[0:59] <= msg_array[4:63];
            msg_array[60:63] <= msg_array[0:3];
          end
      end
    assign x = msg_array[0:31];
  endmodule
```

程序 7.3c：顶层模块程序。

```
module scroll_top(
```

```
    input wire clk_100MHz,
    input wire [4:4] s,
    output [6:0] a_to_g_0,
    output [6:0] a_to_g_1,
    output[7:0]an
);
    wire clr,clk_190Hz, clk_3Hz;
    wire [31:0] x;
    assign clr = s;
    clkdiv U1 ( .clk_100MHz(clk_100MHz),
                .clr(clr),
                .clk_3Hz(clk_3Hz),
                .clk_190Hz(clk_190Hz)
    );
    shift_array U2 ( .clk (clk_3Hz),
                    .clr(clr),
                    .x(x)
    );
    x7seg_msg U3 ( .x(x[15:0]),
                   .cclk(clk_190Hz),
                   .clr(clr),
                   .a_to_g(a_to_g_0),
                   .an(an[3:0])
    );
    x7seg_msg U4 ( .x(x[31:16]),
                   .cclk(clk_190Hz),
                   .clr(clr),
                   .a_to_g(a_to_g_1),
                   .an(an[7:4])
    );
endmodule
```

在本例中需要使用程序 5.23b 中的 clkdiv 模块产生 3Hz（clk_3Hz）和 190Hz（clk_190Hz）的
时钟信号。

引脚约束文件如下：

```
set_property -dict {PACKAGE_PIN P17 IOSTANDARD LVCMOS33} [get_ports {clk_100MHz}]
set_property -dict {PACKAGE_PIN U4 IOSTANDARD LVCMOS33} [get_ports {s}]
#7 段数码管位选信号
set_property -dict {PACKAGE_PIN G2 IOSTANDARD LVCMOS33} [get_ports {an[7]}]
set_property -dict {PACKAGE_PIN C2 IOSTANDARD LVCMOS33} [get_ports {an[6]}]
set_property -dict {PACKAGE_PIN C1 IOSTANDARD LVCMOS33} [get_ports {an[5]}]
set_property -dict {PACKAGE_PIN H1 IOSTANDARD LVCMOS33} [get_ports {an[4]}]
set_property -dict {PACKAGE_PIN G1 IOSTANDARD LVCMOS33} [get_ports {an[3]}]
set_property -dict {PACKAGE_PIN F1 IOSTANDARD LVCMOS33} [get_ports {an[2]}]
set_property -dict {PACKAGE_PIN E1 IOSTANDARD LVCMOS33} [get_ports {an[1]}]
set_property -dict {PACKAGE_PIN G6 IOSTANDARD LVCMOS33} [get_ports {an[0]}]
#7 段数码管段选信号
set_property -dict {PACKAGE_PIN D4 IOSTANDARD LVCMOS33}
```

set_property -dict {PACKAGE_PIN E3 IOSTANDARD LVCMOS33}
        [get_ports {a_to_g_0[5]}]
set_property -dict {PACKAGE_PIN D3 IOSTANDARD LVCMOS33}
        [get_ports {a_to_g_0[4]}]
set_property -dict {PACKAGE_PIN F4 IOSTANDARD LVCMOS33}
        [get_ports {a_to_g_0[3]}]
set_property -dict {PACKAGE_PIN F3 IOSTANDARD LVCMOS33}
        [get_ports {a_to_g_0[2]}]
set_property -dict {PACKAGE_PIN E2 IOSTANDARD LVCMOS33}
        [get_ports {a_to_g_0[1]}]
set_property -dict {PACKAGE_PIN D2 IOSTANDARD LVCMOS33}
        [get_ports {a_to_g_0[0]}]
set_property -dict {PACKAGE_PIN B4 IOSTANDARD LVCMOS33}
        [get_ports {a_to_g_1[6]}]
set_property -dict {PACKAGE_PIN A4 IOSTANDARD LVCMOS33}
        [get_ports {a_to_g_1[5]}]
set_property -dict {PACKAGE_PIN A3 IOSTANDARD LVCMOS33}
        [get_ports {a_to_g_1[4]}]
set_property -dict {PACKAGE_PIN B1 IOSTANDARD LVCMOS33}
        [get_ports {a_to_g_1[3]}]
set_property -dict {PACKAGE_PIN A1 IOSTANDARD LVCMOS33}
        [get_ports {a_to_g_1[2]}]
set_property -dict {PACKAGE_PIN B3 IOSTANDARD LVCMOS33}
        [get_ports {a_to_g_1[1]}]
set_property -dict {PACKAGE_PIN B2 IOSTANDARD LVCMOS33}
        [get_ports {a_to_g_1[0]}]

7.4 电梯控制器

1. 实验任务

设计一个 5 层楼的电梯控制器。

2. 实验内容

利用 EGO1 实验板卡资源，设计一个 5 层楼的电梯控制器系统，并能在实验板卡上模拟电梯运行状态。具体要求如下：

① 利用实验板卡的 5 个按键作为电梯控制器的呼叫按键。

② 利用数码管显示电梯运行时其当前所在的楼层。

③ 使用 LED0，LED1，LED2，LED3，LED4 共 5 个 LED 指示灯分别显示楼层 1～5 的叫梯状态。

④ 设计电梯控制器，控制电梯每秒运行一层。

3. 实验方法及原理介绍

电梯控制器系统控制流程图如图 7.1 所示。

（1）系统输入、输出变量

对于一个系统，输入、输出变量包括：时钟输入，设为 clk；按键输入，设为 btn；数码管显示输出，设为 seg；叫梯楼层状态灯输出，设为 nfloor。

（2）按键设计

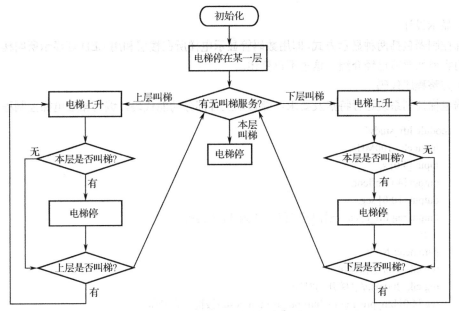

图 7.5　电梯控制系统流程图

本实验使用板上 5 个按键模拟电梯的叫梯按键，1 层按键为 S[0]，2 层按键为 S[1]，3 层按键为 S[2]，4 层按键为 S[3]，5 层按键为 S[4]。所以，需要定义一个 5 位按键寄存器：btn_pre_re。同时考虑到消抖，在对按键寄存器赋值的时候要注意设置延时。

对于电梯按键，当没有用户叫梯时，按键相应的 LED 指示灯应处于熄灭状态；当有用户叫梯时，按键相应的 LED 指示灯应处于点亮状态；当用户在某一层叫梯后，能够取消此层的叫梯状态。按以上要求进行相应程序设计如下。

消抖设计为每 200ms 读取一次叫梯按键信息，因此需要生成一个周期为 200ms 的时钟信号，程序如下：

```
parameter N=99_999999;
always@(posedge clk) begin
    clk_200ms <= 0;
    if(count < N/5)
        count <= count + 1;
    else begin
        count <= 0;
        clk_200ms <= 1;
    end
end
```

叫梯按键赋值程序如下：

```
reg [4:0] btn_pre_re, btn_off;        //按键记录变量
always @(posedge clk_200ms) begin
    btn_pre_re=btn_pre_re^btn;
    btn_pre_re=btn_pre_re&btn_off;
end
```

需要注意的是，重复进行叫梯按键操作，可以进行叫梯或者取消叫梯服务，因此使用了一个异或代码。

（3）显示设计

电梯控制器包括两种显示方式，即用数码管显示电梯所在楼层和用 LED 灯显示所叫楼层服务。此部分内容前面章节已经介绍，这里不再赘述。

（4）完整程序代码

根据电梯控制系统运行特点及要求，综合以上各部分功能代码，编写相应电梯控制程序如下：

```verilog
module lift_study(
    input clk_100MHz,
    input [4:0] s,
    output [4:0] nfloor,
    output [10:0] seg,
    output reg lift_open//电梯是否开门，1 为开，0 为关
    );
parameter N=5;
reg clk_1s;//电梯速度
reg clk_200ms;//电梯开门时间
reg [4:0] btn_pre_re,btn_buff,btn_off,btn_test;//按键记录变量
reg [25:0] count,count1,count3;
reg [10:0] dout;
reg [1:0] lift_state;//电梯状态
reg [2:0] lift_num;//电梯位置
initial begin
    btn_off<=5'b11111;
    btn_pre_re<=0;
    lift_num <= 3;
    lift_state<=0;
    lift_open<=1;
    clk_200ms <=0;
    clk_1s <=0;
end
//按键消抖时间设置
always@(posedge clk_100MHz)
    begin
        count <= count + 1;
        if(count==24'h98967F)//4C4B3F
            begin
                count <= 0;
                clk_200ms <= ~clk_200ms;
            end
    end
end
//电梯速度
always@(posedge clk_100MHz)
    begin
        count1 <= count1 + 1;
        if(count1 ==26'h2FAF07F)
            begin
```

```
                count1 <= 0;
                clk_1s <= ~clk_1s;
            end
        end
//记录按键信息
    always @(posedge clk_200ms)
        begin
            btn_pre_re=btn_pre_re^s;
            btn_pre_re=btn_pre_re&btn_off;
        end
    always@(posedge clk_1s)
        begin
            btn_buff=btn_pre_re;
            case(lift_state)
                0:begin
                    if((btn_buff>>lift_num)>0)
                        begin
                            #(5*N);
                            lift_num=lift_num+1;
                            lift_state=1;//上层有人叫梯
                        end
                    if((btn_buff&(1<<(lift_num-1)))>0) //本层有人叫梯
                        begin
                            btn_buff=btn_buff&(~(1<<(lift_num-1)));
                            btn_off=~(1<<(lift_num-1));
                            lift_open=1;
                            #(5*N);
                            lift_open=0;
                            lift_state=0;
                        end
                    if((1<<(lift_num-1))>btn_buff) //下层有人叫梯
                        begin
                            if(btn_buff>0)
                                begin
                                    #(5*N);
                                    lift_num=lift_num-1;
                                    lift_state=2;
                                end
                        end
                    end
                1:begin
                    if((btn_buff>>lift_num)>0)
                        begin
                            if((btn_buff&(1<<(lift_num-1)))>0)
                                begin
                                    btn_buff=btn_buff&(~(1<<(lift_num-1)));
                                    btn_off=~(1<<(lift_num-1));
                                    lift_open=1;
```

```verilog
                    #(5*N);
                    lift_open=0;
                    lift_num=lift_num+1;
                end
            else
                lift_num=lift_num+1;
        end
        else
          begin
            btn_buff=btn_buff&(~(1<<(lift_num-1)));
            btn_off=~(1<<(lift_num-1));
            lift_open=1;
            #(5*N);
            lift_open=0;
            lift_state=0;
          end
        end
    2: begin
        btn_test=(btn_buff<<(6-lift_num));
        if(btn_test>0)
          begin
            if((btn_buff&(1<<(lift_num-1)))>0)
              begin
                btn_buff=btn_buff&(~(1<<(lift_num-1)));
                btn_off=~(1<<(lift_num-1));
                lift_open=1;
                #(5*N);
                lift_open=0;
                lift_num=lift_num-1;
              end
            else
                lift_num=lift_num-1;
          end
        else
          begin
            btn_buff=btn_buff&(~(1<<(lift_num-1)));
            btn_off=~(1<<(lift_num-1));
            lift_open=1;
            #(5*N);
            lift_open=0;
            lift_state=0;
          end
        end
      default :lift_state<=0;
    endcase
  end
always@(posedge clk_100MHz)
  begin
```

```
        case(lift_num)
          0:dout = 11'b0001_1111110;
          1:dout = 11'b0001_0110000;
          2:dout = 11'b0001_1101101;
          3:dout = 11'b0001_1111001;
          4:dout = 11'b0001_0110011;
          5:dout = 11'b0001_1011011;
          6:dout = 11'b0001_1010111;
          7:dout = 11'b0001_1110000;
          8:dout = 11'b0001_1111111;
          9:dout = 11'b0001_1111011;
          default:dout = 11'b0001_1111110;
        endcase
      end
    assign nfloor=btn_pre_re;
    assign seg=dout;
  endmodule
```

引脚约束文件如下：

```
    set_property -dict {PACKAGE_PIN U4 IOSTANDARD LVCMOS33} [get_ports {s[4]}]
    set_property -dict {PACKAGE_PIN V1 IOSTANDARD LVCMOS33} [get_ports {s[3]}]
    set_property -dict {PACKAGE_PIN R15 IOSTANDARD LVCMOS33} [get_ports {s[2]}]
    set_property -dict {PACKAGE_PIN R17 IOSTANDARD LVCMOS33} [get_ports {s[1]}]
    set_property -dict {PACKAGE_PIN R11 IOSTANDARD LVCMOS33} [get_ports {s[0]}]
    set_property -dict {PACKAGE_PIN G6 IOSTANDARD LVCMOS33} [get_ports {seg[10]}]
    set_property -dict {PACKAGE_PIN E1 IOSTANDARD LVCMOS33} [get_ports {seg[9]}]
    set_property -dict {PACKAGE_PIN F1 IOSTANDARD LVCMOS33} [get_ports {seg[8]}]
    set_property -dict {PACKAGE_PIN G1 IOSTANDARD LVCMOS33} [get_ports {seg[7]}]
    set_property -dict {PACKAGE_PIN D4 IOSTANDARD LVCMOS33} [get_ports {seg[6]}]
    set_property -dict {PACKAGE_PIN E3 IOSTANDARD LVCMOS33} [get_ports {seg[5]}]
    set_property -dict {PACKAGE_PIN D3 IOSTANDARD LVCMOS33} [get_ports {seg[4]}]
    set_property -dict {PACKAGE_PIN F4 IOSTANDARD LVCMOS33} [get_ports {seg[3]}]
    set_property -dict {PACKAGE_PIN F3 IOSTANDARD LVCMOS33} [get_ports {seg[2]}]
    set_property -dict {PACKAGE_PIN E2 IOSTANDARD LVCMOS33} [get_ports {seg[1]}]
    set_property -dict {PACKAGE_PIN D2 IOSTANDARD LVCMOS33} [get_ports {seg[0]}]
    set_property -dict {PACKAGE_PIN F6 IOSTANDARD LVCMOS33}[get_ports lift_open]
    set_property -dict {PACKAGE_PIN P17 IOSTANDARD LVCMOS33} [get_ports {clk_100MHz}]
    set_property -dict {PACKAGE_PIN J4 IOSTANDARD LVCMOS33} [get_ports {nfloor[4]}]
    set_property -dict {PACKAGE_PIN H4 IOSTANDARD LVCMOS33} [get_ports {nfloor[3]}]
    set_property -dict {PACKAGE_PIN J3 IOSTANDARD LVCMOS33} [get_ports {nfloor[2]}]
    set_property -dict {PACKAGE_PIN J2 IOSTANDARD LVCMOS33} [get_ports {nfloor[1]}]
    set_property -dict {PACKAGE_PIN K2 IOSTANDARD LVCMOS33} [get_ports {nfloor[0]}]
```

参 考 文 献

[1] Richard E Haskell，Darrin M Hanna. FPGA 数字逻辑设计教程——Verilog[M]. 郑利浩，王荃，陈华锋，译. 北京：电子工业出版社，2010.

[2] 夏宇闻. Verilog 数字系统设计教程[M]. 3 版. 北京：北京航空航天大学出版社，2013.

[3] 汤勇明，张圣清，陆佳华. 搭建你的数字积木：数字电路与逻辑设计（Verilog HDL & Vivado 版）[M]. 北京：清华大学出版社，2017.

[4] 何宾. Xilinx FPGA 权威设计指南[M]. 北京：电子工业出版社，2015.

[5] 孟宪元，陈彰林，陆佳华. Xilinx 新一代 FPGA 设计套件 Vivado 应用指南[M]. 北京：清华大学出版社，2014.

[6] 廉玉欣，侯云鹏，侯博雅等. 电子技术实验教程[M]. 北京：高等教育出版社，2018.